本书获广西师范大学文学院自治区级优势特色重点学科建设专项经费资助

丁来先

著

诗意人类学

中国社会科学出版社

图书在版编目(CIP)数据

诗意人类学/丁来先著. —北京：中国社会科学出版社，2015.12
ISBN 978-7-5161-7384-8

Ⅰ.①诗… Ⅱ.①丁… Ⅲ.①思想史—研究—世界 Ⅳ.①B1

中国版本图书馆 CIP 数据核字(2015)第 313149 号

出 版 人	赵剑英	
责任编辑	郭晓鸿	
特约编辑	席建海	
责任校对	韩海超	
责任印制	戴 宽	

出 版	中国社会科学出版社	
社 址	北京鼓楼西大街甲 158 号	
邮 编	100720	
网 址	http://www.csspw.cn	
发 行 部	010 - 84083685	
门 市 部	010 - 84029450	
经 销	新华书店及其他书店	

印 刷	北京君升印刷有限公司	
装 订	廊坊市广阳区广增装订厂	
版 次	2015 年 12 月第 1 版	
印 次	2015 年 12 月第 1 次印刷	

开 本	710×1000 1/16	
印 张	22.75	
插 页	2	
字 数	309 千字	
定 价	86.00 元	

目　录

导论　诗意人类之希望与真理意识

第一节　诗意内涵的多层描述

所谓诗意是指人在生命存在中与"意义""深长意味"相遇、相伴、相交时的体验与感觉，并且常常在自由、和谐、旷远与宁静的情境中神秘地显露，此时我们被某种难以言传的"灵韵"所笼罩、所包围，其核心指向人类内在心灵中圆满、充实、理想的一面。诗意体验也是一条人在本性上向往的丰富内在的精神道路，是使作为生物性、社会性存在的人富有精神韵致的方式之一，也是我们存在于心灵的一种在宁静之中的自由解放。诗意具有神秘意味，常常遁迹于无形，又常常像弥漫于我们精神之心周围的雾气，轻曼缭绕、渗透延伸，对之我们常常无法给予确切的命名。诗意给我们整体存在带来充实、澄明、美好与意义的韵味。这里首先需要说明的是：我们这里讲的诗意是广义的大诗意概念，并不局限于其狭义范围里的用法，比如艺术作品或诗歌中的诗意等。

广义的诗意和精神的完整、和谐、充实、圆满的体验相关，是人在生命存在中所能感受到的一种特别的精神性韵味。对于诗意中的特别之精神性韵味，对于这种带有前语言、前理性性质的存在状态，中国古代诗人陶潜曾语带玄机地描述道：

此中有真意，

欲辨已忘言。

这种有点儿"玄"的精神性感觉通常会和带有宗教性质的哲学相一致。中国哲圣老子的"道可道非常道，名可名非常名"的哲学表达也是如此，这也就是说，我们心灵能够感觉到的意味深长的"真意"（诗意是这种真意的一个方向或核心之一），其核心很难用一般的语言来表达或传达，甚至很难让其以语言的方式清晰地呈现在我们的内心里、感觉中。另外，那些敏感、细微的诗人或艺术家们又常常透过种种形象、微妙的语言，让诗意感觉或隐秘、或鲜明地呈现出来。德国诗人歌德曾写过一首诗《世界看起来无往而不可爱》：

世界看起来无往而不可爱，

并以诗人的世界特别华美，

他那绚烂、明朗、银灰的原野，

日日夜夜，闪着灯火的明辉。

今天一切都壮丽，愿永远这样！

今天我透过爱的眼睛眺望。

歌德在这里描述的，事实上就是透过诗人的眼睛看到或感觉到的诗意世界。

在中国传统诗词理论演变中诗意有几重含义，其核心内涵大致都和上述老子的哲学命题一致，再具体说来，中国传统的诗意理论大都和意象说与意境说有关。《易传》最早提出了"言不尽意""立象以尽意"。意象的概念或观念从此开始发芽。诗意内涵的基本雏形也开始具备，后来中国文论中的"气韵说""意境说"等，似乎也都与此有联系。中国唐代诗人刘禹锡在一首七言律诗《鱼复江中》中提到了"诗意"一词，"客情浩荡逢乡语，诗意留连重物华"。

　　诗意在中国传统诗论语境中的复杂的细微含义演变史我们这里姑且不谈。

　　从字面的意思来看，诗意可以说是诗的情思、诗的意境、诗的境界、诗的氛围、诗的情趣、诗的韵味或韵致等，也可直接解读为诗一样的灵韵，诗一样的味道，诗一样的氛围，诗一样气息与感觉等，还可以更为具体地解说成——诗意就是一个人阅读（或聆听）好诗时，在他心中产生的那么一种意韵、精神体验、感觉、感受或氛围等等。这种字面上的意思和广义的诗意内涵本质是一致的。根据英国哲学家维特根斯坦的著名的语言游戏理论，我们可以认为：与诗意含义接近的语言家族中有不少非常相似的词汇，这包括——比如诗性的、诗学的、诗一般的等等。对于这些含义接近的或相似的语言家族成员——诗学的、诗意的、诗性的等——之间的关联，我们应该怎么理解呢？维特根斯坦说：

　　"我想不出比'家族相似性'更好的表达方式来刻画这种相似关系。……以同样方式相互重叠和交叉。所以我要说：'游戏'形成一个家族。"①

　　诗意的、诗性的、诗学的、诗一般的等就属于含义有重叠和交叉的家族相似性词汇。之所以用"诗意"，是因为其更具有正在体验的意味，换句话说，更具有体验感，而诗性或诗学等则带有判断倾向，似乎是对一种事物的诗的属性判断或研究。或许还因为诗意与中国传统中的"意象""意境"等词有着更深的渊源关系，"意"在中国的哲学或文论里具有较深较广的运用传统。诗意这个词更具有体验感，代表着和人的深层体验密切相关的精神性倾向，代表的是人所渴求的整体性和谐的气息，也可以说诗意感就是被宽阔、深邃的整体性氛围笼罩的感觉，当人们体验到一种和谐的整体的精神气息时，你就可以说你的存在或体验是诗意的，或富有诗意气氛的。

――――――――――

　　① ［奥］维特根斯坦：《思想札记》，吉林大学出版社 2004 年版，第 209 页。

这种整体的和谐气息的核心是道或神性（精神原型、绝对、无限、永恒或其象征形式）与人心的和谐交感，以及产生和谐交感时（或道与神性、精神原型盘旋在人心时）人的感觉与体验所发生的难以言传的变化，这种交感会给人的存在带来特别的存在韵味（气息、灵韵等也可），会给人带来静远灵动之感，这种体验通向一种神秘的、充实的、和谐的、宁静的、轻灵的、澄明的等生命存在状态，仿佛作为生物的、社会性的人具有了天使或神一样的气息。这是感觉、精神与心灵方面的富有光辉与深度的体验。

诗意的相对面是非诗意。非诗意指向人存在中的分散的、封闭的、分割的、有限的方面，比如人的存在中，物性的、原子化的、数字化的、丛林式的等存在方面，这些方面和人性的感性、原始的真实性或物质的实在性及社会的基于自然的现实性等相对应。人的存在中的这种分散的、封闭的、分割的、物性的方面很容易使人陷入空虚与焦躁之中，陷入精神的无意义的深渊。换句话说，非诗意的、分散的、封闭的、分割的、物性的、原子化的、数字化的、丛林式的存在容易使人的存在感受呈现贫乏而无意义的一面。

诗意这个词只是一种带有比喻性与象征感的说法，用之描述（或代表）人的难以言传的、和谐的、充实的、富有意义感的体验与感觉，用之描述人类存在于内心深处的那份深切的灵性萌动与渴望，其核心是人与神性（道、绝对、无限、永恒或其象征形式等）相遇交感时所体验到的特别的存在韵味（或气息、灵韵），用稍稍具体、形象的说法来讲，可以说人类可用诗意来描述其存在于内心中的和谐的、美好的、神秘的、宁静的、澄明的、微妙的乐音与歌声。诗意涵盖了诗人身上和诗歌中的一种特有的灵韵，意味着具有神思的诗人们（人人都可以是诗人）用深长的意味把滞重的生活之象点亮，使之充满了神韵、格调、性灵、兴趣等，人的存在与内心随之充满玄妙、美妙的氛围，想象活跃，内心充满生机，有一种通向无限的悠远之感，有一种被永恒笼罩后的难言的空灵体验，其不可言传只可用心灵去细细体会，这种感受与体验在既具有中国道家所倡导的"观道"后的自由自在感，也深含佛家参禅时的空旷、静远与灵动。诗意来自存在的和谐、完整与圆满，或者干脆地说，诗意就是存在的和谐、完整与圆满的生动体现。

还有另外一些与"诗意"具有含义类似性语言家族。对于诗意所描述的这种特别的精神性倾向，我们为什么不使用另外一些语言相似家族中的其他相似词汇来表达呢，比如可以用画意或音乐之意之类来标志。从某种意义上讲，诗意的核心或许更接近无声的音乐或难以言传的画面。之所以用了"诗意"一词来意指那种精神性的感觉、韵味、气息或倾向等，那是因为：首先，在人类早期诗与乐（歌）是不分的，诗也是可以吟唱的；其次，诗歌被认为是人类最初的重要语言，这种最初性就使其获得某种优先性。意大利美学家克罗齐在《美学的历史》中引述意大利美学家维科的话：

"由此，我们找到了作为所有民族包括犹太民族最初的语言——诗。"①

用诗意这个词来描述人类的一种带有理想色彩的精神倾向，或许还有一个占优势的原因。世界各地的诗歌最初都与神相连。从古希腊开始，诗歌就与诸神相关，诗歌被认为是受到诸神启发而产生的作品。在他们看来，诗歌比之其他艺术门类更具有神性，和诸神的关联度更大。这是西方的传统。中国诗论传统也有"文"得知于天的论述。唐代诗僧皎然的说法具有代表性：

"夫诗者，众妙之华实，妙均于圣……彼天地日月，玄化之深奥……与造化争衡，可以意冥，难以意状……"②

因此，"诗意"之所以成为代表（或比喻或象征）人类某一重要的精神倾向的用语，而不是用画意或音乐之意来标志，或许因为诗的语言起源更早，和人们的日常语言联系更紧，并被认为与诸神

---

① ［意］贝尼季托·克罗齐：《美学的历史》，王天清译，中国社会科学出版社 1984 年版，第 71 页。

② （唐）皎然：《诗式》，据《十万卷楼丛书》本。

（或天）相连更具有神性意味。而且在中国，关于诗意的意境理论源流也更加丰富，其内涵也更自由而宽泛。唐末诗人司空图受中国文化传统中道家与佛家的影响，受"言不尽意""立象以尽意"等文论的影响，写了篇论述诗的意境与诗的韵味的专著《诗品二十四则》。与他在《与李生论诗书》所说的"味外之旨""韵外之致"相一致，倡导"空灵"的意境。二十四则被排在第一的是"冲淡"，其中"沉着""高古""典雅""自然""含蓄""清奇""飘逸""旷达"等都与冲淡或空灵相关。① 这种对诗的意境的领悟对后来的与之相似的学说（比如宋代严羽的"妙悟说"和清代王士禛的"神韵说"等）产生的影响是显而易见的，其也成为中国文论传统中对诗的韵味的主流陈述之一。

从他们对诗的韵味的描述里，我们可很明显地看出：在中国不少古代诗论家看来，诗意或诗的价值品位与佛、道等东方特有的宗教倾向有关。在中国的许多诗论家看来，层次较高的诗意中含有宗教韵味，人们从诗意中领会到的神秘、空灵、宽广、深厚的特性，离不开特有的宗教似的指向与情怀。

我们这里用的"诗意"属于大诗意概念，适用范围广泛，涉及人类的整个存在，愈益摆脱其原初的作为诗歌一种特性的含义，也就是说诗意不再只是一般意义上的"诗歌的"特性，而是扩大至人类存在的范围，诗意成了一种更具有广泛性的、比喻性的或象征性的说法，意指或标志某个精神方向的和谐综合性的特质与体验，也就是说广义的诗意涉及人的整个存在，而不局限于艺术作品或诗歌中的那种特殊的韵味，那种美妙难言的意韵。从广义诗意内涵本质来看，可以说诗意是和人的整体存在相关的一种精神性氛围、气氛、韵味与气息等，其与内心的特别感觉密切联系在一起，是透过人的存在及心灵体会到的一种和谐性，一种悠远之感，一种难以言传的美

---

① 参见《中国美学史资料选编》，中华书局 1980 年版，第 311—316 页。

妙之音，我们常常在精神的一种特别充实里，在生命的某种意义包围中，在希望的亮光里，在内心的某种宁静中得到这种感觉。在这种感觉里，我们似乎被一种特别的格调或性灵所包围，被一种兴趣所充满，那是一种和无限或永恒息息相关并被其融化、扩充的感觉。

在西方的文化传统中，这种关于诗意的思考与体悟倾向也和其特有的文化传统中的形而上追求、宗教信仰与膜拜联系在一起，也就是说和其追求精神的完整性，和其追求精神的超越有关，和其形而上的、宗教般的感觉密切联系在一起。欧洲英、法传统中，诗性追求倾向是其精神传统的一个重要组成部分，但限于篇幅，我们在这里姑且以德国传统作为依据。德国有追求完整超越的精神传统（宗教的与哲学的），也就是追求超越现实的、富有灵动的、带有绝对意味的精神性韵味的传统。从谢林、黑格尔的绝对精神到席勒、海涅的诗学精神到诺瓦利斯的诗意宗教，再到狄尔泰、奥伊肯的生命哲学，再到海德格尔与雅斯贝尔斯的存在"澄明说"等，他们传统中的许多论述似乎就是诗意性表述的典型体现。下面我们姑且列举其哲学家中的两位：本雅明的"灵韵说"、海德格尔的"还乡说"（或澄明说）。此外，还会列举一个美国哲学家桑塔亚那的理想经验说。

德国哲学家本雅明在其一系列著作中——《摄影小史》《机械复制时代的艺术品》《发达资本主义时代的抒情诗人》——提出并论述了一个概念"灵韵"。这也是他的诗学与美学思想的核心概念之一。本雅明把作品中的"灵韵"气息上升到艺术命运的高度（在中国传统中常常也把"气韵"上升到艺术命运的高度），认为机械复制对艺术作品的冲击的一个重要体现就是这种诗性"灵韵"的丧失。他使用的这个概念接近我们这里所说的诗意的核心含义。

他的这一概念（Aura）的原始含义与中国传统中的"气韵"不同，而与宗教背景、宗教性指向有关，是指教堂圣像中环绕在圣人头部的一抹"光晕"，与"神圣"的含义相关。他用"灵韵"来描述艺术品的神秘韵味和受人膜拜的特性。中文翻译有多种，这也从某一个角度折射其含义，有"韵味""光晕""灵气""灵氛""灵光""气息""神韵""神晕""辉光""氛围""魔法"等。① "灵韵"与"本真性""膜拜价值""距离感"的含义也紧密联系在一起。对这种灵韵的感知或体验需要内在的眼睛、内在的灵魂，也需要集中精神与高度专注，并通过全神贯注地沉思才能感受之。

海德格尔或许是受到德国诗人荷尔德林的影响，在晚期哲学中他似乎尤其注重倡导"诗意"的本真的生存。在这种诗性体验里，天、地、神、人融于一体。与此相关，在技术的时代，这几个面早已分离，分离之后"诗人何为？"他认为一个诗人的天职就是在贫乏的时代说出诸神的语言，替诸神用美妙的语言命名，并呼唤能给人们带来美妙感的神性。可见神性维度在他的诗意思考中占据着核心位置，但这种神性也不再是传统信仰意义上的。

海德格尔在《宇宙观的时代》中认为新时代的第五个现象就非神化，他说：

"非神化很少排除信教热忱，以至于不如说正是通过它，与神灵的关系变化成宗教的体验。"②

在他看来，诗意体验是一种精神上、心灵上的"还乡"（"还乡"这个词在海氏著述中一再出现），是拥抱大地，是让存在无蔽变得澄明，这也是对神圣维度的体验，是对家园的找寻及回归，也是一种类宗教的心灵皈依。诗人用特别的语言方式呼唤神性，找到这个存在之家，或哲人通过沉思与绝对者沟通交流。诗意之思可以克服现代技术的弱点找到存在的根基。结合海德格尔的多处论述，我们似乎可以这么认为：在他看来，传统意义上的非神化之后的宗教般体验（沉思式存在也属于这种体验的一部分或一种）可以是"诗意

---

① 赵勇：《整合与颠覆：大众文化的辩证法——法兰克福学派的大众文化理论》，北京大学出版社 2005 年版，第 190 页。

② ［德］冈特·绍伊博尔：《海德格尔分析新时代的技术》，宋祖良译，中国社会科学出版社 1993 年版，第 158 页。

的"，甚至可以是诗意的核心。他的天、地、神、人诗意四重说就是对这种具有宗教般体验的最好解说。这同美国哲学家桑塔亚那的观点几乎完全相同，桑塔亚那在谈起宗教时就曾把其当作一种诗歌或诗意来理解，他说：

"宗教只是为了表达人的理想。宗教之所以能够像诗歌那样高贵，正是在于它提出了恰到好处的理想，提升了生活的意义与价值，展示着完美，所以，宗教的优点在于对经验的理想化。这就使宗教在当作诗歌时显示出高贵，而被当作科学时必然成谬误。"①

中西方对"诗意"描述尽管有这样那样的差别，但在其实质却有不少共通之点。

中国传统文化中最大的富有诗性的经验理想或富有诗性的宗教般的情感体现在如下几组词汇里，这几组词汇所表达的感觉与体验也成了中国式诗意（也是我们所说的诗意）的核心特征：

宁静的、自由的、自然的、质朴的、玄妙的（道家）

空旷的、淡远的、灵动的、寂然的、妙悟的（佛家）

和谐的、和解的、均衡的、圆满的、仁爱的（儒家）

这几组词汇和"气韵"或"灵韵"紧密关联，在诗意里"气"是有"灵"之气。中国文化传统中在精神方面对"静"与"空"的追求（道家、佛家）与对"和"（儒家）的追求，在源头处其实是紧密关联的，这和西方文化里对神性的呼唤也是一致的，都是为了达到存在的自由与自在、存在的充实与意义、存在的安然与空旷、存在的宁静与淡远等。对道家和佛家来说，当排除外在世界的纷扰处在"静"与"空"的初始状态时，就到了真正存在的故乡，而对儒家来说，当处在多方面造就的大"和"之中时，才称得上真正的作为人的存在，这种大"和"常常是天地人心之大和，这种"和"也是一种精神绝对或具有绝对感的精神状态，"和"以及

---

① ［美］桑塔亚那：《人性与价值》，乐爱国、陈海名译，广东人民出版社2003年版，第77—78页。

其后的宁静与沉思性的情感也是一种宗教般的情感。中国文化传统中对"静""空"与"和"的追求，也体现于其后的"味外之旨""韵外之致"等意境描述上。这同西方的本雅明对"灵韵"气息的重视、海德格尔对基于神性的澄明的宗教体验的推崇等，其道理与思路并无太大不同：就是对一种宽阔的具有深邃精神感的诗意体验的重视。

综合如上西方思想家对存在诗意的理解，我们还可稍作阐述——在诗意的核心之处有三种最基本的气息：大自然的气息、神圣的气息、人的自由自在的质朴气息，以及这三种气息均匀和谐会合处所产生的无羁绊的空寂、宁静、淡远之感，所带来的和谐的充实之感，以及与之相伴相随的澄明的意义之感。人类存在的"韵味""灵韵"或"韵致"等由此而生。关于我们人类存在的这种"味外之旨"或气息，在思想史上某一诗化的思想流派或许有意无意地着重强调了某一个侧面，但只要他还属于富有诗性思考的思想家，人类存在的这几个大方向，他就不可能只取其一而忽略其他几个方面，果真分割了这几个相互联系着的几个方面，他可能就不再属于真正的"诗意的"思考了。诗意从存在的更大范围来说，涉及人的整个完整的存在，涉及人类存在内心深处的那份对完整性的渴望。

从哲学大视野来看，"诗意"是人类精神联系与完整原则的体现，诗意这个词所能指的内涵也不可能具有毫不含糊的精确度，也不可能具有科学概念或命题一样的确定性，也几乎不可能被清晰地判定与认知。我们这里的诗意内涵具有一定的开放性与可延展性，对其只是做了一个内核的基本方向上的描述，不想独断地将其限制在一个狭小的范围内。除了上面提到的之外，我们还可以开出和诗意含义接近的一系列具有家族相似性的词汇（形容词系列）：超越的、内在的、浪漫的、富有理想的、充满想象的、自由自在的、有意义的、充实的、美好的、美妙的、充满爱的、自然的、宁静的、圆满的、无蔽的、澄明的、具有神性的、具有宗教气息的、富有灵韵的、富有灵魂的、和谐的、冲淡的、淡远的、空寂的、空灵的、飘逸的、灵动的、通向远方的、神秘而寂然的、合一的、忘我的、沉醉的、旷达的等等。这些词汇里有的具有西方论述色彩，有的则为东方精神所浸染。但这些词汇所意指的核心有着基本的相似性，也有着很多重叠区域。这些与"诗意的"具有家族相似性的词汇所表达的感觉与体验，我们常常都用"诗意的"来代表或标志。

　　和诗意具有家族相似性的这些词汇，其所代表的都是超越现实束缚的理想经验形式，代表的是人存在中的精神性韵味，这种韵味更多指向人存在中的一种非分裂、非冲突、非挣扎的完整、和谐的精神状态，可以说体验诗意及其所包含的韵味（或灵韵）就是体验一种特别的和谐与和解，就是体验种种差异、纷扰与区别的消除，就是体验冲突、对立消融后的安宁与统一，就是体验具有原初感的完整性。在诗意里人们的感觉不是封闭的、压抑的、沮丧的，而是舒展的、丰富的、明快的、有意义的，仿佛感到有一扇通向无限的窗口的存在。诗意感是一大片环绕在我们心头的美好的精神之雾，就像白色的晨雾弥漫于林间的那种情形。所不同的是这种精神之雾弥漫环绕在我们的心灵的湖面上，给我们的心灵带来充实的、丰富的、宁静的、有意义的感觉，让我们的存在充满了一种厚度与精神气息。这可以说是我们的精神幸福的一个核心。

　　从另一个角度看，诗意与内在的真理紧密相连。在哲学家海德格尔那里，诗意就是对真理的召唤与显现。诗意也是真理所赠予。在《艺术作品的本源》一书中，他说："诗的本质却是真理的赠予。"①

　　诗意体验是人类精神联系与完整原则的显现，是一种具有充实感的意义体验，是人作为短暂有限者和无限、永恒、绝对或某种精神本

---

① 熊伟：《存在主义哲学资料选辑》，商务印书馆 1997 年版，第 454 页。

体（包括象征形式）发生连接时所产生的感受。这种体验或感觉也是我们作为人——作为不同于生物性、社会性的有灵性寻求的人——寻找的精神真理之一，被诗意体验所环绕，被美好的、微妙的感觉所充满是我们生命的重要的寻求方向之一，也可以说是我们存在的最重要的真理之一。只是这种真理是内在的，是生命内在的生存所寻找的，也是需要内在的心灵去感触的，其不同于现代社会流行的那几种真理观或真理方向。

第二节　人类内在真理意识

诗意之真是内在之真，是能给人带来意义与价值感的内在真理形式，其扎根于人的存在的深处，成为人的最重要的心灵寻求，并在人自身的人性结构中有着不可能抹去的根基。因为归根结底只有在人自身的人性结构中具有基础的精神倾向或表达才会成为一种真理，才会成为人的重要的精神方向之一，对诗意之真的寻求使人成为不同于生物人或一般的社会人的特种类型。在谈论这种基于生命体验的内在真理之前，我们先来看看在当今世界上流行的其他的真理观。

真理或真实现在是人类观念世界重要的支点之一。现在全世界不分文化与种族都愿意接受真理的引导，也都鲜明地高举这面大旗，在这面旗帜之下，会集了众多的追寻的人们。人们把发现并遵循真理当作一项至高的追求，甚至愿意为之献身。但实际上人们所说的真理又是如此不同，有时简直是南辕北辙，人们理解观察真理的角度有很大的差异。有的是从外在的方面去观察真理的，把同世界的一致当作标准；有的则内在些，涉及心灵的状态与感觉。总体来看，我们这个时代的真理观比较注重外在的客观性，讲究真理的实际效用，尤其是在当下的中国这一点似乎更为突出。

知识论意义上的真理观在当代比较流行。这和我们这个时代的现代化的氛围有关，和所谓的现代性与后现代思考方式有关。各种唯物主义（包括辩证唯物主义）、各种实证主义（包括逻辑实证主义）、各种理性主义（包括批判理性主义），以及建立在科学理性主义之上的技术至上思想，各种科学、哲学流派等，都可算这种知识真理观的代表。我们这里所说的诗意的真理和知识论意义上的真理观念有很大的不同。这种知识论意义上的真理观大体坚持了黑格尔提出的关于思维（或知识）与存在的同一性原则或一致性原则。在辩证唯物主义哲学中，这一原则依旧有效：真理（或知识）是客观的，是指向客观事物的，是其规律在人们意识中的正确反映，客观的事物是最实在的第一存在，是真理之源。但在人类丰富的思想史上，还有其他关于真理的视角：在这些哲学流派看来，真理更和人类存在的完整性，和主体的内在体验完善性密不可分。那种直面客观的倾向从某一个角度来看恰恰损害了这一内在真理：那种以客观事物的结构或知识的获取为目的倾向并不能让人不断获得存在的意义与生命的美好感，甚至这种真理的冰冷的客观性还影响了人类内心体验的纯真与充实。

知识论意义上的真理观也大体上属于客观真理论。通常检验这种真理有两个标准：一是实践检验，所谓实践主要是指物质性的实践，即人们在生产实践中所产生的实际效果或结果来检验这种认识或理论是否正确；二是一致性检验，所谓一致性检验就是看一种认识或理论与客观存在的事实是否一致或是否相符合。这两个根本性的检验标准都不涉及人类的主体方面的价值体验，比如意义体验等。诗人普希金在年轻时写过一首诗，诗名就叫《真理》，他说："把杯中之酒喝得点滴不留，发现真理就在杯底中。"

这也是一种真理观，即实用的真理观。普希金这里说的是享乐的、迷醉的真理。实用的真理观还包括诸如挣钱的真理、成功的真理等。

通向真理的还有另一条不同于上述知识式的或实用的路径，这条路径上的真理思想似乎更加源远流长，甚至可以追溯到人类早期思想刚刚萌发之时。在中西方思想史上，这类思想或思考很多也很丰富，其和现在占统治地位的流行的真理观有着本质的不同。它是一种注重人类存在的真理，是一种内心的真理、价值真理或者说生命的真理，这种真理观是人类心灵寻求意义感、美好感，寻求满足人的深层精神体验的一种体现。这是一种和强调客观，强调物质性实践性证明、一致性检验不同的路径。

印度诗人泰戈尔在与爱因斯坦对话时说：

"美乃是宇宙存在里的一种完美和谐之理想；而真理乃是宇宙心灵的一种完美觉知。我们个人唯有透过自身错误的教训，透过自身经验的累积，透过自身照明的意识，才能认识它。舍此之外，我们还能认识真理吗？……与宇宙存在合一的真理，在本质上，必须是人格性，否则的话，我们个人所体悟到的真理性便不配被称为真理了——即使我们以科学描述、逻辑推理或思维器官等方法求得的真理亦不例外。印度哲学里有一种绝对真理叫梵天，它既不能为个体的孤立心灵所觉知，亦不能以言语来描述，它唯有透过个体在无限中寂灭，方能显现出来。但是，此种真理并不属于科学领域。我们所讨论的真理本质是一种表象——它乃是呈现于人类心灵里的一种真相，因此它必然是人格性的，我们可将之称为摩耶（máyá），或意象。"[①]

这种真理一直是东方思考的一个特点，思想资料也很丰富。中国本土生长起来的道家对"真"的理解也是属于这种。这种真理帮助我们领会事物的奥妙的、深邃的方面，而这些方面和我们人类的主体体验密切相连。在道家的传统中一直有一个引人注目的"返璞归真"之说。

《老子》第二十一章中说：

"孔德之容，惟道是从。道之为物，惟恍惟惚。惚兮恍兮，其中

① 《泰戈尔论文集（人类的宗教）》，蔡伸章译，台湾志文出版社1972年版，第2—3页。

有象；恍兮惚兮，其中有物。窈兮冥兮，其中有精；其精甚真，其中有信。"

在《老子》第四十一章中有"质真若渝"，第五十四章也有"修之于身，其德乃真"之说。庄子在《大宗师》有关真人的描写给人印象至深。

"古之真人，不逆寡，不雄成，不谟士。若然者，过而弗悔，当而不自得也。若然者，登高不栗，入水不濡，入火不热。"

"古之真人，其寝不梦，其觉无忧，其食不甘，其息深深。"

"古之真人，不知说生，不知恶死；其出不欣，其入不距；翛然而往，翛然而来而已矣。"

庄子所说的真人正是谨守"真"或真理之人，他有点儿烦琐的描绘也是一种阐发，只是这种真或真理显然不同于知识论意义上的。我们中国本土道家的"返璞归真"思想代表的是另一种真理意识，从这个路径或视点出发对真或真理的思考具有很浓的东方文化传统特色，也代表着另一种独特的真理观。这种真理把人引向不掺杂质的纯真，或存在的本真。

在佛教看来，纯真与佛性显现紧密联系在一起。世俗中的一切（当然包括物质世界等）都是充满杂质的，都是不纯的或不纯真的，因而也就欠缺真理性，或者说达不到真理的高度。在佛教徒心目中佛法才是真理。同样西方的基督教所说的真理指的是上帝，也可以是圣灵。在这些宗教流派中，纯真的真理指向世界和人的内在性方面，指向某种更深邃、更神圣的大精神，指向某种神性，而在客观的物质世界里，在我们生活于其中的世俗社会里是没有所谓的纯真的，也就没有真理可言。在佛教中有二谛之说，真谛不同于俗谛，佛学追求的是真谛，反对的是俗谛。如果认可佛学的这一看法，那么种种现代纯科学的观念，种种唯物主义的哲学真理观传统或知识论传统就属于"俗谛"，从佛学真谛的角度来看，事物的根本是空，而从俗谛的角度来看，事物是有。

那么在佛教看来，这种注重内在的真谛或真理的功用又是如何的呢？南朝（梁）萧统在《令旨解二谛义》中说："真理虚寂，惑心不解，虽不解真，何妨解俗。"唐代方干《游竹林寺》诗曰："闻僧说真理，烦恼自然轻。"

这种真理意识或真理观不是为了帮助人们认知客观世界，而是欲使人的心灵得到超验感受，要使人的内心获得满足与自由，在这里真理具有虚性，虚无而寂然，对这种虚无而又寂然的道的领会是真理的重要内容。这种真理可以减轻我们内心的种种束缚与烦恼，使我们的心灵变得敞亮、澄明起来。这同西方哲学家海德格尔的真理意识在大的方向上几乎一致。

西方关于这种内在之真或真理的论述甚多。这种真或真理观和人们的内在生存及内在的心灵有关，这些论述的思想渊源也更为古老，甚至可以追溯到史前时期。西方的那些具有神话渊源的思想以及后来的各种宗教哲学、浪漫主义、生命哲学与存在主义等人文性很浓的哲学流派或思想家，他们对真理的看法就截然不同于客观的知识论意义上的，换句话说，其真理意识就不是客观意义上的或客观的或知识的。关于早期的那些源于神话思维的思考分散在西方早期的一些诗歌、史诗、神话传说及各种宗教里。

我们这里着重提及古希腊以来的几个著名思想家的观点。这些思想家大多走宗教的或深层人文主义思想路线，这条线路上的真理基本上是超验的、内在的。

古希腊哲学家普鲁塔克说：

"这就是为什么渴望真理——尤其是与诸神灵相关的真理——就是向往神。这种渴望就如同被神圣的事物所接纳，它激励我们学习和追求神圣的事物。……这些圣事的目的是为了认识初始的最高的生命，这是只有智慧才能接近的生命。"①

---

① ［古希腊］普鲁塔克：《论埃及神学与哲学》，段映红译，华夏出版社 2009 年版，第 12—13 页。

柏拉图的真理观和精神性的超验理念联系在一起。这种思想影响了后来的种种神学思考。圣托马斯在《神学大全》中有《论真理》一节（第22题，第13节）。他论说的真理就是通向神性的真理，也是通向人的内在灵魂的向内之真理，这种真理也具有超验性，并和人的内在信仰、内在灵魂息息相关。

英国自然神论之父爱德华·赫伯特的代表作就是《论真理》，他的真理观也是内在的。

法国一位重要的哲学家帕斯卡尔说：

"我们认识真理，不仅仅是由于理智而且还由于内心；正是由于这后一种方式我们才认识到最初原理。"①

丹麦哲学家克尔凯郭尔认为如果把真理看成是客观的并完全客观化，就会出现一系列问题：

"就会使主体成为偶然的东西，从而使存在成为无关紧要的乌有之物，使主观或主观精神毫无地位。如果这样，那么真理就毫无意义。"②

德国存在主义哲学家海德格尔与雅斯贝尔斯都曾专门写过论真理的著作，雅斯贝尔斯写过《论真理》（1947），海德格尔则专门写了《柏拉图的真理学说》（1942）、《真理的本质》（1943），他在后面的著作中还着重谈到了非真理与遮蔽、非真理与迷惘的关系。换句话说，真理就是无遮蔽、无迷惘的存在状态，事实上这也就是他所说的诗意状态。在另一处他在谈到"思"时说：

"这个在林间空地意义上的无蔽，也许不能同真理等同起来。但更确切地毋宁说，唯有这个被思为林间空地的无蔽，才使得真理成为可能。因为真理本身，正如存在与思一样，只有在林间空地的适宜环境中才能成为其所是。"③

---

① ［法］帕斯卡尔：《思想录》，何兆武译，商务印书馆1985年版，第131页。
② 夏劲松：《现代西方哲学教程》，上海人民出版社1985年版，第330页。
③ 熊伟：《存在主义哲学资料选辑》，商务印书馆1997年版，第503页。

"以去蔽来代替真理……以去蔽来言说真理的本质。"①

"神殿之屹立就是真理的发生，……凡高的画就是真理的发生……美是作为无蔽的真理显现出来的一种方式。"②

德国哲学家伽达默尔写过一本书叫《真理与方法》，他认为主体的阐释、体验、想象、预期等对形成另一种类型的真理是必需的。这种真理性更早地被法国思想家帕斯卡尔在其著名的《思想录》中将之命名为"心灵理性"③，他所说的这种心灵理性就是一般的理性根本不能了解的属于心灵的真理。美国存在主义神学家保罗·蒂里希在《系统神学》一书中把理性或真理分为两种：一种是技术理性或真理，这种理性与真理是客观的、逻辑的、实证的，属于客观的认知，另一种是存在理性或真理，这种真理和人的存在相关，和心灵的意义结构紧密联系在一起。

这种内在的、超验的真理通向精神的完整，并会在人类的无遮蔽的心灵的纯真中直观地显现。诗意的真理就属于这些思想家论及的主体存在的真理，是和主体价值有关的真理，也是偏重内心的真理。任何一种循着心灵之路所获得的充实的、和谐的、有意义的感受都是富有诗意的。诗意状态是人类的一种纯真的存在形式，是和人类内心有关的纯真经验与感受。人类经验中的许多东西现在都变得不纯真了，杂质太多，虚假的、矫饰的成分太多。诗意的感受是人类最基本的纯真经验之一。诗意是一种心灵的真理，是这个世界上存在的和人类内心相关的特殊真理之一。诗意的真理属于追求精神完整性的内在真理，是一种偏向主观的真理，其和人们内心的种种美好感受、内心的种种充实感、内心的意义体验等息息相关。要领略这种真理就不能用我们的动物式的肉眼，也不能用被种种文化习惯塑造了的头脑，需要的是一颗敏感的精神性之心灵，而不是肉

---

① 熊伟：《存在主义哲学资料选辑》，商务印书馆 1997 年版，第 432 页。

② 同上书，第 437 页。

③ ［法］帕斯卡尔：《思想录》，何兆武译，商务印书馆 1985 年版，第 130 页。

体感官，也不是机械渴求知识之脑。

按照真理最古老最源远流长的传统思考，真理是整体的，不是分裂局部的，是向内的不是向外的，真理沿着一条纯粹之途通向人的完整的内在的存在，意味着精神与内心的无染与纯真，真理是显现给内心的，真理是内在与超验精神的显现，真理是最纯真的道理。这种纯真的道理只有纯粹的内心才能够领会。纯真的真理意味着没有杂质，没有被种种杂质所浸染，是纯粹神性或心灵性的显现，诗意之真是内在价值之真，是意义之真，是一份纯真而深刻的经验，属于纯真的真理或真谛，诗意的真理是人世间最纯粹的真理之一，这种纯粹性恰恰来自它的反"俗谛"的特性，来自存在的本真与意义感受。

各种不同真理观的分歧、冲突与视角有关：有的是建立在文化与意义感基础上的内在视角，有的则是建立在实证与逻辑实用基础的外在视角，而这种视角的不同实际上又体现了人心深处的两种不同的需要，一个是理性的或实用的需要，一个是存在意义的需要。对人而言，无法从根本上消除这两种性质不同的需要，也很难消除这两种倾向之间的分歧。哪种真理更为真实和每一个人的理解或体验角度有关。追求完整性的内在真理或诗意的真理，这是人们从内心深处真正渴求的，这种真理的真实性依据的不是来自外在的证据或逻辑。从诗意的角度来看，只有忠实于内心的那份内在超越性渴求，才算忠实于真理。诗意的真理不可能指导人们的物质性实践，也不能满足人们种种世俗性的实用欲望，诗意的真理也不会提供给我们有用的知识，与其说它能提供某些生存经验，不如说它能将分散分裂的人们"引向澄明的存在"（雅斯贝尔斯语）。

第三节　诗意的人性之根及其效用

诗意之真扎根于人的存在的深处，在人的自身人性结构中有着不可能抹去的根基，可以说这种诗性倾向一定会伴随着人的存在一直持续下去。诗意之真是人渴望和谐完整的体现，是人内心深处的真理，其在人生命的基本结构中具有深层的基础，因为归根结底只有在人自身的生命结构中具有基础的倾向才能成为人的重要的精神方向之一，也才会对人们的存在与内心产生真正的影响。人的人性结构究竟是怎样的？

　　人性有不同的层级，是不同层级的综合性统一体，其理想状态是各层级完整和谐没有区隔、分散、对立与分裂，但在实际存在中，人又有表层自我与深层自我之分。表层自我与深层自我的追寻有所不同。表层自我是人基于有限性的肉体的世俗自我，是人与动物相似的自我，也是人基于一般社会性的自我。也有哲学家把其分析为人的有限性自我、未确定性自我、有止境性自我等，这个自我的追寻和各种高等社会性动物的追寻并无本质差别，通常是基于物质或基于世俗社会的快乐与激动。人还有深层的精神性自我，这个深层自我与宇宙的大我相呼应，或者可把其称为人与神相似的自我，对应人性深处的精神与心灵的开放性方面，即对永恒与无限性理念开放的方面，这个方面也代表人性深处的终极渴求。西方不少哲学人类学家从不同角度对人的深层自我进行了分析。关于人性的存在结构，美国哲学家保罗·蒂里希也提出了精到的看法。他认为：

　　"如果人不再能够从中心，从整体中来行动，因而他存在的一切因素都并入了一个终极的决定之中，那他就不再是真实意义上的人。他已被非人性化了……我们能否作为一个完整的人做出反应？如果这是不可能的，如果我们中心的'我'被转变成不能以具有中心的方式进行反应的客体，那么就开始了非人性化的过程。"①

　　渴望作为完整性的存在而存在，这是人的表层自我与深层自我的统一意向的折射与反映；诗意的体验与反映就是我们人作为一个

①《蒂里希选集》，何光沪等译，上海三联书店1999年版，第91页。

整体的反映，就是从我们的生命中心发出的体验，也是人性的完整化、理想化的标志之一。在西方传统文化（基督教文化）看来，神性（实际上这可以是一种象征性的说法）是人性的一个重要的根基。诗意体验是表层自我与深层自我的统一性体验，和我们人性深处对完整性的渴求有关，和我们人性深处的神性或神圣冲动有着密切联系。人性深处（或人的深层自我）的神圣冲动是高层次诗意的重要来源之一。

美国哲学家、诗人爱默生说：

"对这种法则中的法则的感知总在心灵里唤醒一种情感，我们称之为宗教情感，它缔造了我们至高无上的快乐……欧洲的神圣冲动一直受益于东方天才。这些神圣的诗人的话，凡是心智健全的人发现都能同意，都是真言。"①

英国诗人柯勒律治与俄罗斯几位大哲学家（索洛维约夫、别尔嘉耶夫等）都提出了"神人类"的思想观点，这实际上也就是人的表层自我与深层自我的统一性思想。柯勒律治认为，思想、理论与学说都应该植根于神圣人性的实在性之中。索洛维约夫出过一本专著《神人类讲座》，别尔嘉耶夫写过《精神与实在——神人精神性基础》，强调人性深处的神性要素与根基。

"就像总体上的人文科学一样，这些神话（宗教、人文关怀等，引者注）可以说含有自己的真理——不在于它们提出的命题多么雄辩，而在于它们所产生的失效。如果这些神话能让我们怀着价值感与目的感去行动，那么它们就足够真实，值得继续。"②

尽管特里·伊格尔顿这段话并不是从肯定的意义上来说的。

诗意的真理是完整性的真理，和人的深层统一性渴求有关，就像宗教式人文关怀等一样，能让人们体验价值感与目的感，给我们

① ［美］爱默生：《爱默生随笔》，蒲隆译，上海译文出版社 2010 年版，第 27—28 页。
② ［英］特里·伊格尔顿：《人生的意义》，朱新伟译，译林出版社 2012 年版，第 51 页。

的存在带来精神性韵味、精神性气息、精神性光晕与氛围。诗意的真理追寻人存在的完整性，遵循的是向内的超越的路径，直接面对人类的内心或灵魂，其是人的深层精神自我的一种追寻方式，能给人存在与内心带来基于意义感、充实感的精神性韵味。

诗意的真理有其基于内在感、超验感的真实效用。首先是内心的充实与美好。柏拉图在《法律篇》中简短地说："真理是美好而持久的东西。"他说的这种真理不是指向各种客观知识性质的真理，也不是基于严密的逻辑，他说的这种真理是内在的具有超越特性的精神之理，这种真理也是诗意之真，是能给人心带来持久的美好感的真理，不是短暂的兴奋或快乐。这种美好感的获得也与心灵相通。这同基督教文化中的真理一致。《圣经》说：

"我就是道路、真理、生命；要不通过我，没人能到天主那里去。"[1]

诗意之真在人类的内在的经验世界里，主要经由沉思、想象、情感等走向内心。内心的充实感、意义感、美好感就是这种内在真理的显现，忽视了诗意就等于忽视了内心，就等于忽视了内在的中心，忽视了内心的完整性，以及理想的生命与精神状态——内在的精神与生命状态。

真正的诗意带给人们的是生命的意义，是整个存在的被扩充感，是那种能让你的心被无限充满的感觉，人的一生中如果能有几次这种巅峰般的诗意时刻，你或许就会产生这种感觉：生命如此值得一过。就像孔子闻韶乐三月不知肉味的情形，这种感觉远不是单纯的感官或理性能带来的，也不是单纯的物质的富有就能达成的。当我们被诗意所笼罩的时候，我们的心和谐、宁静、明亮，具有一种内在的幸福感。

其次是智慧与自由。

---

[1] 《新约·约翰福音》，第14—16页。

　　诗意的真理是一种智慧。在佛教中有真谛与俗谛之分。真谛是真实的道理或意义，真切的理论与精义，是事物的奥妙之所在。有信仰不是愚笨，有信仰恰恰是一种真，是一种人生的大智慧。在那种基于信仰的真理观中，真理意味着上帝，意味着拯救，意味着心灵的自由与喜乐，意味着某种看出事物性空的智慧等。通过信仰上帝，人们及其心灵就能获得种种精神上的生命，就能找到摆脱精神迷惘之路，就能获得一种内心的真理，或者通过某种精神修炼洞悉事物的本性，以使生命得以解脱。

　　"闻僧说真理，烦恼自然轻。"对这种虚无而又寂然的道的领会是真理的重要内容。这种真理可以减轻我们内心的种种束缚与烦恼，使我们的心灵变得敞亮澄明起来。诗意的真理是内在的真理，是能使心灵获得智慧的真理。这种真理还能使我们的内心得到真正的精神上的自由。

　　圣经《新约·约翰福音》8·31—32 中说："真理必叫你们得以自由。"真理和自由相关，而真正的自由又和人的内心相关。诗意的真理能让人得到一种自由，并且能让灵魂获得满足。诗意使我们的内心或灵魂充实而自由，并使其获得了满足，正是在这个意义上，我们说诗意是一种真理。因为归根结底所谓真理是为了满足人的心灵的种种需要。

　　再者是意义感与价值感。

　　这种意义感与价值感是通过心灵的满足得到体现的。这是一种基于充实的、基于意义感的精神性满足，是一种内在的灵魂的满足。真正圆满的人生是和人内在心灵的满足密不可分的。美国著名诗人瓦尔特·惠特曼在《草叶集·初版序言》中说："凡能使灵魂满足者都是真理。"法国诺贝尔奖获得者诗人苏利·普吕多姆在《沉思集》中说："当心灵得到满足时，灵魂安静宁和。"①

---

　　① ［法］苏利·普吕多姆：《孤独与沉思》，胡小跃译，漓江出版社 1991 年版，第283 页。

　　诗意作为人类的一种最纯真的经验与感受之一，其属于人类内在的具有普遍意义的经验，在这种意义感的驱使下，人们向内返归。可以说，诗意的真理追求完整性，基于内心体验，并带有感性之美的光泽，能使人类的灵魂获得基于和谐、充实、宁静与意义感的满足。诗意之真有一种趋光的属性，是心灵之光、灵魂之光的折射与映照，也可以说是心灵的音乐，是灵魂之盐，是给我们的心灵带来光的精神性力量，是给我们的灵魂带来温暖、安慰的那种真切的感觉。

　　诗意的、真理的那份完整性通过我们存在的内在性发生作用；诗意的真理不属于所谓的客观真理，不属于所谓正确地反映了客观现实的知识（或定律、定理、公式等），也不具有物质的、经济的实用性，不具有一加一等于二的精确性，不具有钱多好办事的常识性，也很难给人带来享乐，或许也不能在政治上赢得人民或民心。这种真理很难用事实来衡量，很难用数字去统计，诗意之真理事关我们的内在的心灵，事关我们心灵的形而上学，它能给我们的心灵带来很好的感觉，带来充实的状态，精神上的快乐与满足感，这种快乐与充实感，也可以称之为幸福。诗意的真理似乎也不可能被人类的大多数人所信奉，但这种真理对人的存在与感受来说又是不可缺少的。这种真理也不可能消失。

　　要认识诗意之真就要跨过许多障碍物。

　　现在存在着多种多样的心理认识上、存在方面的谬误，这些谬误会把我们的存在引向分散、分裂、片面与外在，而这又会导致内心的干枯：没有希望、没有爱、没有自由感，被空虚、焦虑、烦恼、无聊等心理经验包裹。这正是被种种障碍物蒙蔽的结果。诗意之真和人类心灵中渴望光明美好的倾向与特性有关，这种倾向与特性能使人类的种种文化经验、内心经验有序，并使灵魂变得充实而有意义感。种种谬误的事物、思想观念与理论却很容易使人类心灵趋向黑暗、无序、空虚、无聊与无意义。20世纪瑞典诗人托马斯·特兰斯特罗默在 1978 年出版过的一本诗集《真理的障碍物》。的确，近代社会以来，影响我们认识这种内在的真理的障碍物越来越多。

第四节　"诗意人类"及诗意人类学

追求诗意之真是人类最悠久的精神传统之一，在中国文化中也有着深厚的源流。几千年前孔子的兴于诗与成于乐的思想就是一个明证。在现代日渐迷失的西方，海德格尔晚期又对诗意栖居思想大为迷恋，这都从某一个侧面说明了诗意对人类的重要性。"诗意人类"是人类一直以来的重要精神追寻之一。本书的人类学含义主要是哲学意义上的或者说是哲学人类学意义上的。哲学人类学对人的形而上的本体结构有着较多的关注，对人存在的价值、意义，对个体或个体意识的特殊性给予更多的倾斜。诗意体验是人类精神与意识的原初状态，也是人的精神与意识的理想状态之一。人类存在的诗意化是人类重要的精神追寻之一。本书认为诗意化人类存在于当前的文化背景下变得更加重要，而建立一种重视内在价值与意义体验的学科对人类个体存在的精神性韵味具有不可忽视的积极意义。

诗意能否成为人类学的一个有意义的前缀，或者说能否把人类学学科和诗意缝合在一起。这里的关键就是看诗意倾向或诗性向往在人类的存在与内心（或精神）中究竟占据了一个怎样的位置，或者说诗意倾向在人类的存在结构中是否具有根基性的基础。语言人类学之所以能成为人类学的一个重要分支，就是因为"语言"在人类中具有重要位置，就是因为语言在人类的存在、交流及思维（或精神）等方面起了重要的作用，发挥了重要的功能。还有人类学的众多分支——诸如饮食人类学等——得以成立的道理也是如此。诗意是人类的理想体验形式，是人的深层的心性方向之一，而诗意人类学的目的就是"诗意人类",把这两个词组合在一起就直接点明了学科目标。其中诗意是这个学科的明显的核心特征,也因为这个核心特征而把诗意人类学结合成具有统一整体性的特殊学科,并使之与其他学科区分开来。在人类被技术化愈益缠绕难以摆脱的今天,这一点显得尤为重要。

中国儒家孔子在几千年前就提出了"兴于诗……成于乐"(《论语·泰伯》)的思想,这里所谓的"乐"还是诗,是以音乐形式表现出来的诗,是充满诗意的乐。在人类早期,诗与歌是不分的,也就是说诗与乐是不分的,乐意也就是诗意。或许正因为如此,热爱诗歌的孔子在齐闻韶乐才会三月不知肉味,才会感叹:不图为乐之至于斯也!这是一种物我浑一的忘我的诗意境界,在这种存在境界里,人生的局限与分裂被克服。从某个角度来说,这是最早的诗意人类学思想的萌芽:通过使人的存在诗意化或追寻诗意真理的方式可以克服人性分裂。我们在前面也已经多次引用了被认为是存在主义大家的海德格尔的诗学思想,他对诗意的重视以及多侧面的阐述也是在人类学意义上,这也给了我们很大的启发。事实上,对"诗意"的那份渴求扎根于人的存在的深处,其在人的深层的存在结构中有着不可能抹去的根基。这种意义上的诗意追寻几乎和人的存在一样久远,并和人的内在的精神生命密切联系在一起。富有诗意地存在着,这也应成为人类存在的重要目标之一。

因此,建立一门新的分支学科,用以专门研究人类的诗性倾向及与人类存在诸多方面的关联,解释诗意(体验、现象等)与人类内心(包括思想等)、存在环境、人生等方面的关系,就变得很有必要;这门学科得以成立的最基础的支撑恰恰来自诗意追寻在我们人性深处的重要位置。这种研究诗意(以存在体验为核心)与人类存在诸多方面联系的学科可称为诗意人类学。

诗意人类学研究能诗意化人类存在的诸多相关方面,探索、追求与人密切相关的内在价值,探索、研究能给人的存在或内心带来希望的精神方面，探索、研究能给人的存在或内心带来和谐、意义、美好与充实感的内在之真。诗意人类学与人的种种探索内在真理的思想与行为有着密切的关联，研究种种能诗意化人类的或能使人类存在诗意化的现象及其真理，包括研究能使人获得诗意的存在与体验的自然、社会与精神现象，尤其是研究与人的诗意存在具有深度关联的种种自由的、和谐圆满体验相关的方面。

诗意人类学研究人类存在的理想体验，其理论基础是古今中外对人的反思中的整体主义路径上的各种带有宗教倾向的哲学思考，在这条长长的思想路径上，人的存在价值与意义（包括体验的充实、完满、和谐等）被推为重点与核心；诗意体验把人类的价值与意义经验最鲜明地标志出来。整体性视野也是中国文化（包括哲学）的鲜明特点之一。中国传统文化中道家关于"静"的思考与理论、儒家的深度和谐思想与理论（包括宗教哲学层面等）都具有这种倾向。西方文化中具有整体主义倾向的思想流派也源远流长，这种精神整体主义的核心就是：肯定人的内在的、超越性倾向。具体说来，中外浪漫文化意识及相关思想，还有其哲学体现（道家哲学、生命哲学、人格主义、肯定型存在主义等）都属于这种精神整体主义的一部分或分支。这些思想或理论的共同点是重视人的内在精神、人的生命价值、意义与存在的完整性，并通过生命的体验与直觉体现出来。古今中外的这些思想与理论虽然出发点有所不同（甚至大不相同），但其都从某一侧面或某一个视角"诗意化"了人类存在，使人类存在变得富有韵味或有了某种灵韵，有了"味外之旨""韵外之致"，并因此升华了人类的体验与感受，使之变得生动、圆满、丰富、充实、澄明、有意义，并让人从某一角度寻找到了一个精神之家与灵魂的栖息地，也由此提高了人之为人的价值与精神性尊严。

从广义上来说，诗意人类学是重精神价值的整体主义人类学，这里的整体也侧重指精神的完整性，其是有限与无限、短暂与永恒、此在与超越、自然与超自然、现实与超现实等对立面的完整融合。

还有一个狭义的说法。本书注重吸收儒家、道家思想的某些精髓，又注重吸收以海德格尔思想为代表的存在论思想，因此我们或许可以把诗意人类学的思想之根简略地描述为：以存在与精神和谐为内核的存在论，或追求澄明的存在论思想。这些说法共同的着眼点在于人的完整、和谐的精神性存在。中国道家思想的一个核心就是追求静，追求静中的完整，这种静是通过"观道"实现的：与道沟通（包括与道合一等）。伴随观道而来的是沉思，沉思中的宁静，宁静中的自由自在感、惬意感、充实感与意义感等。儒家则重视人与自然、人与人、人自身身心之大"和"，在这种有机的大的"和谐"之中，人体验到生存的圆满，感受到生命的意义。这些思想都是诗意人类学理论基础。诗意从本质上讲就属于多重价值融合后的和谐价值。

　　和谐的（或澄明的）与存在的，两者看起来似乎是矛盾的，流行的存在主义主流似乎对人的否定性经验——基于人性分裂的存在体验与经历——更感兴趣（包括焦虑等），而对人肯定性的一面，即人性的完整、和谐的一面则相对忽视。在诗意人类学这里，肯定性的存在倾向更受重视，否定性经验——分裂异化式的焦虑存在——只被看成是人存在的非诗意的现实表现形式，而肯定性存在及其经验——各种深层的生命和谐（包括精神和谐等）才是人类着意追求的。不管是存在先于本质还是本质先于存在，都从某一侧面说明了本质与存在的不协调，都具有一种不完满的分裂、否定的性质。从诗意人类学的视野来看，两种倾向既是对立矛盾的，又具有统一协调的关系。诗意人类学的着眼点就放在对立与否定之后的协调与肯定趋向上。这同中国文化传统中对各个层面的"和"（天人合一、社会和谐、心灵和谐等）的重视是一致的。

　　诗意人类学更关注人存在的内在的与超验的一面，反对把人类存在及生活局部化、片面化、零散化，反对把人类存在及生活外化、客体化、物化、实证化。诗意不可能是单纯的客体，也很难被外在化（物化或社会化等），客体的外在化（物化或社会化等）要素只可能作为一种潜在的质料，激发诗意的发生。诗意也不会在片面化、零散化的状态中存在，诗意会在多重的主体的精神交融中诞生。因为诗意人类学注重维护人的精神性完整，因而不太关注物质经济等客体性质的历史演变，不太关注人的饮食、娱乐等感官化、感官性层面，不太关注种种烦琐的文化形式方面的变化。诗意人类学更加关注人类存在的直接的、垂直的经历与体验及其相关背景，更加关注伴随着存在与本质协调后而带来的存在的圆满与生机，即人类的存在与体验中更富有诗意的方面，这一侧面使多重的人类变成富有和谐感的存在。

诗意人类学研究重点是人的圆满、理想的体验及其条件，是对人类存在诗意化的集中研究，其焦点集中在人类存在诸多与诗意体验相关联的方面，这门学科的目的与方向是"诗意人类"或使人类存在诗意化，也试图为人类的存在描画一种可能性。和一般的人类学分支相比，其立场与理论方向似乎更加明确，前缀本身就意味着理论使命：其把诗意倾向当作人类的内在生命的重要真理之一，把"诗意化"当成人类的内在追寻之一，当作人类存在的精神目标，当成人类的理想的内在精神结构的一个重要部分，当成一种能给人带来意义感的、和谐圆满的内在存在与心灵状态，也当成一个人类重要的精神奋斗方向，当成一种精神性的、富有理想性质的标准，同时也意味着为人类的存在提供一种新的存在的理想。这里说的人类存在既是个体意义上的，也具有整体的内涵；既是特殊个人的，也具有历史的特性，但个体意义上的存在特殊性尤其重要。

诗意人类学不排除研究人类的种种客观化的现实实践与行动，不排除研究社会历史化的宏观层面上的现实展开，因而研究对象也很自然会涉及自然、社会文化的历史及个体的人生经历等，但其研究视角通常不会偏离以下的焦点：人的和谐、完满的意义体验（或与这种诗意体验相关联的方面），通过这个体验核心来评判外在世界诸多方面的性质与意义。

诗意人类学有自己基本的学科定位，其学科目的就是为了"诗意人类"或使人类存在诗意化，为人类的存在描画另一种可能性。诗意体验把人类的价值与意义经验最鲜明地标志出来，和谐的诗意体验这个核心特征把诗意人类学结合成一个具有自己明显特征的统一的整体，并使之与其他学科区分开来。根据我们上面对诗意的描述与理解，可以看出，其和通常意义上的审美有许多关联。英国著名美学家鲍桑葵在其《美学史》第二章讲到古希腊美学思想时就用了"一个富有诗意的世界的创立"作为标题①，可见他心目中美学与诗意的关联，也就是说诗意和感性是不能完全分离的，但诗意又和审美有着多方面的不同，从某个角度看，美学的或审美的说法似乎太过宽泛，从后现代的意义来讲，美学几乎可以涵盖事物的所有范围，什么都可以成为美学涉及的对象（饮食、性、暴力等甚至成为其重点研究对象），即使从相对古典的意义上看，美学也是由几个性质差异很大的一系列分支学科组成的，大体属于集合名词——只是由于其感性的方式，或指向的审美对象（或审美客体）相关才使美学的各个分支联系在一起②。诗意的说法则相对明确些，超越了感性的方面，其融合了人类多种价值体验，更和谐、更完整，是人类存在与体验中的整体感觉或感受，也可以说诗意属于美学的或审美的最具有精神性内核的方面或偏重纯精神体验的方向，和审美的最富有灵性与意义感的层次与部分相对应，这种意义感正是来自下面的一点，即真正意义上的高层次的诗意和带有宗教性的神圣体验紧密联系在一起，诗意的整体性、内在性与超越性等均与宗教情怀相似，具有很浓厚的神圣气息。和一般美学或审美的内涵相比，诗意更着重于美学中的富有内在性、超越性的方向。或许正是因为如此，中西方一大批浪漫的思想家及诗人——比如柏拉图、托马斯·阿奎那、

---

① ［英］鲍桑葵：《美学史》，张今译，海南出版社 2005 年版，第 1 页。

② ［德］莫里茨·盖格尔：《艺术的意味》，艾彦译，华夏出版社 1999 年版，第 4 页。

庄子、王维、柯勒律治、诺瓦利斯、荷尔德林等——一直把诗意和神性或宗教紧密联系在一起,甚至把其变成"诗学神学",有一大批富有整体性视野与情怀的诗化哲学家同样强调诗意的内在性与神圣性,把诗意和神性的召唤相连,比如海德格尔、雅斯贝尔斯等。

诗意人类学作为一个学科,其学科功能似乎介于美学人类学与宗教(哲学)人类学之间(尽管这种说法也不太精确),可以说是这两种学科的交叉与有机融合形式。美学人类学(其学科特殊性不太明显,有过于宽泛之嫌)主要研究人类的诸种感性方式与人类存在体验的诸多关联,是偏于人类的诸多感性层面的研究(尽管也和理念层面相关联),研究对象大体偏重于人类的感性之维。宗教(哲学)人类学主要研究宗教方式与人类存在体验的诸多关联,是和人的神圣向往、神性冲动有关的方向,研究对象偏重于人类存在中的神圣之维。高层次的诗意是人类的感性面与神圣面的理想交融,诗意人类学研究的重点是人类和谐、自由的理想体验,这种理想体验和人的存在的内在性、超越性与整体性紧密相关,这种整体感也体现在人类体验中感性与神圣的相互关联、相互交融的方面、方向,以及这种体验与人类存在的诸多关联,这也是人类的感性之维与神圣之维的有机和谐形态。诗意人类学包含了人类纯粹的精神向往,包含了人类超越一般现实的理想方向,包含了"诗意人类"的使命感与抱负。诗意人类学要做的只是思想理论方面的总结或思想理论方面的指导,其研究核心是人类存在与体验中的整体和谐形式——即人的感性之维与神圣之维的和谐渗透、统一交融形式——及其相关的对象。

最后简单地说一下研究方法问题。

诗意人类学是以研究人的诗意发生现象为核心的,这种研究不采用有很强客观性的田野方法(文化人类学最常用的研究方法),不采用基于自然科学的经验方法(自下而上),人存在的诗性本质及存在状态几乎不可能用一般意义上的经验—实证的方式接近,诗意人类学也不太可能采用传统的纯逻辑意义上的理论方式（自上而下），各种基于严格理性的逻辑思维也很难触及诗意的本质，"诗意人类学"主要采用了现象学方法（包括现象阐释学等），把先验分析（先验观念论）与经验直觉（人文性经验）、形而上的思考与具体的现象学体验或描述结合在一起，更多地直面人的存在、人存在的诗意体验这个核心"现象"，洞察其核心本质，注重对人类诗意存在与体验的意向性分析，注重所谓的现象学意义上的还原，重视人自身的精神"内省"，倡导在直观活动或直觉中摒弃种种理论偏见和正常态度，从而接近诗意存在的本质面貌，这个诗意存在的本质面貌，源自人这个多层次的整体存在，源自人有其追求"灵韵"的内核，诗意人类学中的现象学方法会更多地直观人存在中的诗意体验这个核心，以这个核心为立足点向诸多的关联面（自然、社会、心灵、艺术等）辐射，并建立起与此相关的研究方向。这里所谓现象学中的"现象"的具体内容主要指向人的存在、人存在的诗意体验及其与之密切关联的种种环境与氛围（自然的、文化的等）。

"现象学的真理是超越的真理。"① 诗意人类学重视种种超越性研究，对本原的未分裂时的存在（意识）状态直接呈现到人的意识、人的存在中的体验尤为关注，注重对主体意识（或意向）能动性研究。

---

① ［德］海德格尔：《存在与时间》，陈嘉映等译，生活·读书·新知三联书店 1987 年版，第 47 页。

第一部分

———————

"诗意人类"的依据与
人性形而上学

第一章 诗意、人性完整及天赋的和谐

对人的本性的认识可以有不同的角度，可以是形而上的也可以是形而下的，或介于两者之间，比如文化分析，德国哲学家卡西尔写的《人论》就属于这种。在这本书里，卡西尔从文化（或符号）视角分析人、打量人，把人说成本质上的文化动物。现代科学对人的分析自然属于科学分析（生物的、医学的等），这可归为形而下分析。诗意人类学对人的认识具有形而上色彩，着重对人存在的精神结构分析，着重于体悟人的内在完整天赋与深层精神及其意向性。基于此，诗意人类学也就可以称为寻找灵魂完整与和谐的人类学。这种基于理想体验与渴求的人类学对日渐分散分裂、日渐迷惘，不断"寻找灵魂的现代人"（荣格语）变得愈益重要。

第一节 人的本性、境况及寻找

一 宇宙背景及人的地位

我们——有智慧的人类——生活在一颗蓝色的名叫地球的星球之上，这颗星球在茫茫的宇宙中是微小孱弱的。与之相比，从空间与时间角度看，人（尤其是作为个体的人）更加渺小。任何真正意义上的哲学性思考，都要看到这一点，都要以谦卑为前提，都要把目光越过地球向更广大、更深邃、更具有奥秘感的宇宙延伸。宇宙浩瀚无垠，几乎超出了我们人类的想象力，其看起来无限遥远，似乎和我们并无太多的联系，事实上，它是我们人类最初的源头与最终的归宿，正是宇宙深处的神秘力量创造了地球与我们。谈论人类存在的一切都不得不先思考我们被镶嵌于其中的这个大背景。诗意也是如此。人们现今谈论的诗意之所以能够发生，事实上和这个大背景有着很深的关联，和蕴藏在这个背景中有形无形的奥秘有很大的关联。

> 啊，无限者，
> 那永恒的世界起源于你的生命。
> 因为一切的生命都是你的生命，
> 而且只有那具有宗教感情的眼睛
> 才能深入了解真正美的王国。
>
> 　　　　　　　[德] 费希特：《人的使命》

在人内心发生的一切微妙深邃的精神真谛都有宇宙深处的隐秘背景。我们置身于其中的世界有许多谜底未能揭开，或许永远也不能揭开，尤其是宇宙的产生、推动力及来源等这一系列问题，对哪怕想象力最丰富的人来说，也依旧充满了不可思议性，这几乎超出了人类可能的智能限度。在人类思想史上，有些哲人或诗人们设想：宇宙就是上帝的体魄，换句话说，宇宙只是承载巨大灵魂的肉体，宇宙的那些微妙的精神性气息就来自这种巨大灵魂的微妙的渗透。

古罗马哲学家塞内加说：神就是宇宙的灵魂，包含你所见到的以及无法见到的。

那些艺术家（音乐家等）、诗人们经常凭借其沉思的飞翔着的敏感的心细细领会这种精神性的渗透。诗人泰戈尔说：美乃是宇宙存在里的一种完美和谐之理想；而真理乃是对宇宙心灵的一种完美觉知。我们个人唯有透过自身错误的教训，透过自身经验的累积，透过自身照明的意识，才能认识它。舍此之外，我们还能认识真理吗？

泰戈尔还在《人类的宗教》这本书的序诗里也说：

> 永恒的爱，
> 生于无尽寿光之翼，
> 这光，扯破了混沌的面纱，
> 跨过时光的永续之流，
> 编织出无尽的存有形态。

的确，人类如果能够谦卑地调试自己的内心，虔诚地和宇宙深处的精神性奥秘产生这样或那样的共鸣，以便将自己的微小的心灵和宇宙之大心的深邃联系在一起，这应该就是一桩莫大的幸福的事情，诗意的核心内涵也蕴藏其中。

美国学者弗雷德·艾伦·沃尔夫在《精神的宇宙》这本书的开篇就说：

"虽说很少有人怀疑宇宙的物质性，但人却常常忽视宇宙精神性的一面，那么精神在宇宙中到底是如何存在的呢？"[1]

"认识到有灵魂无数的画面也只是幻象，而'一个永恒的灵魂'（one eternal soul）再加上'一个永恒的意识'（one eternal conscious）才是基本的现实。……我将指出，所有这些无以计数的、分离的、有意义的灵魂都只是幻象而已，只是一个灵魂与一个意识在宇宙久远的时间长廊中的反映。"[2]

人类似乎只是偏居于银河系中的一个叫地球的行星上，但实际上并没有（也不能）远离宇宙的核心精神，宇宙的神秘气息时时刻刻都在影响我们。我们置身于其中，无时不感受那种气息或隐或现的存在。

---

① ［美］弗雷德·艾伦·沃尔夫：《精神的宇宙》，吕捷译，商务印书馆 2005 年版，第 1 页。
② 同上书，第 12 页。

智利诗人聂鲁达在他的诗集《黑岛记事》中的一首诗《诗》中说：

> 我，渺小的生命，
> 沉醉于无限广漠的
> 星空
> 奥秘的
> 标记和形象
> 我仿佛完全附属于
> 那深渊，
> 随着星空旋转，
> 我的心在风中起飞。

人的内心常常会被星空的奥秘所感染，甚至"附属于那深渊"。宇宙中弥漫着深邃的只可意会的神秘精神，这是宇宙深处的精神之力以一种迷人的方式，既循序渐进地展现自己，又以一种奇异的方式隐藏自己。这也是我们人类感受诗意的宏大背景与前提之一，这也是我们人类追求存在诗意的最坚实而且是永恒的基础。要感受宇宙的这份难以言说的奥秘，需要的是人类的那颗敞开的透明的心。我们人类经常自鸣得意的条分缕析的理性与逻辑智慧在此或许派不上多大用场。

"普遍存在的一个令人惊奇的现象，即事物的一般的进化趋势总是从物质到生命，从生命再到心智……进化是大精神运行的体现（也可以看成是意识的衍化），是上帝工作的体现（上帝一直在促进世界的进步与发展）；在发展的每一个阶段，大精神都在不断地展现自己，而在每一次展现的过程中，它也会更多地实现自己。"①

对这种大精神的最简单明了的叫法是：宇宙精神。但也还可以

---

① ［美］肯·威尔伯：《万物简史》，许金声等译，中国人民大学出版社 2006 年版，第 17 页。

用很多其他名称呼它。在西方诸如上帝、神（及神性）等，在东方则用佛、梵、道等呼它。在爱因斯坦与泰戈尔的对话录中，爱因斯坦一开篇就问：

"你认为神性与世界是分离的吗?"

泰戈尔回答：

"不，并不。大我的无限人格性尽包着整个宇宙。世界上无一物不内摄于大我的人格里，而此正证明着，宇宙的真理乃是人性的真理。关于这一点，我可以举出科学的事实来说明它——物质是由质子与电子组合而成的，它们之间虽有间隙，但并不影响物质的完整性。同样地，人类是由个人组成的，但是个人本身即具有一种人群关系的交互性，此种交互关系使人类世界具有一种生气蓬勃的团结力。而整个宇宙也以同样的方式跟我们联系着，因此它是一个人性的宇宙。这种思想是我个人透过艺术、文学，以及人类的宗教意识领会到的。"①

人类和宇宙没有距离，人就置身于宇宙之中，是宇宙不可分割的一个部分。人类存在的诗意之所以发生，其核心与要诀就在于：人没有也不可能把自己封闭起来，使自己成为一个孤单的物性原子，人没有也不可能完全关闭自己通往更大更高世界的精神窗户，人没有身陷在自我的狭小世界里，没有陶醉于单纯的由人组成的社会里。人类存在的诗意在某种程度上意味着走出自己的狭小天地，并和大宇宙、大精神或大我的无限人格息息相关，诗意的感受或体验，其核心就是和更大更高世界的和谐交感，包括对宇宙深处秘密的领悟与领会，透过这种感受与体验，我们和宇宙大我产生连接，体验并感受一种基于和谐的消融，以及伴随着这种消融而来的充实与意义感，一种丰富的宁静，一份明朗的单纯，一阵迎面刮过来又吹到内心的风。一幅黄昏的美景，几滴秋天的雨珠，盛开在春天里的漫山遍野

---

① 《泰戈尔论文集（人类的宗教）》，蔡伸章译，台湾志文出版社1972年版，第1页。

的花朵……都是连接我们人类与宇宙大精神的媒介。

如果阻断了人类与隐藏在世界之中的这份神性的这种隐秘的联系，人类的生活与内心就会受到某种程度的创伤，人类生活与内心的生机也会受到影响，也会因为这种精神生机的萎缩使生活变得干瘪、贫乏、机械、没有深意。阻断与更深邃世界的联系，这也是当今世界诗意消失、诗意缺场的重要原因之一。我们人类需要这份被神性环绕的感觉与氛围，需要与宇宙的奥秘沟通、交流，这是我们感受价值与内心充实的重要方向之一。

法国哲学家帕斯卡尔在《思想录》中说：通过空间，宇宙将我像一粒微尘那样攫住并吞没，而我则通过思想把宇宙攫住。他在《思想录》的另一处还把人比作芦苇。人也像芦苇一样浑然地存在着，并感应着周围的环境。人不仅通过思想，还通过和谐的或宁静的感受与体验同宇宙沟通、交流并产生共鸣，感受宇宙深处的或远或近的神秘气息，还在这份感应共鸣中欢欣或迷失。

当宇宙深处的综合性神秘透过神秘的媒介传达到我们的内心时，或者说当大自然深处的深邃而开阔的灵魂滑过我们同样开阔而深邃的灵魂时，就会激起一种超常的、隐秘的体验，让我们感受到生存无以名状的扩展，一种在奇异的宁静之中的延伸，向着远处的仿佛是无穷无尽的远方的延伸，一种通向无限、通向深处的宁静中的喜悦，这种生存感受或体验，我们经常将其称为"诗意"，意思就是，我们的这种生存体验很像我们阅读一流的古典诗歌时的感觉与体验，充满了难以诉说的精神性韵味。这种精神性韵味，我们的古人经常使用诸如"旷远""冲淡"等来描述，总之，这是一种美好的、和谐的、总体基调宁静的感受与体验，我们整个的生存渴望常常被其贯穿。

人在整个大自然中的地位如何？

思想史上有许多哲学家对此进行了思考。其中有不少悲观的看法：因为从物理的、物质的角度看，人在茫茫宇宙中，实在太微弱了。

古希腊诗人荷马说：

> ……在整个宇宙中，
> 在尘土中呼吸与爬行
> 的动物中，
> 没有比人更不幸的了。

事实上我们整个人类从各种角度看都是自然手中微不足道的玩偶。

人在宇宙中的地位感只能来自另一个方面：通过一种可体验的精神价值感来确立自己。这是人自身的一种精神肯定，这种精神上的努力会给我们的存在带来圆满感及完整感，而这种圆满感与完整感很重要的来源之一就是人与宇宙精神的和谐交感，即与宇宙深处的大精神的交感与沟通，通过参与这种永恒与无限获得人自身存在的地位意识。虽然从纯自然的角度看，人是有限的、渺小的，但从精神体验的角度去透视，人依然可以借此获得应有的地位意识以及存在的意义，这种意义来自人自身的精神状态，这种意义可以照亮人性，并让人建立起自信，从而人对自己形象的描画与认同就会有所不同。

德国哲学家舍勒也专门写了一本书探讨这个问题，这本书的书名是《人在宇宙中的地位》。他从人与世界、人与历史、人与上帝的三重关系中思考人的特殊地位。人在宇宙中的地位以及完整的人的形象就是通过这三个方面展现的，人是一个能够向世界开放的 X，本质上能够无限扩张，并因此创造了自己的历史，在这个宇宙中，人与上帝（也可视为宇宙大精神——笔者注）一起生存，一起成长，人与上帝是命运伙伴，并一起分享快乐与痛苦、激情与理智、现在与未来。[1] 这一点明显和其他动物不同，动物局限于自身及自身的狭

---

① ［德］马克斯·舍勒：《人在宇宙中的地位》，李博杰译，贵州人民出版社 1989 年版。

隘性，不可能面对真正意义上的世界，不可能有自己真正的历史，更不可能拥有多样、深邃的和宇宙精神（或上帝）的广阔沟通。

舍勒说的这种地位感不是来自人在自然中的时空排序。人的地位感、意义感与内心的尊严来自人的内在精神，这种内在精神使人从微弱的有限时空中摆脱出来。这种使人摆脱困境的内在精神来自人自身的开放的心灵，来自人自身精神上的创造、伸展、扩张及肯定，来自和自然同体同呼吸的命运伙伴——超我（或超灵）——静静地、亲密地、忘我地沟通与交流，这种沟通与交流能使人达到一种和谐性的诗意存在，克服自己时间与空间上的局限，进入开放的、有方向感的存在状态中，并在这种特别的存在状态与精神感觉中获得内在的充实与圆满感，获得存在的光亮与澄明，而地位感、意义感、价值感与尊严感便由此而生。

二　人的形象及人性构成

人类孤独地存在于茫茫宇宙中，就像一个偶然的孤独旅行者，这个旅行者很难摆脱外在或内心的种种僵硬、滞重的行囊，人的形象只是如此吗？马克斯·舍勒的眼光是诗意的，他眼中的人的形象不是物质性或生物性的，也不只具有一般的社会性，而是具有深层的精神性渴望，这种所谓的深层不是源自自然性，而是指向超越的人的神性的那一面，那一面体现了精神性、创造性、完美性。他是从诗意的眼光来看人之形象的：人介于纯粹超自然的神性与纯粹自然生命之间，从人类的表层自我来看，从一般的时空眼光来分析，比起有灵性与神性的宇宙大我，人是渺小的、受局限的、卑贱的、残缺的，但人又有一个深层的自我，人的存在具有深层的、超自然的一面，这个面是其他惰性自然物种（包括高级动物）所没有的。人类与具有绝对性、永恒性与无限感的神性有着独特的关联与相通性，神性的光辉常常以或明显、或隐蔽的方式流泻至人类的存在与内心体验里。人的独特性就独特在他的这份精神体验里，就独特在他处在神性与自然之间的关系上。但人也常常不是那么了解自己，常常停留在表层的自我里。

人存在的完整性，人整体的富有光辉的形象就是和人的深层自我的精神渴求有关，和人深层的心灵对更高、更广阔的精神世界开放有关。这是和人的物理—动物性或一般的社会性形象不同的形象，人这种深层富有光辉的形象（或人的完美性）同时也是人的诗性基础，对人的这种形象的描画是立足于对人深层精神性的肯定，这种肯定的关键就是相信人不是单纯的自然之物，人与神（东方的佛、梵、道等）有着某种相似性或亲缘性。人的完整美好的富有诗意的形象就和肯定人与神的亲缘性信念有关，就和对人身上的灵性（或神性元素）肯定有关。

"柏拉图主义的核心即在于它相信人本质上拥有其灵性，正是由于人有灵魂，他才与那永恒真理的王国——那神明的王国——有份。柏拉图主义的神秘主义主线（就它而言是特有的、基本的）就源自这个人本质上的灵性，源自人与神的亲缘性信念。"①

"奥古斯丁把神的形象归结为人的灵魂：神的形象仿佛印章一样镌刻在人的灵魂之中。……灵魂是人的最好部分，因为它比肉体更优越。……灵魂是人身上和上帝发生联系的部位。它和神圣的本性相似，和它对应。"②

近代以来，随着人们精神性信仰的衰落，人日益把自己表层化，这种把人表层化的重要表现之一就是割断人与神性、人与深层精神的联系，把人不断地还原与简约化，对人自身形象也进行种种反省、修正与颠覆。在西方文艺复兴以后十七十八世纪以前的二三百年的时间里，对人的形象有一种讴歌赞美的倾向，最著名的就是莎士比

---

① ［英］安德鲁·洛思：《神学的灵泉》，孙毅等译，中国致公出版社 2001 年版，第 6 页。

② ［德］莫尔特曼：《创造中的上帝》，隗仁莲等译，生活·读书·新知三联书店 2002 年版，第 322 页。

亚对人的赞美，把人称为"万物之灵长"。进入 18 世纪以后，随着一系列科学发现，人们总会在有意无意间用科学的眼光来看待人，用科学的眼光来看待人的深层的内心，这样一来就必然会割断人的以神性为基础的精神性形象。基于对人的形象的还原与简约化，基于把人自身表层化，就必然会造成对人的形象的种种轻视与贬损，于是，人就有了另外几幅典型的表层的非诗意的画像。

画像之一：人是机器。这是西方 18 世纪唯物主义的一个观点。法国哲学家拉·美特里写过一本书，书名就叫《人是机器》。否定了人的心灵的特殊性。随着现代智能机器人的发展，人与机器有了更多的互换性与可替代性。对于身体这样的硬件只是一种硬件罢了，任何地方都是可以替换的。就和普通的电脑一样，可以换一块显卡（眼睛）、一块网卡（神经接入设备），乃至 CPU（电子大脑）。这一关于人的形象的论断似乎有了更多的支持力。画像之二：人是动物。达尔文的进化论在科学的意义上肯定了人的动物出身，人是从猴子慢慢进化而来，人只是黑猩猩的近亲，98％左右的相似度。这是所谓的自然主义观点，其实从大的方面来看这也属于唯物主义的思想潮流之一。画像之三：人是经济动物。人身上的经济渴求成了最重要的人性之一。甚至连马克思的学说也对这点肯定无疑，认为人的经济存在、经济地位决定了他的意识类型，决定了他的行为方式，甚至决定了他的阶级感情等。一句话，决定了他的人性基础。画像之四：人是自然的奴隶。这里所谓的自然可以从几个层面来谈，人在整个自然之中的孤立，人的出现的偶然性，人也被强大的、盲目的自然力量所支配，这其中也包括来自内部的自然——性、饥饿等，也就是说人也是自身的奴隶，被基本的自然欲求——性的欲求、生存欲求等——所奴役。这也是心理学家弗洛伊德的思想支点之一。

实际上，人作为一个具有精神性的整体没这么简单。人是多层次、多侧面之综合体，是一种复杂的整体性存在。一方面，人具有表层的自我，这个自我是动物性的（包括身体或经济方面等），也是机器（身体结构等），也是自然的奴隶（短暂有限等），但另一方面人还具有深层的自我，具有深层的精神性渴求与向往。人事实上有两个看上去相互矛盾、相互抵触的面，有两种同样深邃的生命倾向：一方面人是短暂者、必死者、被造者、喧闹者、混乱者、贫乏者、被囚禁者等，另一方面人在深层里又有向更高、更广阔精神世界开放的一面，这一面使人渴望绝对与永恒的元素，渴望无限的伸展，渴望创造，渴望宁静与单纯，渴望色彩，渴望悠远与自由，等等。人基于神性的形象和存在的诗意有更多地牵连。诗意更多的不是来自表层的自然性方面，即不是来自基于肉体的感觉与体验；诗意本质上也属于所谓的"灵光"或"灵性之光"，这种光更多地来自我们的精神性深层，或者也可以叫它内在的灵魂，其肯定人的超越的倾向，肯定人的另一个超越肉身的方面，即非机器的、非动物的、非经济的、非自然主义的方面，这个方面经常被人们称为存在或精神的超越性倾向。

　　和人的形象相关的还有人类对人性构成的认识。人性构成是复杂的甚至是深奥的，前面我们已经说过，人有表层自我与深层自我之分，深层自我与更加幽深的精神性人性相关，但人性深处这些看来截然不同的构成要素是怎样的，这很难用精确的、科学的方式确定。对人自己的这种具有整体感的多层次的认识是一切精神认识的基本前提，这也是领悟诗意内涵的前提。古希腊哲学家苏格拉底的"认识你自己"的命题就是要求人们认识真正的整体的自我：这个真正的自我事实上有几个层面，一切自我都属于多层次的自我。

　　古希腊哲学家中被称作智者派的创始人普罗塔哥拉开始了对自我的认识：人是万物的尺度。但现代科学的发展在某种程度上打击了人的这种自命不凡，于是人对自己的理解变得谦卑起来。其实谦卑的回答同样在古希腊时就曾出现：人被称为"必死的凡人"或"必死者"，以和作为"不朽者"的神相对。近代以来的谦卑的回答则以法国哲学家帕斯卡尔为代表。他说人只不过是一根芦苇，是自然界最脆弱的东西，但他是一根能思考的芦苇。20 世纪以后贬低人的负面思考更多地出现，人经常被看成是大自然的玩偶，甚至被看作茫无头绪的苍蝇等，而且在存在主义哲学家的眼里，人自身都是残缺的、被造的、虚无的、孤独的，甚至荒谬的。这个侧面属于表层的与动物相似性的方面，即人的必朽的、短暂的方面，这是时间有限性注定了人的特有命运的方面。英国诗人雪莱在《为诗一辩》中就曾对人性的构成与诗或诗意的关系很感兴趣，他还为此进行了精到的分析：

"因为人性的构成，本来就缺少和谐，这原本是无法解释的，而我们自身的卑微部分所给予的痛苦又往往和崇高部分所给予的快乐相联系……他们（特指诗人——引者注）无所不包、无所不入的精神，度量着人性的范围，探测人性的奥秘。"①

从雪莱的上述分析可以看出，他认为诗歌或诗意和人性的多重性或多侧面性有着密切的联系。人还有深层的精神性的自我及其深层的意向性。人性构成呈现多层次而又富有整体感的特点，基于此，人的存在既具有多重渴望又希望归一，那些深层渴望常常更能显示人之为人的特性。这同表层的自我渴望不同，表层自我的渴望是基础的、物欲性的，用哲学的术语说就是自然主义的。有些则介于表层自我的渴望与深层自我的渴望之间，属于文化的观念意义上的，那些深层渴望则更进一步超出了一般的经验范围，具有明显的超验色彩。后两种性质的渴望为人所独有，第一种渴望为人与动物所共有。人作为人所独有的那些富有灵性的渴望之所以产生，是因为其常常更能给人的心灵带来和谐感、持久感与圆满感。诗意就是人所渴望的微妙的、富有灵性的主观感觉之一。

在对人的谦卑的思考中，最值得注意的就是那些立足于生命直觉对于人的局限性、有限性的深刻反思类型。这也是几乎所有的宗

---

① 伍蠡甫主编：《西方文论选》，上海译文出版社 1979 年版，第 55—56 页。

教哲学以及现代存在主义最为关注的方面。这种有限性或有限的自由决定了人的特殊存在特性与特殊的精神命运。但人还有另外的与此不同的一面。我们这里特意挑出现代两位有代表性的存在主义哲学家对此问题的看法，他们是德国哲学家雅斯贝尔斯以及美国哲学家保罗·蒂里希，他们对人的"有限性"与"无限性"都有比较详尽的论述。雅斯贝尔斯说：

"人……总是有限的。但是由于有自由与超越，人的有限性就不同于世界上其他有限事物的有限性；它是一种独特的有限性。……当他意识到自己的有限性的时候，就在有限之中分享了无限。……他能超越自己的有限而把这种有限填进上帝的无限中去，使之具有全新的内容。"[1]

美国存在主义神学家保罗·蒂里希也在其一系列的著作中阐述了他对人的有限性的看法。在《系统神学》中他关于有限与无限也说：

"无限性是一个指引性的概念，而不是一个构成性概念。它指引思维去体验它自身的种种不受限制的潜在可能性，但它并不确证一种无限的东西的存在……无限地自我超越的力量，乃是人属于那超越非存在的东西，即属于存在本身的一个表现。无限者（作为不受限制的自我超越）的潜在的在场，乃是有限性中的否定因素之否定。这是对非存在的否定。"[2]

他还分析说有三个因素造成了人的存在的疏离或异化，这三个方面是不信、狂妄与欲。雅斯贝尔斯也解说了因为人性结构的缺陷而生的分裂：

"人的最深层的本质是分裂的，无论他怎样思考自身，都一定是既与自身相反对，又与异己相反对。他以抵触和矛盾的眼光来看待一切事物。人把自身分裂为精神和肉体、理智和感觉、灵魂和躯体、

---

① 夏基松：《现代西方哲学教程》，上海人民出版社 1985 年版，第 344 页。
② 何光沪选编：《蒂里希选集》，上海三联书店 1999 年版，第 1113—1114 页。

责任与意欲，把自身分裂为存在与现象、行为与思想、实际所为与意欲所为，他对事物的看法随着这种分裂而改变。关键在于，他必须永远居于自己的对立面。人的生存不可能不分裂。然而人不能满足于这一分裂。他克服这一分裂、超越这一分裂的方法，显现了他对自身的认识。"①

"在此无可奈何的时候，生存却是我存在的振奋……而存在的自我存在却由于某种跳跃而包含在临界状况之中。这个跳跃便是：原先只是临界状况的意识以一次性、历史的和不可替代的方式被充满了。界起着其独特的功用，虽然其功用仍然是内在的，但已经指向了超越。"②

三　人性的分裂、隔绝与困境

人是具有整体感的存在，是许多层次构成的微妙综合体，有表层自我与深层自我之别。表层自我包括人的物理的生物性方面，也包括一般的社会性。深层自我则通向更为宽广的、更为深邃的精神世界。这个世界和精神中的永恒的、无限的、终极的方面息息相关。因而，表层自我与深层自我的渴望是不同的，其追寻的方向也具有很大的差异，基于这种差异与不同，人就经常处在冲突与分裂之中。时代、地域、文化和社会环境可以加剧或减少这种对立。人性的分散、分裂与隔绝也是人类存在的真实境况。

依据美国哲学家保罗·蒂里希在一系列著作中（《系统神学》等）的思想，人性的这种分裂与隔绝包括静态的与动态的两种。静态的分裂与矛盾也可称为同时性的矛盾，这种矛盾和动态的历时性的矛盾相对照，其属于人类历史中相对稳定持久的矛盾类型，其每一个方面都是和人的存在结构密切相关的，也是决定人之为人的现

---

① ［德］雅斯贝尔斯：《存在与超越——雅斯贝尔斯文集》，上海三联书店 1988 年版，第 210 页。

② 熊伟：《存在主义哲学资料选辑》，商务印书馆 1997 年版，第 638 页。

实存在的几个重要的线索与历史脉络。

在古代社会——比如农业社会——人和周围环境也处在矛盾之中，虽然那时矛盾冲突的程度不像近代社会以后那么激烈。尽管如此，人作为人，他的本性结构的深处就存在着致命的缺陷。那种结构性的静态矛盾贯穿于人作为人的整个历史，直至人类的消亡。不管怎么说，人都是局限性很强的动物，受制于各种制约，这种种制约就构成了所谓的现实。这种静态的矛盾包括以下几个方面。

第一，欲望造成的分裂。

欲望属于以物质的方式接近事物。动物有种种欲望，其也不存在与自然的矛盾，其自身就属于自然，而且就在自然之内，和动物相比，人因为有了文化及丰富的心灵结构已经跨越了单纯自然界限，但人并没脱离自然。人与自然的矛盾就是由这种特殊状况造成的。这种矛盾与冲突更突出地表现在人自身之内，经常变成文化、精神或伦理与欲望的冲撞。

中国文化在谈到人的基本自然欲望时一般指向两个方面，食欲、性欲，即所谓食色，性也。其实佛教对人的欲望的描述似乎更加细致。按照佛教的说法，人有五个基本欲望，是追求五境——色、声、香、味、触——而产生的情欲或欲望。这五种都是偏于自然的欲望，在《大智度论》中还有另一种"五欲"之说，即财欲、色欲、饮食欲、名欲、睡眠欲。这五欲之中就有了社会性的欲望。关于这种非自然性的欲望，在西方人的描述中甚至还包括了权力欲以及知识欲，也就是说对知识的无限制性的追求也会造成人自身精神与生命的分裂。

这种欲望在现代社会表现为对消费的狂热。消费在任何时代都有，但把消费当成生命的目的，这是直到现代社会才发生的。其主要原则是追求基于虚荣的消费，人的欲望渴求脱离了属于自然需要的范畴，把欲望的满足推向极端，没有任何节制，对种种物质的、感官的消费享受成了现代人生活的重心和人生的目标，成了所谓的消费主义。消费主义把本来属于自然性的消费推到了至高无上的地位。把消费的范围无限扩展，无物不可以消费，无人不可以消费。消费不仅是物质商品的消费，也包括文化、精神等领域的各种消费。广告的作用就在于此。广告的传播目的就在于刺激与诱发消费者的消费激情与欲望。

把人动物化或欲望化最容易造成现代人的分裂，而欲望造成的分裂影响存在的诗意。

第二，道德不当造成的分裂。

这里所说的道德伦理因素主要是指人的自由意志与社会集体意志之间的矛盾与冲突。保罗·蒂里希所说的狂妄是这种矛盾与冲突的一个方面——狂妄的本质是人以自我为中心。另外社会的集体意志完全抹杀了个人的感性欲望与自由意志。中国古代的所谓的理学就有这种伦理倾向。这种理学的泛滥必将影响人们存在的完整性，并造成和谐人性的分裂。

"存天理，灭人欲。"这也属于中国作家鲁迅所说的道德吃人的现象。德国哲学家尼采尤其反对这种不当道德的泛滥，所以他才一直称自己为非道德主义，反对种种道德说教，反对把人变成虚假道德的工具与牺牲品，种种肤浅的虚假道德也容易造成现代人的分裂，这种分裂也会在很大程度上影响人性及人的存在的完整性，并影响人存在的诗意及诗意体验。或许就因为这样，俄罗斯哲学家别尔嘉耶夫才倡导所谓的"创造伦理"，这可以避免不当的伦理道德对人存在澄明的伤害。此外还包括人与自身的分裂，以及人与神的冲突、分裂与隔绝等。

动态的冲突与隔绝是一种历史现象，是特定时空中的产物。这种冲突会随着现代科技的发展备显突出。人的进化几乎变成了技术的进化，人的进步也几乎变成了技术的进步。人的这种动态的冲突大致有以下几点：即人越过自然的进化链与进化速度，以人自身的文化作为进化尺度，并控制着进化的进程。尽管近年来有所谓的生态文明的倡导，但总体看来，现代文明意味着对自然的一个又一个的征服与胜利。近现代的文明是建立在对自然脱离的基础之上。这种自然既包括外在的自然，又包括内在的自然。

还有人的本质与存在的分裂。本质主义与存在主义的分野。不管是存在先于本质还是本质先于存在，都说明了本质与存在的不协调。和古代人相比，现代人是分裂的，和传统社会相比，现代社会中的人内在与外在都充满了冲突与矛盾。我们被种种现代风尚、潮流、价值观所撕扯，我们也此也彼，我们可此可彼，我们摇摇晃晃、七零八落，似乎没有一个准则是我们要遵循的。尼采在《1888 年都灵通信》中谈到现代性时曾这样说：

"左右逢源而毫无罪恶感，撒谎而'心安理得'，毋宁说是典型的现代特征，人们差不多以此来定义现代性。现代人体现了生物学意义上的一种价值矛盾，他脚踩两只船。他同时说'是'与'否'。正是在我们的时代，作假翩翩降临人间，甚至化身为天才……从生理上看，我们是虚伪的……诊断现代心灵从何入手？快刀切入这种矛盾的本能，解开其对立的价值……"①

如果说尼采谈到现代人的分裂是从道德的价值的角度来谈的话，那么另一个德国哲学家雅斯贝尔斯则从另一个角度来说，他在《时代的精神状况》一书中谈到精神的衰亡与可能性时从另一个角度涉及现代人分裂特征。他说：

"如今，这样那样的专门化能力正广泛传布。相关的知识可以通过对于这种知识有关的方法的实用性研究来获得，而这种知识则可以作为结果而被简化为最简单的形式。在现存的混乱中，人们到处都能显示专门知识，但这种专门的知识分支较多。每个个人仅仅在一种精神事情上是专家，他的才能范围通常极为狭窄，并不表现他的真实存在，也未必将他带入与那个超越一切的整体的关联中去，

---

① 冯平主编：《现代西方价值哲学经典——先验主义路向》（上），北京师范大学出版社 2009 年版，第 294 页。

而后者乃是一种经过修养的意识统一体。"①

这种现代性经常表现为现代性的崩溃,也即是说这种现代性中包含着一种越来越失去控制的破坏性,在现代社会的这种破坏性倾向里隐含着现代人精神上自我毁灭的因素与力量。现代的一些小说家以反面的形式描绘了现代人的普遍的疏离以及缺少诗意的生存状态。

复杂组织造成人的分裂与隔绝。现代社会的愈益复杂的组织也会造成人的存在的分裂,造成人与本真的存在的隔绝。复杂分工、细密的客观知识造成人的分裂与隔绝。现代人的进化常常体现为知识的进展。在古典主义时期,各种知识还呈现出未分的特征,各种知识都是汇集在一起的。古希腊著名哲学家赫拉克利特说:"承认一切是一,那就是智慧。"②

随着知识内涵的不断发展,知识也经历了几个不同的时期。到了近代社会,科学意义上的知识或者说科学主义的知识观占了绝对的上风。这样一来知识常常也就意味着一种隔绝。

各种知识从某个角度看都意味着隔绝,代表现代知识潮流的客观知识,更是隔绝了人的存在的诗意的根基,首先现代的客观知识隔绝了人与活生生感觉的密切联系,而活生生的感觉是诗意及其诗意体验不可缺少的,其次现代的客观知识隔绝了人与其根基或源头的联系,这个根基与源头,可以用不同的名词或称谓来描述,最普遍的是用神或神意,有的文化用"道",有的文化则用"梵"来称呼它。这种与存在源头与根基的联系是诗意的一个关键。在独特的、富有个性的文化的、文学的艺术的形式里,其与这种根基与源头的沟通最能展现诗意的那份精神光辉与力量。

更为重要的是种种现代技术造成的人的分裂。德国哲学家海德

① 〔德〕雅斯贝尔斯:《时代的精神状况》,王德峰译,上海世纪出版集团 2005 年版,第 85 页。
② 北京大学哲学系编译《古希腊罗马哲学》,商务印书馆 1961 年版,第 23 页。

格尔尤其对技术进行了追问。现代技术也造成了一种对人的遮蔽，使人和本真隔绝。"代表这个世界的精神态度已被称为实证主义。实证主义者不想高谈阔论，而是要有知识；不想沉思意义，而是要求灵活的行动；不是感情，而是客观性；不是研究神秘的作用力，而是要清晰地确定事实。……个人被融入了功能之中，存在被客观化了，因为个体如果仍有其突出地位的话，实证主义就遭到了损害。"①

人与自己的精神源头已经有了分离。如果说客观知识还主要从人的心灵层面上隔绝了人与活生生的感觉或存在基础的联系，那么作为知识外化的技术则更加具体、更全方位地隔绝了人与生活的那份生动的精神连接。俄罗斯白银时期的哲学列夫·舍斯托夫在《开端与终结》这本书里也提到了现代科技加剧了另一种精神真理的困境。

四　弥合、找寻与诗意地存在

诗意地存在（或诗意地栖居）与克服分裂性相关。人内在的完整性的寻求，可以通过多种方式、多条途径实现。在某种意义上可以说，人类最有价值的所谓的人文性文化（不同于科技文化、社科文化）（美国学者杰罗姆·凯根的区分），其最重要的核心就是为了弥合人的多重性（或多重自我）的这种分裂，也就是为了让人的多重人性与多重自我之间消除各自的局限与隔阂，并在其间重新建立联系、融通与和谐。德国哲学家鲁道夫·奥伊肯在《生活的意义与价值》《新人生哲学要义》等书中就提出了多条通向价值与意义的途径，他总结了宗教的、内在观念论的、自然主义的、劳动与社会主义的、审美个体主义的等。② 我们这里倡导诗意的弥合方式。诗意是审美的内在核心与意义。让存在诗意化是人们弥合多重人性与多重自我的路径之

---

① ［德］雅斯贝尔斯：《时代的精神状况》，王德峰译，上海世纪出版集团 2005 年版，第 15—16 页。

② ［德］鲁道夫·奥伊肯：《生活的意义与价值》，万以译，上海译文出版社 2005 年版。

一。存在的诗意或诗意体验对人类来说是本己的，它显示出人类作为人依旧完整的性质，并以此显露人的精神性原初本性与渴望。

"兴于诗……成于乐。"（《论语·泰伯》）这里所谓的"乐"还是诗，是以音乐形式表现出来的诗，是充满诗意的乐。也正因为如此，孔子在齐闻韶乐才会三月不知肉味，才会感叹：不图为乐之至于斯也！这是一种物我浑一的忘我的诗意境界，在这种"兴于诗、成于乐"存在境界里，人性的多重性，人的多重自我被弥合，人生的局限与分裂被克服。可以说，中国的儒家在很早就提出了以诗意的方式克服人性分裂的思想：通过使人的存在诗意化或追寻诗意真理的方式可以克服如上所说的人性分裂。

或许正因为如此，美国的超验主义运动才会有那么大的影响力。超验主义所倡导的一些思想已经借助环保意识与运动影响了当今文化的方方面面。诗人梭罗的生活实践也可以看作诗意的方式并形成稳定性的一个典型例子。在诗意的那份自然的、宁静的悠远之光中使人的分裂得以弥合，这是可能的。德国哲学家雅斯贝尔斯还从伟大的意大利诗人但丁的为人、经历与创造中得到了一个启示，他认为永恒的宁静之光，存在于像他这样的超越者身上，存在于像他一样的超越的领域，这个领域就是基于自然的、宁静的、悠远的诗意栖息地。

"人必得向另一个方向去寻得自我，即不再是以物质的力量去接近世界，而是在自我实现中亲近世界；不再是在短暂的生命中不断处于变更的兴奋状态，而是寻求永恒的宁静。在时间中，人不可能获得长时间的宁静，除非时间停止。在世界之中宁静的时刻是有限的，总是有各种事件不断地发生。要是永恒的宁静之光照临，美满的时刻才会到来。在这一时刻，我们内心的安宁表明，这种宁静是在时间之外的。……永恒的宁静只在超越的领域。"[1]

---

① 熊伟：《存在主义哲学资料选辑》，商务印书馆1997年版，第723页。

富有诗意的生命与存在方式最集中地体现在弥合分裂后的那份充实的宁静之中。因为这份超越倾向,在古典诗人身上通常都流淌着较多的诗意的血液。诗意的跳跃不脱离审美的感性的一面,又可与超验领域相连接,既是主观的,也不纯然脱离客观,诗意的跳跃也是人获得永恒宁静的重要方式之一;获得宁静也是诗意的跳跃的结果之一。

德国存在主义哲学家海德格尔在《艺术作品的本源》中说:

"诗意的东西将真带入柏拉图在《斐多篇》中称之为喷涌、涌和的东西,即最纯真地显现上前来的东西之光泽中。诗意的东西使每一艺术,使每一本质存在者去蔽而成之美都本然存活起来。"①

诗意的本质是将基于完整、和谐的纯真与神性带入人的存在,是将人性的分裂与分离弥合,弥合的结果也使人的存在纯真地显现,去除遮蔽,使生命散发出一种光泽、灵韵或光晕。"诗意地栖居"是海德格尔后期思想的重点之一,诗意地栖居意味着把内心体验到的诗意感由内心推广至外在的生活状态。那些以美妙为核心的诗人被认为是存在的创建者或诗意的显现者。广义的诗意隶属整个存在,早已经超出了艺术作品与诗歌的范围,向着人存在的四周扩散,并和人的更加广泛的生存发生了关联。诗意使人的存在充满了独到的精神性韵味。瑞士心理学家荣格写过一本书《寻找灵魂的现代人》。现代人之所以寻找,其前提是感受并体验到了分裂。分裂的人类感受到了存在的缺陷,并为弥合这种缺陷努力寻找。诗意的方式也是人们重要的寻找方向之一。

诗意追寻与诗意地栖居,其方式也不是单一的,可以有不同的途径。这种能弥合分裂,基于宁静与悠远的诗意方式包括以下几种:1) 吟游诗人型。欧洲中世纪普罗旺斯抒情诗人们就是典型。游走在世界各地,吟唱自己的诗歌或演奏自己的乐器(竖琴、吉他等),把

---

① 熊伟:《存在主义哲学资料选辑》,商务印书馆1997年版,第488页。

其当作一种生命的存在方式，吟游是为了心中的那份信仰、自由与理想，四处流浪也是为了感受存在的那份丰富与圆满。2）隐逸诗人型。这种类型人数众多。人对自然的发自内心的亲近，并与自然有着充满感情的交流（陶潜、卢梭、华兹华斯、梭罗等），远离喧闹的世俗尘嚣，在自然的怀抱里自由自在，悠然自得。3）旷达自如型。这种类型以中国魏晋时期的诗人群为代表。"手挥五弦，目送归鸿。俯仰自得，游心太玄"，"越名教而任自然"。中国历朝历代那些浪荡江湖的游侠等也属于此类。4）纯思者型。纯粹的思想者通过对世界的沉静忘我的沉思就可弥合分裂，这里沉思已经成为生活方式，而这种沉思常常又与宗教式的静修方式联系在一起。那些先知、诗化哲学家、虔诚的修行者等就属于这类型。5）仁爱者型（耶稣的博爱、孔子的仁爱）。这是以宽厚、博大的爱为生命核心的诗意，这是被爱所包围不断向外投射爱的诗意方式，这种爱是建立在价值基础上的带有永恒性色彩的爱，这种爱的实质是精神性的、建设性的、创造性的。6）以上几种类型的综合方式。

我们再对第二种类型稍加解说。隐逸也是诗意的生活表现，其在诗意中占据着重要位置。隐逸意味着和单纯的物质欲望世界，和喧闹的世俗世界的分离与割裂；意味着拉开与外在化、多样化、客体化物质生活的距离，以一种单纯的精神性方式接近内心、自由与神性，这也就是雅斯贝尔斯所说的不用物质的方式接近事物，而是以精神的方式接近生命，接近周遭的自然与宇宙。

谈到隐逸诗人，中国人会很自然地想到诗人陶渊明。在中国恐怕没有比他更能体现诗意了。他是诗人的代表，也是诗意的化身，更准确些说，他是中国式诗意的化身，他是东晋末期的诗人，因为在住处前曾栽种过五棵柳树，故又称五柳先生。他的主要作品有《饮酒》《归园田居》《桃花源记》《五柳先生传》《归去来兮辞》《桃花源诗》等。他的作品大多描绘大自然以及和自然景色相关的具有田园感的乡土生活。因此，他被称为"千古隐逸之宗"。美国也有一位中国陶渊明式的人物，但他对美国的影响似乎比陶渊明对中国的影响更大，他也是诗人，被称为"一个隐居的圣人"（美国作家约翰·厄普代克语）。这位美国诗人的名字叫梭罗，全名亨利·戴维·梭罗，他是具有代表性的诗人，也是诗意的化身之一，不过他具有鲜明的西方特色，或者说他是西方式诗意的化身。梭罗曾写过一首古典风格的诗，诗名叫《烟》。

> 我本来只有耳朵，现在却有了听觉。
> 以前只有眼睛，现在却有了视觉。
> 我只活了若干年，而现在每一刹那都是生活。
> 以前只知道学问，现在却能辨别真理。
> 尤其是在宗教性的诗里，
> 其实现在我就是我诞生的时辰。
> 也只有现在是我的壮年，
> 我决不怀疑那默默无言的爱情，
> 那不是我的身价或我的贫乏所买得来，
> 我年轻它向我追求，老了它还向我追求，
> 它领导我，把我带到今天这夜间。

一位评论家说：梭罗的古典式的诗《烟》类似西蒙尼德斯（古希腊塞萨利的诗人），但比西蒙尼德斯的任何一首诗都好。他惯常的思想使他所有的诗都成为赞美诗，颂扬一切原因的原因，颂扬将生命赋予他并且控制他的精神的圣灵。这也是他与东方的中国诗人陶潜的最大不同。诗人梭罗是喜欢幻想的人，具有一对轻盈的、幻想的翅膀，但他的幻想通常指向超验世界。他的整个生命也都因此被笼罩上一层诗意的浓雾。超验的即意味着非经验的、非世俗的，他不愿被俗世的事情缠身，对大自然情有独钟。在瓦尔登湖边，他用他的存在彰显自己诗意的主张。

第二节　诗意与人的天赋

诗意和人全面和谐的天赋的显现有关，而全面和谐的天赋潜力的显现意味着将人的人性与神性倾向融合在一起。诗意体现的是人的表层自我、表层人性与人的深层自我、神性潜能在体验中的完美交融；诗意把两个方向的各自的局限性消解。关于人的全面的天赋，在古希腊柏拉图那里就有过探讨。他认为人的灵魂中有三个基础性的部分或者说天赋与潜能，即理性、精神和欲望。不同的人对这三个方面的分配是不同的。后来的法国哲学家帕斯卡尔也在《思想录》中也对这一点进行了阐说，他认为人的这些天赋与潜能在现实人身上是分裂的，经常是比例失调的。这种失调常常使人像一架奇特的风琴，只能发出响声，却奏不出和音来。

"我们触及人的时候，自以为是在触及一架普通的风琴。他的确是架风琴，但他是一架奇特的、变动着的、变化着的风琴……在这上面奏不出和音来的。"[①]

风琴般的、和谐的声音即意味着人体验到了存在的美好、充实与意义感，这种体验恰恰来自我们天赋与潜能的和谐显露，来自我们三种天赋与潜能合乎比例后的充分发挥。关于人的这种潜能与天赋，英国人类学家麦克斯·缪勒在《宗教学导论》中也有所论及，他在此书中直接提到了人的三种不同的天赋。后来在《宗教的起源与发展》等书中，他又进一步阐发了这一思想。当然基于他是偏重研究宗教的人类学家，他尤其阐述了人的宗教天赋这一侧面。他认为宗教是人领悟无限的天赋与主观才能。他也在《宗教的起源与发展》这本书中用了整整一大章讨论"无限观念"。按照他的说法，人类有三种基本的天赋（或潜能），这三种天赋（或潜能）分别是：感

---

① ［法］帕斯卡尔：《思想录》，何兆武译，商务印书馆 1985 年版，第 59 页。

觉的天赋、理性的天赋与信仰天赋，但作为偏重研究宗教的人类学家，他重点强调的是信仰天赋。

下面我们就根据他的划分，依次考察人的这三种基本天赋与诗意的关联。

一 感觉天赋

上天给了我们——人——不少天然而奇异的禀赋，其中之一就是感觉功能或者说感觉天赋。人存在的重要特性或者说人的最重要的基础天赋就是拥有感觉，立足于生物本能的感觉，以及在此基础之上的丰富多彩、万千变化的直觉。这种感觉是上天（或大自然）公平地赐给每一个动物生命的——尤其是一些高级动物。正是有了这种感觉，人与世界有了最粗朴、最原始的连接。人类作为万物之灵长，随着文化进化方向的发展，某些原始的与本能欲望相关的感觉有些退化，但在感觉的其他方面似乎变得更加细微、更加灵敏。这种作为天赋的感觉是包括人在内的各类动物的生命支柱，也是使人类生命丰富、生动、饱满的体现之一，也是人类生活具有充实感、意义感的基础之一。感觉的剥夺也是最伤害人类生命的方式之一。

或许正因为如此，近代以来，各类文化中的感觉主义又受到前所未有的重视。当然人类的总体感觉更加复杂而多变，并渐渐摆脱了单纯的欲望状态。单纯的欲望状态是最原始的感觉状态。人和动物共同的感觉基础实际上就是欲或欲望。比如食欲、性欲、睡眠欲等。人的更高一级的感觉是和五官相连（尤其是视听）的感觉。再往上走，更高级的感觉就具有了人的精神性的渗入，比如通感。

人拥有较为复杂的感觉天赋意味着人的感觉不仅被欲望所支持、所引导，而且超越了单纯的欲望导向（最原始的感觉），人的种种高级的感觉天赋意味着人的感觉是自由穿插回旋的，是能够打通五官感觉的藩篱与壁垒的，这种感觉看起来往往是印象的、随意的、任性的、粗野的、瞬间变幻的，因而也可以说是生动的、丰富的。

任何诗意性体验都离不开这种感觉基础。感觉是通向诗意天堂的最初台阶。或许就是因为这样，在各种各样的艺术里，感觉（或独到的感觉）一直有着重要的位置。音乐、绘画与诗歌中的种种印象主义是人类的这种感觉天赋的最鲜明的体现。美国诗人卡尔·桑德堡写过一首诗叫《雾》：

> 雾来了
> 踮着猫的脚步。
>
> 他弓起腰蹲着，
> 静静地俯视
> 海港和城市
> 又再往前走。
>
> （赵毅衡　译）

中国诗人顾城曾写过一首诗叫《感觉》：

> 天是灰色的
> 路是灰色的
> 楼是灰色的
> 雨是灰色的
> 在一片死灰中
> 走过两个孩子
> 一个鲜红
> 一个淡绿

我们这里不是要讨论诗的感觉印象属性。诗歌中的印象主义只是人的感觉天赋的一种流露方式。人的感觉是人秉承大自然的重要的说明与见证之一。我们也凭借这份天赋和世界发生生动的、特别的关联，自由地而不是拘泥地感觉世界也是现代文学艺术的重要征象之一。不仅文学艺术尊重这份天赋，哲学也同样如此。从感觉出发研究哲学的也大有人在。比如英国哲学家贝克莱的哲学大体上属于高扬感觉主义的类型。人类的这份天赋或潜能需要满足，感觉的贫乏、机械与麻木会导致人类存在生机的减弱。

前苏联诗人叶甫图申科说：有一种空虚来自感觉麻木。

感觉被剥夺也是人类的心灵或精神灾难之一。感觉的麻木、贫乏与干瘪也会使人类的精神受到损害。人类感觉的天赋如果得不到支持，就会产生一系列的后果。前面我们已经说过，人类的这种感觉在一般意义上通常包含两个部分：原始欲望与文化性感知。欲望是人作为动物的一种基本需要。通常包括食欲、渴欲、视觉欲、听欲、嗅欲、触欲、物欲等。和诗意的感觉联系较紧的主要是视、听、嗅、触等欲望，视觉与听觉欲更为重要。视觉是各种感觉中最灵敏的、最接近文化性认知的一种。像前面我们所举的顾城的诗，就是以视觉感为核心的。美国诗人威廉斯的《红色手推车》也是感觉主义的。

那么多东西
依靠

一辆红色
手推车

雨水淋得它
晶莹透亮

旁边是一群
白鸡

　　19 世纪中叶以后，理性主义遭到不同程度的抑制，对感觉、感性的重视重新抬头，感觉主义的路线在各个领域又形成了一股冲击的洪流。但把人单纯的感觉天赋推得过高也有偏颇之嫌，单纯的感觉主义也有缺陷之嫌。来自感觉天赋的感觉主义的最大弊端在于感觉常和偶然性相连，并派生出多变与瞬间即逝性，缺乏稳定的基础。正因为如此，中外思想史上——尤其是 19 世纪以前的思想史——都是轻视感觉的，相对而言，人类思想史更重视和感觉相对的理性观念，观念论而不是感觉论在 19 世纪以前的思想中占据着更加重要的位置。

　　过分推崇来自人类的感觉天赋的单纯的感觉主义也是割裂人的天赋的完整性的体现，单纯的感觉也是缺乏深刻诗意的。感觉的天赋要求人们具有丰富的感觉，要求感觉的解放，这一点没有错，但感觉的天赋如果不和人类的其他天赋结合在一起，相融在一起，那么这种感觉还大多只是动物式的感觉阶段，还达不到人类感觉所要求的那种微妙丰富的程度，如果只是把单纯的动物式感觉推向极致，那还常常意味着封闭，封闭了建立在思想基础上的理性洞察，封闭了通往更广阔的精神世界的大门。

　　美国哲学家尼古拉·哈特曼在其《伦理学》中谈到"现代人"时说过这么一段话：

　　"今天人们的生活不利于人们深刻的洞见。生活焦躁不安、行色匆匆，没有宁静闲适，没有沉思默祷……仍旧代表着这一瞬间的人被下一个瞬间所压倒。关于外在生活的各种主张竞相角逐，印象、经验、感觉都是如此。……我们活在从感觉到感觉之中，由于攫取感觉的倾向，我们的洞察力变得肤浅，我们的价值感变得迟钝。"[①]

---

　　① 冯平主编：《现代西方价值哲学经典——先验主义路向》（下），北京师范大学出版社 2009 年版，第 666 页。

这是对现代人的单纯感觉主义的弊端的一种较为有力总结。

二　理性天赋

和各种动物相比，人具有很明显的发达的理性天赋，虽然可以说这种理性天赋也是经过数十万年的进化慢慢形成的。人的这种天赋和动物的同样属于天赋的微弱的理性意识有着本质的不同。人类依靠这种理性潜能变得越来越强大，逐步改善了自身的生存条件，思维愈渐发达，技术发明层出不穷，并创造了愈益完美的政治制度等，人类的这种运用理性的潜能渗透在人类的一切外在的和内在的活动之中。我们种种内在的心灵活动与感觉也不可能脱离这种基于理性的直觉洞察，其也渗透于我们所说的诗意及其诗意体验里。

近代以后理性经常和理智混用，其实理性比理智的含义宽阔得多。

在思想的早期，理性通常被描述为人所特有的一种探索力，对事物深层的一种把握力。古希腊哲学家赫拉克利特的理性观点就是：人的思想把躲藏在事物背后的真理发现出来，或人领悟了躲藏在事物背后的真理。另一个古希腊哲学家阿那科萨哥拉则认为"种子"是万事万物存在的始基，这种始基只有具有理性天赋的人运用其理性与思想才能将其把握，这是一种洞察万事万物始基的能力与倾向，而后来的斯多葛学派则明确地把这种理性能力视为人的本性。

人的这种理性天赋在近代人的理解中，日渐狭隘化，并逐渐向理智的方向靠近。理性几乎等同于智力或智能。理性等同于客观知识。这就在某种程度上背离了理性的原初魅力，背离了理性与人的深刻的、直觉洞察的关联，使理性成为纯粹的偏于抽象的智力活动或游戏，这种意义上的理性在某种程度上更会伤害我们所说的诗意体验，这也会使人们对谈论诗意及诗意体验中理性说法产生某种偏见。

当代存在主义哲学家雅斯贝尔斯曾专门探讨了我们这个时代的理性与反理性问题。

"当理性不再为一个人的整个存在所支持和渗透时，当它不知不觉陷入单纯的理智之时，这个理智世界的不满足感便会与日俱增。不再被理解的理性似乎成为虚无，似乎仅仅是一个苍白的抽象感念的世界，一个无意义、无止境地增值其形式的世界。"①

我们这里所说的人类的理性天赋中的"理性"，其含义要宽阔得多，并在很大程度上回归了理性的古老含义。在诗意体验中的理性不是以通常的概念、判断或推理的形式展现出来，而是以对事物深层的把握力、领悟力为其特征，对于这种把握力与领悟力，亚里士多德曾在《伦理学》中称之为直觉理性，这种直觉理性恰恰是人类的一种基于洞察的智慧的体现，具体到诗意来说，所谓的理性就是指人们在看似感性的、富有诗意的存在体验中洞察或把握住了隐藏在事物背后的真理、规律或秘密。

这种直觉理性，在中国古代的道家哲学里就是指对道的认识与领悟。

"致虚极，守静笃，万物并作，吾以观复。夫物芸芸，各复归其根。归根曰静，是谓复命。复命曰常，知常曰明，不知常，妄作，凶。"（《道德经》十六章）

这种直觉理性就是要把握事物背后的看起来难以言传、难以把握的"道"，并使这种认识常常以带有神秘色彩的领悟方式出现。人类的理性天赋或富有人的理性常常表现为一种思想，而思想之中的思想常常表现为形而上的方向，形而上学本来就是试图超出拘泥于这个有限世界的思想之思想，是对形而上的世界的反思与领悟，是我们人类的理性天赋的展现，是理性心灵的一种遨游，一种艰苦的同时，又是自由的游戏，伴随着这种游戏的是具有理性心灵的光辉。这种思想经常带有一种玄奥的智慧色彩。

诗意是和谐性的，理性的功能也隐含其中。但在诗意体验里，理性起着一种或明或暗的线索或隐秘的秩序作用，表现为一种智慧，

---

① ［德］雅斯贝尔斯：《存在与超越》，余灵灵、徐信华译，上海三联书店 1988 年版，第 51 页。

一种或明或暗的秩序，一种隐蔽的约束感性的分寸感，一种克制的力量与度。它制约了感觉与欲望没有节制的任意性，有意无意地把感觉欲望引向某个合理的方向。这种理性与感觉欲望的关系类似水与水中之盐的交融，看不见但通过直觉者的体会与品尝就能发现其味道，这种线索或隐秘的秩序就像河水泛滥时依旧守护在两边的宽阔堤岸。

三　信仰天赋

美国哲学家威廉·詹姆斯曾写过一本书《宗教经验种种》。这本书的副标题却是"人性研究"，可见他也把宗教信仰及经验看作人性的一部分，或者说人的天赋的一个有机组成部分。他可是一个医生、一个达尔文主义者，并且是科学心理学的奠基人，但他依旧把宗教经验视为人性的一个重要的、深邃的部分。对人性中的这种信仰天赋，各国的思想史似乎都曾注意并讨论过，而在西方的文献中讨论得尤其多。可以说从古希腊时候起，思想家们就一直在谈论人身上存在的这种对无限世界的向往倾向，以及与无限世界的沟通的愿望与能力，或者说与神明交流的热望与能力。

人身上的这种与无限或无限世界的交流与沟通的禀赋对人的存在是很重要的，忽视它或被遗忘，人性的和谐与完整性就会受到损害。法国思想家帕斯卡尔在17世纪中叶就说：

"要承认有无限的事物是超乎理智之外的；假如它没有能到达认识这一点，那它就只能是脆弱的。"①

"我要说，人心天然地要爱普遍的存在者，并且随着它之献身于此而天然地也要爱自己，……感受到上帝的乃是人心，而非理智。而这就是信仰：上帝是人心可以感受的，而非理智可感受的。"②

不同文化中的人们（比如东方人）在理解信仰对象时和他会有

---

① ［法］帕斯卡尔：《思想录》，何兆武译，商务印书馆1985年版，第127页。
② 同上书，第130页。

所不同。英国人类学家麦克斯·缪勒在《宗教的起源与发展》一书中，阐述了人的宗教天赋这一侧面。他认为人的宗教天赋主要体现在人的领悟无限的天赋与主观才能。他用了整整一大章讨论"无限观念"：

"在我们认识到有可能获得有限之外某些东西的预感之后，我们就会看到人们在高山、树木、河流中，在风雨雷电中，在月亮和太阳中，在天空和天外之天中寻找无限，……无限首先要在自然的某些景象中自己表现出来，而另一些人则因它存在于自己心底的深处大吃一惊。……爱虽然是由孤独感和有限感引入生活的，但它却使我们寻找某种超越我们自己狭隘、有限的小我，我们或在别人的小我中找到它，或在无限的大我中找到它。我们只有在这种无限的大我中才有自己的存在，才能最终找到我们真正的自我。"①

他的这段话似乎就是对诗意本质的描绘与剖析。在高层次的诗意体验里，我们总能感到感性因素最终被超越，感到某种信仰感的存在，感受到某种通往信仰的光亮或精神道路。信仰天赋和人类的深层心灵有关，和人灵魂中的飞翔、遨游的热望与憧憬紧密相连。这种天赋和诗意或诗意体验有着或隐或显的同时，又是紧密的联系。信仰是人类特有的一种天赋，也是人类所拥有的基本的情感与情愫之一，这是人内心中对于无限的向往与渴慕，是一种对纯粹对深邃精神的热爱，是人们灵魂趋向之目标。这种信仰天赋也常通过对宽阔事物或宽阔景象的爱展现出来。信仰代表着一种超越，超越我们的世俗经验，超越我们的以物欲为核心的生存的狭隘，向着更高处的、更深邃的、更开阔的精神本体仰望。

人类的信仰天赋和人内在的心灵倾向相关。这种天赋和人内心中带有方向感、带有翅膀的心灵特性密切联系在一起。这种信仰天赋表现在感情上常常变为一种宗教式的伟大情愫，是人的一种坚定

①［英］麦克斯·缪勒：《宗教的起源与发展》，金泽译，上海人民出版社 1989 年版，第 32—33 页。

的可撼动山河的精神力量。

信仰天赋被压制会造成人类心灵的重大病症。这种病症在现代社会中已经变得十分明显。这种被压制意味着人和无限相连的通道被关闭，人不再能透过有限的景色遥看远处无限的风景，人被困囿于有限的、看得见摸得着的并和种种客体化、物质化照面的处境里，人的心灵失去了展翅高飞的意向与能力。这种由于信仰天赋被压制而导致的病症的最普遍表现就是精神上的空虚、无聊与无意义感。

这种信仰天赋常常表现在我们人类的深邃的精神之梦与内在的希望里，这种内在与超验之梦纯粹、深邃而开阔，在透明的、无限的天空中展翅。离开了这种对无限的希望与向往，人类生命就会丧失喜悦的深度，就会失去深度的意义感。建立在信仰基础上的纯粹的精神之梦沟通了存在者（比如诗人等）与无限之间的关系，打通了中间存在着的重重障碍与壁垒。

信仰天赋还经常体现在人对神秘精神与寂静情境的热望之中。诗意的体验者（比如诗人）常常是寂静主义者以及神秘主义者。在那份寂静之中，在那种看似神秘的气氛里，"神的东西被内在地体验着，上帝在灵魂的原初基础中被揭示，一切都来自于深处与内部，而不是来自表面和外部。"① "这个永恒无非就意味着，承认位于始基，位于存在深处的神的秘密。……它肯定了通往神的秘密、不能表达在肯定的概念之中的不可认识之物的道路，肯定人体验神的东西的可能性，接近它的可能性，与它结合的可能性。"②

人类的信仰天赋经常表现为宗教情怀，这一情怀最直接、最典型地表达了人们内心里存有的对无限的渴望。在《宗教学导论》这本书的第一讲中，英国语言学家、西方宗教学的创始人麦克斯·缪

---

① ［俄］别尔嘉耶夫：《精神与实在》，张百春译，中国城市出版社 2002 年版，第138 页。

② 同上书，第 143 页。

勒尤其提到了人的第三种天赋，即对无限或无限者的渴望。他说："只要我们耐心地倾听，在任何宗教中都能听到灵魂的呻吟，也就是力图认识那不可认识的，力图说出那不可说出的，那是一种对无限者的渴望，对上帝的爱。只有人才渴望无论是感觉还是理性都不能提供的东西，只有人才渴望无论是感觉还是理性本身都否认的东西。"[①] "古老的《奥义书》的中心思想是'认识你的大我'，但含义比特尔斐的神谕'认识你自己'要更为深刻。《奥义书》中'认识你的大我'意思有二：一是了解你的真正自我（它潜存于你的小我之中），二是在最高的和永恒的大我即唯一者（它潜存于整个世界里）中找到你的真正自我并了解它。这就是探索无限、不可见、不可知、神圣的最终解决办法。"[②]

信仰天赋表现在人们的种种"终极关怀"里。人类存在着，有着许许多多的关怀。对大自然的关切，对社会世事与社会环境的关切，对自己的、对周围他人的关怀等，这些关怀与关切是初步的、有限的关切。人还有一个最重要的精神关怀或关切。人的生命是短暂而有限的，人内心里有一种超越有限与短暂达到无限与永恒的深层愿望与关切。这种终极关怀是人类的重要天赋——信仰天赋——的重要体现。这也是人类的普遍的生命倾向与精神向往。人类的这种深层的精神天赋与倾向在中西方有着不同的表现。在西方主要体现在与造物主——上帝与神——的沟通交流的愿望里，在中国主要体现在对"道""佛"的追寻，以及与天交流、合一的憧憬与希望中。

"今天，我们主要生活在世俗的意识里，但是人们几千年来一直生存在神圣的意识里。幸运的是，今天我们仍具有这种能力。这是

---

① ［英］麦克斯·缪勒：《宗教学导论》，陈观胜、李培茱译，上海人民出版社 2010 年版，第 10—11 页。

② ［英］麦克斯·缪勒：《宗教的起源与发展》，金泽译，上海人民出版社 1989 年版，第 224 页。

一种原始的能力，灵魂遗产的一部分，从我们祖先起就深深打下烙印的天赋能力。"①

四　诗意与天赋的融通

诗意意味着和谐与完整，并通过存在直觉与体验显露出来，和谐与完整的特性在这里意味着人的各种天赋的融通或交融。从某一个角度可以说，诗意状态恰恰是我们作为一个人的完整性的显现，是我们和谐天赋的尽善尽美的显露，是感觉天赋、理性天赋与信仰天赋有机、和谐地相融合时产生的理想的存在状态。在我们的日常存在里，在我们与物照面的存在境遇里，在"役耳目""玩人""玩物"（《尚书》语）等生存状态里，人的原本的完整性、人的各种天赋融通的情形被或多或少地分割了，裂解成许多碎片。或者生活在单纯的感觉里，或者存在于纯粹抽象的理智之中，或者逃离于极端的、扭曲的精神信仰里，被人的天赋的某一个方面片面地牵引，从而导致存在的碎片性。在这种碎片状态里，人常常要么丧失丰富的感觉，要么丧失富有秩序的理性，要么丧失精神的深度。基于此，人常常处在某种类型的精神贫乏、干瘪与萎靡之中。

诗意体验是一条能将人类的各种天赋融通在一起的道路。在存在的诗意及体验里，人的天赋与潜能没有被割裂，没有被碎片化与局部化，而是在体验者的直觉里达到融合状态。借用帕斯卡尔的比方，人怎么才能使人成为一架真正美妙的风琴呢？在诗意里，人的各个天赋比例失调的问题得以解决。在诗意及其体验里，人可以成为一架美妙无比的风琴，或者如荷尔德林所说的成为领会美妙者。为了做到这一点，人就必须纠正自身的各种偏离偏颇的倾向，正视每一种天赋的价值，尤其是要正视宗教天赋的重要性，使自身天赋的几个方面达到真正的融合，换句话说，就是使人的几个不同

---

① ［美］大卫·艾尔金斯：《超越宗教》，顾肃等译，上海人民出版社 2007 年版，第98 页。

的潜能与天赋和谐地、合乎比例地融合在一起。只有这样才能奏出美好的、能给人带来希望的、自由浪漫的体验，并使人感受生命的充实与意义。

英国著名批评家马修·阿诺德在《文化与无政府状态》一书中说："诗歌主张美，主张人性在一切方面均应臻至完善，这是诗歌的主旨。"[①] 他这里说的完善包括人类天赋的融通、和谐、合乎比例、均衡发展等。法国诗人阿尔蒂尔·兰波也写过一首叫《感觉》的诗。他是这么写的：

> 在蔚蓝的夏晚，我将走上幽径，
> 麦芒轻轻刺痒，踏着细草散步；
> 仿佛在做梦，脚底感觉到清冷。
> 让晚风沐浴着我裸露的头。

> 我什么也不说，什么也不想：
> 无限的爱却从我的心灵深处涌出，
> 我越走越远，像吉普赛人一样，
> 漫游自然，——如有女伴同游般幸福。

诗人描述的恰恰是人的天赋融通时的体验与感觉。这里存在的不再是单纯的感觉主义意义上的感觉，而是具有了直觉理性以及通向无限的信仰情愫。诗意代表的就是人的完整性以及和谐天赋显现时的情形，是能将上天（或上帝）赋予我们的种种天赋融合在一起的内在力量。与此相反，在非诗意的状态下，我们的种种天赋就会处在彼此分裂、分割的状态或者说彼此反对的状态。被种种异化的文化的或社会性的因素强行干扰也很容易造成非诗意情形的产生。

---

① ［英］马修·阿诺德：《文化与无政府状态》，韩敏中译，生活·读书·新知三联书店 2002 年版，第 18 页。

因此可以说，人类的任何一种天赋受压制都会影响诗意及诗意体验。

过分推崇被扭曲与分裂后的人的某一天赋势必影响人类体验的完美性，也就是说势必影响诗意的层次与深度。因为所谓的诗意从根底里说就是人的一种近于完美的、和谐的体验与感受。糟糕的社会文化总会在有意无意之中割裂人的天赋的和谐发展，总会在有意无意之中压制或漠视对人来说同样有价值的天赋，而好的文化同样会鼓励人的各种天赋的全面发展，尤其是对信仰天赋这部分不会压制与漠视。人类的信仰天赋用常规的眼光来看，似乎很缥缈、很虚幻，似乎缺乏真实性，因此其更需要大力引导与激励，这种天赋很容易被现代的、世俗的、平庸的精神视角所否定。信仰天赋被遏制的文化很难培育出创造天才，尤其是思想与精神方面的创造天才。那些艺术与诗歌方面的天才，那些哲学与思想方面的天才，那些伟大的先知们等都是一些信仰天赋发达的人。这种天赋把他们引向深邃的无限的方向，让他们对永恒的那一面有一种敏感与敬畏，而这一面是精神文化具有价值的重要支点。

通常意义上的文化的灵魂感也与这种信仰天赋的流露有关。精神的价值、精神的深度、心灵的深邃感、深层意义上的精神交流等，以及隐藏于我们心灵最深处的精神激情等，都和人们的信仰天赋紧密联系在一起，其涉及的领域宽广，涉及文化的诸多方面——艺术的、哲学的、宗教的等方面。很难想象一个信仰天赋被漠视或压抑的民族会有精神创造力，也很难想象这种建立在漠视与压抑人的信仰天赋的文化会是优秀的文化。信仰天赋的削弱将导致文化的活力与创造力的最终减弱直至衰亡。

诗意意味着人的各种天赋的和谐发展与融通，把被撕裂、被分割的部分重新聚合起来。这里尤其是指与信仰有关的天赋，因为进入现代社会以后，人的这一方面的天赋有着被明显压制与漠视的趋向。

第三节　人类精神意向及诗意

　　人内在的精神意向复杂而微妙。在我们人类的人性深处似乎有一种自我保护或自我均衡的精神装置。这些装置通过心灵的微妙幻觉给人心带来安慰。诗意的感觉与人心灵深处的这种深邃而隐秘的保护似乎有着很大的关联。通过一些意识、精神观念、体验或感受，人们被具有和谐完整感的情愫所充满，并产生了使自身被扩充的精神体验或感觉，美好、希望、自由、浪漫、意义感与充实感等感觉是诗意体验的核心情绪与内涵，或者说人类内心深处的这些精神意向都从某一层面揭示了诗意的核心情绪与内涵。

一　自由

　　自由感与诗意有着很大的关联度。存在的自由对人而言具有精神本体论的意义，这也是存在诗意化的重要方面与保证，存在的诗意化，首先就意味着各种意义上的非奴役，意味着被自由的感觉与氛围所笼罩，意味着人的整体性生存被一种无拘无束的精神上、心灵上的自由之光所照耀，与其相反的存在状态是奴役，各种意义上的奴役都是反诗的。在不少诗人看来，诗意即意味着自由，像风一样随意飘荡，虽然不同的诗人对自由的理解很不相同。

　　自由是一种重要的精神体验与感觉，也是我们生命中最有价值的精神感受之一，也是澄明的存在的含义之一。对自由的理解之一即意味着：自己能够把握自己的命运，自己能够自主选择而不是旁人代替你选择。但更重要的是内心的自由、意识的自由或者说灵魂的自由（这种自由在政治层面上还可扩展为言论与思想的自由等），这是独立人格的最重要体现。我们不能存在于由社会他人的眼光与舆论形成的陷阱里，对种种集体的社会压力我们也不能以屈从的姿态出现。自由的更高一层含义是宗教意义上，即我们心灵或内心的通向无限的感觉与体验。这种自由自在的生命感受是物质换不来的，也是社会集体所不能给的。这些都立足于个体的深切感受与体验。

自由有人类存在本体根源。不少哲学家曾专门讨论过自由问题。德国哲学家谢林曾写过《对人类自由本质及其相关对象的哲学研究》，存在主义哲学家海德格尔也曾专门写过"论人的自由本性"，后来他还写了《谢林：关于人的自由本质》《谢林：关于他对人的自由的本质的探讨的重新解释》等论著。可见，自由在海德格尔心目中的位置，自由也与他一再探讨的存在的澄明有着密切的关联。

海德格尔也直接谈论过诗人、诗意与自由的关系。在他看来，诗人们是自由的，"……成为自由，诗人就像燕子，……自由即是最高的必然性，……"①

诗人们的天性通常酷爱自由，自由的感受通常也是诗人们最向往的存在境界，对他们来说，这是一种诗意之境。古往今来，无数诗人书写了自由的主题。自由的存在感受就像燕子在空中飞翔的感觉，不仅对于诗人，对于普通人一样具有诗性的诗意的性质。只是诗人更敏感、更具有代表性而已。

英国诗人雪莱曾写过《西风颂》，表达了对自由的渴望，他的另一首诗干脆就叫《自由》：

> 从大气层，从高山，从海波
> 　阳光射过飓风与水雾；
> 从心到心，从一国到一国
> 你的晨曦直射到每间茅屋

真正诗意体验中的自由则有自己的特殊性，它不是种种外在的自

---

① ［德］海德格尔：《海德格尔选集》，孙周兴编选，上海三联书店 1996 年版，第322 页。

由形式，它是内在的，克服了各种任意性、片面性与偶然性，把种种差异与对立在直觉中交融于一体，诗意是以体验与感受的形式展现出来的自由。诗意中的自由常常以一种非分裂的、和谐的、悠远的宁静状态出现，是那种宁静之中的精神充实，是那份充实之中的自由，在这份自由的感觉之中，体验者似乎与宇宙深处的一切息息相关。

诗意的真理是一种特殊的自由的真理。诗意的真理指向一种基于深邃意识、连接意识的精神自由，指向与自由相关的种种存在形式：自由的观念、自由的思想、自由的精神、自由的心灵。还可以指向更加具体的方向：自由的感觉、自由的想象与自由的情感。但需要指出的是，诗意与有些层面的自由并不完全等同，其与那种自由常常也有冲突，那种自由常常也意味着独立与紧张。诗意则是融入的、浑然的。《旧约》伊甸园的人类状态不是自由的状态，而是一种诗意的状态。睡美人不是自由的，而是诗意的、唯美的。诗意中的自由是指不被种种物质的、社会的客观形式所奴役、不被种种虚假的社会观念所奴役，不被他人所奴役等，诗意中的真正自由经常上升到宗教层面。

诗意作为一种富有深度的经验或体验，其包含着浑然无分的性质，包含着无差别的同一或统一，这份浑然的本质包含着动物性甚至包含着植物性。人们在诗意的体验之中也包含着某种"奴役"：被大自然整体的节奏、和声与韵律所吸附。当人以一种精神感觉中的特殊的植物的形态出现时，诗意常常也能紧随着翩然而至。

德国著名学者奥斯瓦尔德·斯宾格勒写了《西方的没落》（1918）一书，他以直观、体验、诗性的方式切入历史，为人们提供了一种诗性意味十足的历史哲学。他在谈到奴役与自由的关系时曾说：奴役与自由，就其最终与最深刻的意义来说，是我们鉴别植物生活和动物生活的差异所在。然而，只有植物才完全是其本来面目的；在动物的本质中，它有某种双重的东西。植物只是植物，而动物除了包含植物的性质，还包括了其他性质。

真正的、深层的自由也和某种深层的浑然无觉相联系，和某种永恒无限的形式相交融，这也就是说，诗意也意味着某种真正的松弛与宁静，意味着各式各样的紧张的消除。俄罗斯哲学家别尔嘉耶夫写过一本书《人的奴役与自由》。全书分为三个部分，从许多不同的角度阐述了自由之重要性。

二 希望·美好

存在主义哲学家对人性受局限的否定性的一面似乎特别留意，他们通常也喜欢描述人的否定性的存在经历或感受，或者说喜欢描述人的非存在的、有限的、疏远化的方面，比如存在的空虚感、悲惨感、荒谬感、孤独感以及自我追求的毫无价值感等。许多存在主义小说则生动形象地展现了人类的这一处境。萨特的《恶心》，加缪的《局外人》《堕落》，大江健三郎的《个人的体验》等。焦虑与厌恶（或恶心）是一个核心的概念，即人对自己存在的有限性与疏远化（或异化）的焦虑与厌恶，还有与此接近的存在感受，比如忧惧、罪孽、异化、空虚、沉沦、绝望等。在早期，克尔凯郭尔表现出对忧惧或苦恼的迷恋；前期的海德格尔也曾热衷谈论这些否定性感受。

其实人类也有与此相对的深层的精神意向：希望及美好渴求。这与许多存在主义哲学热衷的方面不同。诗意人类学更加关注希望与美好的方面，热衷于描述人的肯定性存在经历与感受，诗意的体验更多来自肯定性，是属于克服对立与分裂之后的和谐式存在。否定性感受与体验更多展现了人的存在的真实处境及其精神的无奈的分裂状况，代表着人类被某些无可奈何的因素或生存倾向所包围的真实，代表着分裂、疏远、对立与不协调。这些方面和诗意或诗性存在从表面上看来甚至有一种对立的性质。

诗意人类学更多地肯定希望及美好。希望对人类的存在来说，是空旷而澄明的，充满希望的存在通常就倾向于富有诗意的存在。

这里的希望不是简单的幻想、理想与愿望等心理意识现象，这里的希望层次更高，指向人的更为深层的精神本性，这就意味着希望作为一种精神属性被镶嵌在人性的深处。或许正因为如此，希望这一概念受到不少哲学家的关注。在现代哲学中就有所谓的希望哲学，以西方马克思主义学者德国哲学家恩斯特·布洛赫为代表。还有所谓的希望神学，以德国神学家莫尔特曼为代表，他还在 1967 年出版了《希望神学》一书。还有被称为"希望玄学"的代表的法国哲学家加布里埃尔·马塞尔，他也是存在主义的一个代表人物。他们的哲学论述共同指向人类的一个精神支柱：希望。虽然他们对希望的理解有所不同。

诗意存在及体验与希望感相伴随，被希望充满的生活或生命一定带有诗意色彩，哪怕希望者置身于艰难的自然与社会环境里。虽然每个人希望的精神方向与内容有较大的差别。有些人的心灵因为其对神开放而带来了希望感，而有的人则因为向往大自然、情人、亲人等而使内心充溢着希望。

> 像那闪烁的微光，
> 希望把我们的道路照亮；
> 夜色愈浓，它愈加
> 放射出耀眼的光芒。

> [英] 哥尔德斯密斯：《监禁》

也有不少存在主义哲学家喜欢谈论与希望相反的一个方向——绝望。克尔凯郭尔与萨特基于对人性的失望都曾专门论述过绝望的问题。这些绝望论述是指向人性的否定性方面及真实的存在处境。在人的真实的存在处境里的确包含着绝望，那种没有出路、无法摆脱的感觉。但相比于绝望，希望和人性的和谐的一面有更多的关联，也更具有诗意性质，更能给人的生存带来有意义感、温暖感、和谐感、充实感、自由感。希望比之于绝望更澄明，也因为这种澄明而使之更具有诗意价值。在希望里体验诗意，人的内心会更加敞亮。

雅斯贝尔斯说：

"只有勇气才产生希望，只有希望才滋润生命。只要我们活着就表明希望尚存，而这一线希望来自勇气。希望一旦成为泡影，生存就空虚起来。因此希望必须要有勇气的支持。唯有这样人才能享受有限的生命。希望只有在生存的领域里才有意义。希望不是超时间的。"[①]

希望感与美好感一样都是一种有精神中心的体验与感觉。

美好感（或美妙感）也是澄明的，就像海德格尔所说的是林中旷地。在被美好感所浸润的存在里，诗意必然得以显现，因为美好感与诗意一样都是从存在的整体与中心发出的。可以说人的存在中的美好感最直观地显现了诗意；诗意也同样给人的心灵带来美好的感受与体验。

英国著名批评家马修·阿诺德在《文化与无政府状态》一书中言简意赅地说：

"文化即探讨、追寻完美。……文化认为人的完美是一种内在的状态。"[②]

暂时撇开文化不说，他在这里说的实际上就是指人的存在的内在美好状态。

"美好感，代表着人们在精神方面的整体感受，代表着人的精神深层的一个向往与体验。美好的经验发自我们人类身心合一的深处。美好感与美好的精神状态不同于感性层面的好以及伦理层面的善。美好是对我们的完整的人所呈现的感觉状态，尤其是针

---

① 熊伟：《存在主义哲学资料选辑》，商务印书馆 1997 年版，第 724 页。
② ［英］马修·阿诺德：《文化与无政府状态》，韩敏中译，生活·读书·新知三联书店 2002 年版，第 9 页。

对我们的精神、心灵与灵魂而言，美好是我们的身心完整地感受到的，我们可以对之进行伦理的或理性的分析。但最后还是要回归于生命与精神的直觉，回归于我们切身的体验。美好感立足于直觉与体验。真正有价值的美学也应立足于直觉与体验。美好是那种有中心的感觉，是那种和更高力量与价值相互联系的感觉状态。美好的感觉从来都不是破碎的，美好的感觉也不会制造分裂。在美好的感觉中我们和大自然或上帝息息相关，我们和更加广阔的世界相通。"①

三　浪漫

浪漫（Romantic，罗曼蒂克）这个形容词是从法国的"罗曼司"（Romatic，"传奇"或"小说"）转化过来的。据现有资料证明：1654年英国人才第一次使用了"浪漫的"这一词语，大致是"传奇般的""幻想的""不真实的"，而且明显包含着贬义的、否定性的内涵。到了18世纪，这个词语才逐渐转变为肯定性的褒义词，经常被用来评价文学艺术作品的某种风格与精神气息。

被海德格尔推崇的荷尔德林似乎成了诗意一词的化身，他也属于所谓的浪漫主义诗人（有人甚至把整个存在主义都归为浪漫主义）。同浪漫相连的那些诗人，似乎也更具有诗意的气息与色彩（同那些先锋前卫的现代派诗人相比），似乎在这些诗人身上诗意表现得更为突出，这种情形在西方中世纪以后的文化情境中更为明显。在西方的文化语境里，诗意也常常被看成浪漫的一种特殊形式，诗意倾向也常常和种种浪漫的精神倾向相混淆，同诗意一样，浪漫的精神倾向性又和宗教感有着或隐或显的联系。

"浪漫主义者坚信，诗意在文学或艺术中具有至高无上的价值，与雨果合作的德襄在1824年写道：'发生在古典主义者和浪漫主义

---

① 丁来先：《文化经验的审美改造》，中国社会科学出版社 2010 年版，第 90 页。

者间错综复杂的争议，其实不过是存在于文心（prosaic minds）与诗魂（poetic souls）间由来已久的斗争罢了。'"①

《西方六大美学观念史》这本著作也细致地列举了浪漫的 26 个含义。

从普罗旺斯的行吟诗人开始，在西方的诗意观中就有着浓厚的所谓的浪漫意味，并一直与富有精神感的漫游或游荡有关。行吟诗人是欧洲 12—15 世纪的一种具有典型性的诗人。最初出现于法国南部普罗旺斯，称为特鲁巴杜尔。这些行吟诗人主要写作抒情诗，包括情歌、感兴诗、晨歌、暮歌、小夜曲等，内容也大多描写带有点儿虚幻感的爱情。后来在法国的北方也出现行吟诗人，称为特鲁维尔。他们不仅写抒情诗，还写叙事诗。这种行吟诗人本来就和带有浪漫色彩的所谓的骑士传统有关联。

其实，早在公元 1 世纪，拉丁作家卢卡努斯就把这类吟游诗人说成高卢或不列颠的民族诗人或歌手。这种习俗由于社会文化的变迁后来在高卢逐渐消失，但在爱尔兰或威尔士都保存下来。爱尔兰的吟游诗人通过咏唱保存了颂诗的传统。在威尔士，bard 一词一直是诗人的同义词；10 世纪的吟游诗人曾分为不同的等级。在中世纪末这类诗人就渐渐衰落了，但这类诗人所承载的那种富有诗意的浪漫精神并没有消失，后来甚至在整个欧洲范围里扩散开来。其实，所谓的普罗旺斯抒情诗人，其本质就是追求心灵的超越性，追求内在的灵魂的满足。

中国传统诗人作为一个群体，似乎就稍缺这份灵魂性，似乎也没有这么多基于精神性的浪漫情怀，虽然中国魏晋时期的"魏晋风度"也别具一番风格，也体现了诗人的"越名教而任自然"的作风，还有唐代诗人李白狂放不羁的气息（包括饮酒之风）也可看作一种类似的浪漫之举。但总体而言，中国式诗意是具有典型的东方特色

① ［波］瓦迪斯瓦夫·塔塔尔凯维奇：《西方六大美学观念史》，刘文潭译，上海译文出版社 2006 年版，第 197 页。

的，并和东方的文化传统有着紧密的联系，这种诗意常常和宁静感与空灵感紧密相连，并经常性地带有某种宁静空灵的气息。中国式诗意如果也用浪漫来形容，那也偏向内敛式，更加具有悠远感。

虽然中西方的文化传统差别很大，但毕竟它们之间也有不少共通的方面，或者说共同的因素与气息。这些共通的气息使普遍的诗意成为可能。这也是中西方诗意观相通相融的表现之一。如果说某些中国诗人也具有所谓的浪漫风格的话，那么这种浪漫表现总体来看表现得更为内敛，属于内敛的浪漫，这种内敛的浪漫因为更多的宁静、悠远与空灵的气息，从表现上看更具有诗意的味道。中国传统中的浪漫也与宗教（佛、道等）有关，基于这种宗教性，这种浪漫也会和沉思相联系，并和追求宁静与神秘的冲动密不可分。陶潜与梭罗的生活既是浪漫的又是富有诗意的，代表了中西方的既浪漫又富有诗意的存在风格。

与富有诗意的浪漫相对的是非诗意的现实。

这种所谓的现实在当今的现代化趋势中变得更为突出。这种现实意味着我们的存在拘泥于和物质（包括组织、技术现实等）的照面，被物性的环境所包围，并以物质的方式接近存在。这种所谓的现实也意味着我们的存在外向、碎片化，意味着我们的存在被分割、分裂。我们的内心也因此分散、分裂与碎片化，并被抛向客体化世界。这种外在化、分裂化的存在自然很难让人的内心充满意义感、充实感、和谐感、美好感，也很难让人的内心产生通向存在的澄明的体验与感觉。

四 充实·意义

因为人性的感性缺陷与局限性，从本质上说，人是很难通过自己达到精神充实的，人性本身属于有限性范畴，属于偶然性。人的内心的充实感只能来自人的对外的开放性，来自这种开放之后而来的沟通与交流之中，这其中最重要的是通过与更高、更广阔、更深邃的世界的交感与来往来获得充实以及意义感。人性容易破碎与分裂的特性又常常导致人的稳定的价值世界的破灭，并导致人生与精神的空虚。这种空虚又很容易导致存在的无意义感。英国哲学家维特根斯坦说："世界的意义必定在世界之外。"①

　　诗意与存在的充实密切相连，而充实则意味着沟通与交流，包括对开阔的具有无限与永恒感的世界敞开。充实的存在、有意义感的存在才能算是澄明的存在，也才可算是诗意的存在。当代人的生存似乎日渐习惯于将自己封闭在以物性为核心的有限世界里，这样生命与精神的充实就失去了源头，久而久之，存在与内心就会变得干瘪、贫乏与枯燥，就会造成存在与内心的异化与被遮蔽，就会更多地感受空虚与焦虑，并失去了生命充实与意义的源泉，也会与充实、与意义隔离。诗性存在是倾向于多层次的沟通与交流，尤其是与具有无限感、永恒感的更高世界的交流，充实与意义由此产生。诗意的存在是被美好感浸润的存在，是澄明的存在，而不是空虚的存在，不是无意义的存在，不是异化的存在，不是被物质欲望与社会奴役的存在，不是动物式的存在。

　　关于澄明的存在，海德格尔以及和他关系不错的雅斯贝尔斯都曾多次论及。所谓澄明的存在常常意味着一种精神上的纯真，或者说就是一种纯真的存在，是被希望支撑着的存在，是具有美好感的存在，也是具有自由感与浪漫感的存在，是充实与有意义感的存在，是人克服了上述那些负面性感受之后产生的，澄明存在是拥有多扇窗户的存在，这些窗口通向外面的光之世界，而澄明恰恰意味着被意义感、美好感、希望感、自由感等本真精神世界流泻进来的精神光亮或光线所穿透所充塞。澄明即意味着驱散黑暗并被各种光所浸润所照亮。

　　充实与虚空相对。人的存在从根性上讲是虚空的，被虚无包围。

---

① ［英］维特根斯坦：《思想札记》，吉林大学出版社 2005 年版，第 16 页。

当人们被这种建立在时间短暂基础上的虚空笼罩之时，当人们被建立在这种虚空基础上的生老病死所缠绕时，怎样让本来虚无的存在获得一份充实感与意义体验，这似乎是每个人有意无意之中都在做的。但充实感或意义感也是有层次之分的，这种层次体现在持久性、满足度等方面，注重感官刺激与感官享乐的方式，能使人暂时忘却那种虚无，但很难具有持久性，也很难让深层内心获得满足。

与永恒性、无限性要素照面、相遇能让人对充实与意义感的体验更深。所谓的诗意，其核心就是我们的内心思绪、体验与情感和永恒无限（或是其象征形式）照面或交流时的感受之一。海德格尔在谈到诗性或诗意时经常提到神圣者，有的学者甚至为此研究了他的所谓的神圣谱系。由此可见，神的维度或神圣的维度在他心目中是十分重要的。这个维度之所以重要归根结底是和人们体验中的充实有关。一个本质上空虚的存在要体验与感受充实，光凭自己的努力很难达到目的，需要更高的存在加入进来。人通过与更高精神真实的交流与沟通，就可产生充实感、意义感。

充实感、意义感常常体现在与地理上、精神上的生命源头的沟通与交流，这可以从种种折射"乡愁"的精神层面上体现出来。中外诗歌史上有大量的关于"离愁"或"乡愁"的情感抒发的作品。这种离愁与乡愁和我们这里所说的诗意的意义体验相关。在对故乡的深切思念与牵挂中满怀着一种因为别离源头而来的忧伤。在种种故土情结与家乡意识里深嵌着对源头与根源的回归愿望。

故土与家乡代表我们实际生命与生存中的源头。还乡也成了人们深切的精神愿望之一。德国诗人荷尔德林在《人，诗意的栖居》中说：

只要良善
和纯真尚与人心相伴，
他就会欣喜地拿神性

来度测自己。

神莫测而不可知?

神湛若青天?

我宁愿相信后者。

这是人的尺规。

人充满劳绩,

但还

诗意的栖居在这片大地上。

我真想证明,

就连璀璨的星空也不比人纯洁,

人被称作神明的形象。

大地之上可有尺规? 绝无。

　　乡愁意绪还可以更进一步朝上提升,上升到形而上的宗教般的精神高度,衍化为对存在根基的关切。这就使其更具有了形而上的意义。这种形而上意义更强的存在源头与根基和实际存在的某一个地方关联不大,而是代表着一个更加无限、更加永恒的精神本体与形式,这种具有无限感与永恒感的精神本体构成了我们整个生命存在的深层的精神根基。存在的澄明也植根在这种与源头或根基交流沟通而来的意义之中,这个存在之根也以种种"神"或"神明"的形式出现。

第二章 诗意、价值观念与人性和谐

诗意观念也是特殊的价值观念，是人类有价值的重要的精神观念之一，并和人的全面发展的和谐天赋有着极为重要的关系，诗意的特殊的精神性价值和在直觉中对人类的各种价值的无意识的融合有着紧密的联系，诗意存在与体验状态是人类生存与意识的一种自然和谐状态，诗意价值综合或融合了人类的多种价值形式、多种价值方向。诗意之真是一种价值之真与内心的真理。诗意代表人类精神价值方面的融汇与融通，代表基于价值体验的和谐、充实与意义。诗意价值和其他的能够促进生命存在发展的价值的最大不同就在于它的和谐性、融合性。

第一节 人类基本价值观念

价值是敏感的人类反思自身的精神果实之一，是人对自己人性发展、潜能发挥的一种自我理解与想象，也是人类与更高、更完美的精神世界交流沟通的形式之一。在长期的生命与精神发展过程中，人类对自身的存在、潜能及发展方向渐渐形成了一种稳定的理解。价值也是人类存在——尤其是精神性存在——的重要依据，是人类内心向往的指路明灯。价值是人类生命存在——尤其是精神性存在的——重要的支撑观念之一。人类一切存在形式似乎都需要寻找到一种价值依据，这种依据可以促使人类不断地提升与发展，向着一种圆满的方向演进。

纵观人类思想与文化的历史，尽管对价值的理解与看法很不相同，尽管对价值的理解视角多样，但我们依然可以大体上梳理出几种对人类生命（尤其是精神生命）存在最有价值的几个领域或几个方向，这几个领域或方向对人类的存在与发展具有至关重要的意义，其中有些属于稍稍偏外的价值，有些则属于内在价值。

一　实践与伦理价值

伦理的价值（道德的价值）来自具有自由感的实践性，其可贵之处在于生活与行动中的坚守与坚持，伦理的光辉与尊严正是来源于人的那种特别的非强迫的生命实践。伦理最忌讳的就是把自己停留在一种认识、宣示或说教上。心口不一，做和说的分离，缺乏诚实，这是伦理最大的问题，也是虚伪虚假的重要来源之一。伦理与内心、伦理与生命实践具有不可分性，而且这种伦理是建立在自由自发的内心实践性上，其价值是伦理人格的自然流露与显现，这种伦理实践不是被强迫的伦理实践性，在真正的伦理实践中，人们可以找到自由的精神的故乡。

从哲学角度来看，实践和伦理有着密切的相关性，实践牵涉到人的合乎目的性的方面，牵涉到善的方面，而伦理价值正是和人的目的、需要、愿望、希望等相关，这些目的、需要、愿望、希望等主要体现在道德方面。基于伦理与实践的相关性，有人甚至干脆把中国的传统儒家伦理称为"实践伦理"。当代澳大利亚和美国的著名哲学家辛格专门写过一本《实践伦理学》（1979），此书甚至被有的学者列入古今最重要的 100 本哲学著作之一。本书批评了传统伦理观的局限性，倡导伦理的实践性，认为伦理应该面对新的各种现实境遇，把平等、尊重当作伦理的核心原则，并把伦理的对象扩展到有感知力的生命。这和他的《动物解放》（1975）一书的宗旨是一致的。

　　所谓实践的价值可以说是人的现实的行动的价值，在人们的多种多样的实践里既包含对象意识也包括和人的目的需求相关的自我意识。因而实践意识也是一种伦理价值意识。这是人对自身的主体尺度与外部世界的客体尺度统一的自觉。在思想史上，关于这种实践行动的本质，不同流派的哲学家看法不同。但不管这种分歧有多大，基本上都认可行动的重要性。古希腊思想家就认为人类的实际的现实行动对于维系人类的生存、发展与跃升具有基础性的作用。马克思主义哲学尤其重视人的实践对人类方方面面的影响，在马克思主义看来，和种种伦理理论、伦理观念原则相比，实践具有特殊的价值。俗话说实践是最好的老师。在马克思主义者看来，生活实践的观点是认识论的首先的和基本的观点，实践的观点也和人的伦理欲求紧密相连。英国诗人丁尼生则说：

> 别人的蠢行不能授予我们知识，
> 　别人的智慧不能使我们聪明；
> 　　最珍贵的唯有
> 　　我们的亲身经历。

　　这种行动的价值有时体现为对世界的现实改造，体现在人类存在的发展之中，正是在对世界的现实改造中，行动的价值得以最终确认，并最终促进了人类的发展。正因为如此，在马克思看来，"改造世界"比"解释世界"更有价值。美国哲学家雨果·闵斯特伯格在《永恒的价值》一书中谈到伦理价值时，尤其谈了两个大的方面："发展的价值"与"实现的价值"。关于发展的价值他说：

　　"为了其发展的缘故而有价值的东西，正是从既存者到非既存者的转变中获得其价值。它不是存在，而是生成。在那里仅有体验是不够的，还需要行动。一旦采取了行动，完成了发展，我们又获得了某种已经完成的东西，同样地，它只能表明自己具有联系价值，而不再具有一种独特的发展之价值……另一方面，有价值的行动，或许会使自身服从于有意识的目标，于是它就变成为一种成就。对我们而言，这种有目的、有意图的价值之实现就是文明。"① 在另一处他又说："发展的价值必定通向实现的价值。"②

这种实践与伦理价值在现代哲学中又被描述为生活价值，与生活世界接触的倾向。

人们经常提到的所谓的幸福的生活，其实也是实践—伦理与生活价值的体现。幸福的生活对现代人而言又与物质消费有关，这种物质消费体现在我们现代人的生活里就是感官快乐，就是生活的放松感与娱乐性，为了达到这一点，我们就必须有种种符合时尚的现代化的手段，有技术因素的支持。

实践和伦理有着密切的相关性，因为实践牵涉到人的合乎目的性的方面，也就是牵涉到善的方面，善与人的目的有关，伦理价值正是和人的目的、需要、愿望、希望等相联系，其主要体现在道德方面，包括道德抱负与道德责任诸多方面。另外伦理价值的目的性与愿望需要也体现在和谐的社会关系里。伦理价值的体现之一就是调节人际关系的，使人与人之间能够达到团结、和谐而不是陷入分裂与混乱，使整个社会充满友爱精神，而不是相互仇恨，和谐、友爱、团结等都是符合一个社会的基本的伦理价值，还有对他人生活的关爱与热忱等。

二　逻辑与理性价值

西方文化的一个优势就在于其有一个较为悠久的理性传统。这种理性传统与意识经过最近几百年发展与实践的检验后，已经为当今世界普遍接受，不管其有多少弊端，不管人们是否还在抵触，它

---

① 冯平主编：《现代西方价值哲学经典——先验主义路向》（下），北京师范大学出版社 2009 年版，第 611—612 页。
② 同上书，第 619 页。

都已经深入现代人的心灵，深入现代人生活的方方面面，并已经成为人类重要的价值观念之一。现代技术就是建立在以科学或逻辑为基础的理性之上的，各种现代学术也以理性或逻辑为其支点。在现代社会反理性或反逻辑几乎被等同于反人类，而理性与逻辑则代表着进步的现代文明。可见理性在人类的现代文明进程中占据着重要位置，也是人类最值得自豪的价值之一。

在西方，这种对理性的推崇在古希腊就很突出。古希腊爱奥尼亚哲学家阿那克萨哥拉就提出了"理性支配世界"的命题及其"奴斯"学说。他是米利都学派的哲学家阿那克西美尼的学生。在希腊文中，"奴斯"本义为心灵，转义为理性。他认为，奴斯和任何个别事物不同，它不和个别的事物相混，是独立自在的；奴斯是事物中最稀最纯的，它能认知一切事物；奴斯是运动的源泉，宇宙各种天体都是由奴斯推动的，过去、现在和将来的一切东西都是由奴斯安排的。他这里所说的"奴斯"或理性就是指万物的内在秩序、本质与规律。自从他提出这个命题之后，"理性"便成为整个后来的西方哲学的一个重要问题。

欧洲十七八世纪的启蒙运动的重要内容之一就是倡导理性或者说是理性方面的启蒙；甚至有学者（比如中国学者冯友兰）把启蒙运动称为新理性主义运动。那些理性的启蒙者们不承认任何理性能够检验之外的外界权威，不管这种权威是什么类型，他们反武断、反盲从、反传统，"一切都受到无情的批判，一切都必须在理性的法庭面前为自己的存在做辩护或者放弃存在的权利"（恩格斯语），理性也是近几百年来社会发展进步的推手，是现在人们爱谈的现代性的重要支柱之一。

这种理性与逻辑价值在现代社会主要体现在那些倾向于客观的知识价值里。近代哲学史上的一些大家一直注重对人类理解力与知识原理的探讨。洛克写了《人类理解论》，贝克莱写过《人类的知识原理》，笛·卡尔写的《哲学原理》第一章也是探讨知识原理的。到了现代社会，对人类理性与建立在这种理性基础之上的知识原理的探讨就更加充分了。

　　现代英国哲学家罗素写过《人类的知识》，专门探讨知识原理。这种理性意识在当代社会则表现为对某种合理性的探讨。美国哲学家希拉里·普特南在《理性、真理与历史》一书第五章中比较详细地探究了合理性的两种观念或者说两种重要的倾向：一个是逻辑实证主义及其代表人物，另一个是以托马斯·科恩、保罗·法伊阿本德为代表。科恩提出了"范式"以及"非范式的合理性"①。

　　这种理性最典型的形式之一就是所谓的逻辑实证主义。符合事实的、符合逻辑的认识或心理活动就被认为是理性的，相反不符合事实的、不符合逻辑的心理活动就会被认为缺乏理性甚至是非理性的。相比较而言，科恩的"非范式的合理性"的概念能与严密科学以外的活动连接起来。在某种程度上，也可以说诗意体验中的合理性就属于非范式的合理性。

　　与此相联系，理性形式也包括我们前面提到的"直觉理性"。尽管这种理性不是理性价值的最典型的形式，但其也大体上属于非范式的理性。比较其他种理性形式，这种理性与我们后面所说的诗意价值有着更为紧密的关联。

　　此外，理性与批判意识有关。现代科学、哲学家波普尔从其证伪思想及方法论出发，把理性与批判意识联系在一起。他认为传统的科学观与理性观有很大的局限性，理性不只是逻辑演绎，人类的理性更多地体现在批判性上。

三　艺术与审美价值

　　波兰美学家瓦迪斯瓦夫·塔塔尔凯维奇在其名著《西方六大美学观念史》中用了三大章的篇幅讨论了"艺术"，这三章的标题分别

---

① ［美］希拉里·普特南：《理性、真理与历史》，上海译文出版社 2005 年版，第五章。

是"艺术：概念史""艺术：分类史""艺术：艺术与诗歌的关系史"。由此可见，艺术及艺术价值之复杂。从古至今，艺术史像审美史一样在不断地演变，其核心含义处在"开放性的"状态中，以致似乎很难给艺术下一个普遍有效的定义。

先锋派有其先锋看法：

"法国画家杜布菲说过：'艺术之本质便是新奇，关于艺术的见解也同样应该新奇，唯一对艺术有利的系统便是永远不断地革命。'"①

但关于艺术还有另一种看法。

"在古代以及现代的许多著作中，'艺术'一词的用意，不尽适用于此处所提出之定义所涵盖的全部范围，哈利卡纳苏的狄奥尼修斯要求艺术'激起灵魂中的热情'；而普罗提诺认定它能'使人记住真实的存在'，伪狄奥尼修斯认为它乃是'不可见之世界的原型'；米开朗琪罗相信它'开启一扇通往天堂的窗户'；诺瓦利斯在艺术中见出'一种存在于自然中之上帝的幻影'；相对于黑格尔而言，它乃是'精神之法则的知识'。我们今天的艺术家和作家们则主张艺术'将他们高于日常生存单调无聊之上'，相对于他们而言，艺术乃是'一种人生的资源'于其中'飘忽的人生获得了定型'。"②

可以看出，对艺术的理解也是差异很大的。后面所引用的这些关于艺术价值的看法就和审美的价值发生了关联，强调的是艺术的审美价值方面，也就是说艺术无论如何强调新奇与陌生，总有统一性的一面，艺术的价值总会与某种稳定的统一性方面发生关联，而审美的价值就蕴含在这种统一性之中。

在《永恒的价值》这本书中，闵斯特伯格谈到审美价值时说：

"在我们的经验中，无论何时遇到多样化的意志，它们的一致性、它们相互支持的意志力，对我们而言都绝对有价值。通过这种

---

① ［波］瓦迪斯瓦夫·塔塔尔凯维奇：《西方六大美学观念史》，刘文谭译，上海译文出版社 2006 年版，第 47 页。

② 同上书，第 43 页。

方式得到的价值类型就是审美价值，而艺术就存在于其中。……只有当意志的多样性呈现给我们，并且这些意志彼此指涉对方、相互一致时，一种审美价值才被给予我们。这种内在一致是所有具有审美意义的事物的最深刻特征。绝对简单的事物永远不可能是美的，因为没有多样性也就无所谓一致性。"①

关于审美及价值，在中外思想上，随着思考者的思想立场与思考方法的不同，人们的看法也多种多样。近代以来，在人们的一般观念中的审美特指感性意义上的，或者说是沿着感性路线行走着的审美。许多人所说的审美与艺术价值也是在感性的意义上使用的。这也是近代以来对美的最流行、最普遍的理解。审美被理解为感觉的感性或感性方式，几乎等同于感性学，是感性方式的完善。

关于这一方向首先应归功于 18 世纪的德国哲学家 A. G. 鲍姆加登。他在 1750 年用拉丁语写下了《Aesthetica》一书，意即感性学等于美学。美学一词来源于希腊语 aesthesis。最初的意义是"对感观的感受"。这也是鲍姆加登在这个意义上的首次使用。他的《美学》（Aesthetica）一书的出版标志着美学作为一门独立学科的产生。其实在 1735 年，他在《关于诗的哲学沉思录》中就已经使用了这个词。他也因此被称为"美学之父"。

他认为美学就是感性认识本身的完善，感性认识的完善就是美，也就是说美的价值是从感性的方面来加以认识的，此后便形成了一股潮流，并在美、艺术与感性之间建立起前所未有的紧密关系。他改变了以往古代西方美学以本体论为核心的审美认识路线。这种认识路线上的美学往往会把美与本体（或源头）、美与真、美与善联系在一起，也就是把美同某种精神本体的显现联系在一起。

在传统的以本体论为核心的审美与艺术观念里，感性并不是独立的，它和精神或理念相连，否则审美与艺术就谈不上什么价值，

---

① 冯平主编：《现代西方价值哲学经典——先验主义路向》（下），北京师范大学出版社 2009 年版，第 594 页。

至少价值品级不高。黑格尔关于的"美是理念的感性显现"就最能说明这一点。审美与艺术的感性是为了传达精神，感性是富有精神性的感性，精神性也不能脱离感性而单独存在。精神性（或理念）与感性两者之间相互渗透，在审美与艺术里感性精神化了，精神的东西则被感性化了。

艺术与审美的价值在近代以来也越来越多地和感性连在了一起，尤其是在后现代的审美与艺术观念里对感性的强调更为突出。种种现代与后现代艺术越加割裂了感性与本体、与真、与善的联系通道，因此也就割裂了感性与精神深度的相关性。艺术与审美价值就蕴藏于感性或感性因素里，而在后现代的世界里感性也越来越和享受、娱乐发生更多的关系。这种审美与艺术价值和感性的享乐、感性的愉悦越加不可分离，这也越来越像克尔凯郭尔在论述人生三阶段中所说的审美含义。

四　宗教与神圣价值

雨果·闵斯特伯格在《永恒的价值》中认为："神圣代表着最终的价值。"① 宗教通常会和神圣价值相连接。好的宗教都会把神圣作为努力的方向，宗教最可贵的方面也在其神圣性维度里，其沿着神圣的路线行走，要深入人的内在灵魂里，并给人的心灵以方向。宗教还要给人类的心灵（或灵魂）以永恒的根基，这些努力也成了宗教最有价值的地方，并构成了宗教价值之所在。但思想史上，对宗教这种神圣的理解有很大的差异，他们的着重点有许多不同。在西方世界和东方世界，对神圣价值的理解有不少差异。

在西方世界，人们通过信仰上帝来给人的心灵以永恒的基础。德国神学家施莱尔马赫在《论宗教》中把神圣同人的"依赖感"联系在一起。另一位德国哲学家、神学家鲁道夫·奥托曾专门写过一

---

① 冯平主编：《现代西方价值哲学经典——先验主义路向》（下），北京师范大学出版社 2009 年版，第 627 页。

部著作《论"神圣"》，他还专门创造了一个术语 numinous（神秘的）来代替原来意义上的"神圣"。他认为"神秘"是宗教神圣性的根基，是任何一种宗教的真正核心处都活跃着的方面。没有这种神秘就不再成为宗教。这种神秘也创造了一种基于敬畏、不可抗拒的神圣价值。①

在奥托看来，神圣和建立在神秘性体验中的威严相关。

美国哲学家、宗教学家米尔恰·伊利亚德凭借《神圣与世俗》一书享誉世界。他认为神圣是极具精神价值的，神圣与世俗是两种对立的存在样式或模式。神圣就是世俗的对立面。神圣是另一种不同于自然主义的存在方式、生命方式与精神方式。他还更为具体地分析了神圣时间与空间同世俗时间与空间的区别。对于一个具有神圣倾向的人来说，自然界也绝不是自然的，也就是说，绝不只是物质机械的一面所能概括的。自然界是有机体，是真实的、有生命的和神圣的。对于一个具有宗教倾向的人来说生命也是神圣的。②

纵观世界宗教的历史，人们会发现：好的宗教最能体现神圣价值，也总是对神圣世界开放，其致力于实现人身上潜在的最纯粹的方面，包括仁爱、友善、宽容、悲悯等具有神圣元素的情怀，这些方面通常也都是宗教的理想目标之一。宗教的神圣价值体现的也是各种矛盾与差异消除的纯粹状态。

"宗教信仰和哲学信念支撑着这个世界，在这个世界中，所有的对立都消失不见。由于这个终极世界与价值世界的总体是同一的，而且与一种完全的实现同一，所以可体验的和超体验之间的关系再次代表了一种绝对价值。"③

德国哲学家鲁道夫·奥伊肯总结性地说：

---

① ［德］鲁道夫·奥托：《论"神圣"》，陈观胜、李培茱译，上海人民出版社 1989 年版。

② ［美］米尔恰·伊利亚德：《神圣与世俗》，王建光译，华夏出版社 2001 年版。

③ 冯平主编：《现代西方价值哲学经典——先验主义路向》（下），北京师范大学出版社 2009 年版，第 626 页。

"不论宗教中有什么，它使人类同现实最深刻的基础统一了起来，同时向人类揭示了具有纯粹内在特质的生活：它给予整个生活一项任务以及意义与价值，抵制着较低级的冲动和单纯自我保护的利己主义，并且从精神上将人类组织了起来……如果要问生活放弃了所有整体的关系和所有内在关系之后还留有什么内容与价值，那么就必须认识到不断进行的对宗教的否定必然会使整个人类生存出现惊人的混乱。"①

神圣价值在世界宗教中显现出来，但在东方世界——印度、中国、日本等——神圣的向度通常与单一的人格神联系不大，但东方的神圣向度同样意味着与绝对、无限、永恒或普遍的联系。不管是印度的"梵"还是中国的"道"，都是和俗世生活相对的方面，都代表了生活与生命的根本的精神性方向或方面，也代表了人类各种精神的根本，失去了与这种根本的联系，我们精神的各个方面都会出现问题。

"我们的问题不是神圣者不复存在，而是已经失去了与它的联系……宗教上的象征符号只是社会接近神圣者时所用的文化代码，当这些代号破碎（就如今天西方文化中所发生的那样）以后，人们感觉与自己的精神中心隔断了。这恰恰是阿奇尔帕部落所发生的事情。当圣杆破裂后，他们就再不能接近神，因而感到孤独、迷茫和无所适从。如果他们能意识到神仍在那里，也许就不会陷入绝望之中了。"

"同理，今天我们如果能认识到神圣者依然存在，那也许就能重获希望，发现通往神圣者的新路，新的文字代码将会让我们与神再次连接。这是非常重要的，因为神圣者是灵魂攫取能量和权力的永恒来源。当我们与神圣者隔断了，灵魂就会枯萎、死亡；但重新连接后，灵魂便会复活，使我们得到精神上的成长。因此，灵魂的健

---

① ［德］鲁道夫·奥伊肯：《新人生哲学要义》，张源、贾安伦译，中国城市出版社2002年版，第351页。

康成长和我们的精神自身均依赖于与神圣者的联系。"①

神圣价值与传统宗教密切关联，但这种价值不会因为传统宗教的相对衰落而失去精神深度与光辉。失去这种价值的浸润，人们的存在或心灵都将发生变化，这种变化或许是人们难以承受的。当今人们的生活与意识的现状是：在各个方面已经被世俗性包围与笼罩，不论是性爱还是饮食，不论是工作还是娱乐似乎都竭力消除神圣的维度与侧面。但这种消除的后果也是显而易见的：人们的内心失去了基于想象、热情与激情的精神活力。这很可能意味着当今人们的生活与意识失去了精神的最核心的内涵。

在真正诗意存在或诗意体验里，神圣的维度借助深沉的诗性体验得以存留。

第二节　诗意与对立的消解

一　诗意与对立的消解

从人类进入文明时代以来的历史来看，有几个对人类生命存在与发展最有价值的领域和方向，这几个领域与方向对人类的存在与发展具有至关重要的意义，其中有些属于稍稍偏外价值，有些则属于内在价值。对人类来说最重要的价值观念包括：实践与伦理价值、逻辑与理性价值、艺术与审美价值、宗教与神圣价值等。但人类的这些重要的价值观念之间也一直存在着或隐或显的对立，这种价值观念上的对立也不断地造成冲突——文化的冲突及人们存在的、内心的冲突与对立等。这些重要的价值观念都试图解答对人具有无与伦比的重要性的问题，并对人类某一方面的发展做出了重大贡献。

这些对人类来说异常重要的价值观念之间经常也会发生对立、矛盾与冲突。这种价值观念上的对立、区别与分裂会产生存在与思

---

① ［美］大卫·艾尔金斯：《超越宗教》，顾肃等译，上海人民出版社 2007 年版，第69—70 页。

想上的紧张，这种冲突、区别与分裂也会造成人类内心的某种焦虑，至关重要的价值观念的交融与和解是人类希望的，是憧憬中的理想状态之一。这种观念方面的大和解，可以以多种方式出现。诗意观念或诗意体验就是其中之一，在存在的直觉中，在充实的、圆满的、美好的、澄明的意义体验中各种价值方向的整体的和谐状态得以实现。

不管是哪种意义上的对立、区别与分裂都不会对诗意的发生产生帮助。对立、区别、冲突与分裂状态通常也是缺乏诗意的状态。诗意感是对立、区别与分裂的消除或趋于消除，是差异与冲突的平息与均衡，诗意是在对立、区别、冲突与分裂消除或趋于消除时产生感受与体验，富有诗意的存在是那些较少分裂、较少对立、较少冲突的存在，富有诗意的文化就是那些较少分裂、较少对立、较少冲突的文化。

诗意的本质是和谐中的统一。中国早期的古代典籍《左传》和《国语》中就提出了比较完备的"和"的思想。这种"和"的思想适合万事万物，当然也适合观念形态。

"和如羹焉……"《左传·昭公二十年》

"声一无听，物一无文，味一无果，物一不讲。"《国语·郑语》

德国著名诗人兼美学家席勒在《审美教育书简》第十八封信中谈到美时也曾说：

"我们如果能圆满地解决这个问题，我们同时也就找到了贯穿美学全部迷宫的线索……我们必须从这种对立出发，我们必须完全彻底地、严格地理解和承认这种'对立'，从而使这两种状态最确定地分离开来；不然的话，我们就把它们相混合，而不是相统一。其次，我们说，美把两种对立的状态结合在一起，这样美也就扬弃了对立。因为这两种状态永远是彼此对立的，所以除了把它们扬弃之外没有别的办法可以使它们相结合。因此，我们的第二项工作，就是使这种结合达到完善的程度，完全彻底地实现这种结合，从而使这两种状态在第三种状态中彻底消失，在整体中不留任何分割的痕迹；否则我们就是把它们分离成一个个的个体，而不是它们相统一。……上升到纯粹的审美统一体，美就是通过这种统一体性对感觉发生作用，那两种状态在这个一体性中将彻底消失。"①

席勒本人就是一个伟大的诗人，他的感觉极其敏锐，这种对立倾向与分裂的消除与交融不仅是理解一种特别的美的秘密线索，也是理解诗意的一把关键性钥匙，诗意恰恰是审美的核心部分。从另一个角度来看，一般意义上的流行的偏重感性之维的审美也是具有局限性的。但席勒在这里实际上也是在谈论一种特别的美，内在的、富有精神深度的诗意之美。诗意价值的方向和席勒所说的这种美的方向是一致的。他说的是两种倾向的对立，其实人类的分歧点有好多个（我们上面具体讲了四个方向）。在完满的诗意之中，人类文明成果中的各种原有的分裂在体验者的直觉中被消除，那种实践的、伦理的、理性的、审美的、神圣的价值，在诗意的体验中消除了它们本来所具有的单一的、专门化的视点，消除了它们之间存有的对立性与分裂性质。

诗意中所隐含着的这些对人类而言有益的正面价值，在基于直觉的诗意之中，这些价值不再以原有的单纯的面貌出现，和其他单一形态的、实践的、伦理的、实用的、理性逻辑的、审美的、宗教的等价值不同，诗意是和谐的，已使彼此交融于一体，彼此的对立与抵触也被消解。诗意之中包含着感性与神秘的直觉，包含着审美，包含着对无限的感悟，包含着与神圣者的沟通。诗意的价值和审美艺术价值有很多重叠之处，在众多的价值哲学中，审美的价值与艺术价值大体上是沿着情感主义的思路行进的。这种情感体验通过我们的感觉与想象做出最直接的判断，帮助我们领会世界及辨别价值。世界上的好多价值是不能用大脑去判定的，也就是说是不能够精确

---

① ［德］弗里德里希·席勒：《审美教育书简》，冯至、范大灿译，北京大学出版社1985年版，第92页。

化的，也不能用逻辑推理或用数字来度量，只能通过内心的感觉体验、感知、领会。诗意的价值就属于通过内心的感觉体验、感知、领会的价值。

诗意也并不背离宽阔意义上的理性。但这种理性不是以定义、概念或判断等僵硬的形式展现出来，而是以动人的、整体的融合方式去体现。诗意里也包含着功利因素，至少不会伤及发现与实现。但这正如雪莱在《为诗一辩》中所言：真正的功利，在于产生并确保最高意义的快乐。在诗意的那份隐秘的精神性的快乐里也包含着雪莱所说的这种功利。在真正的诗意体验里没有差别、对立与矛盾，所有的差异、对立与矛盾都消融了，消融在诗意的那份直觉之中。

诗意意味着一种存在和体验意义上的和谐，意味着一种完整，意味着片面性与局部感的消除，这种片面性与局部感消除在诗意的绝对性与相对性、有限与无限等对立融合的维度与体验里。在圆满的诗意感受里不再有局限化的倾向与要求，不再有碎片似的固执。诗意意味着回归原初的纯真与和谐，并意味着自我与超我对立的消除，意味着本能、经验与宗教情愫对立的消除。

《永恒的价值》的作者，哲学家闵斯特伯格谈到了神圣价值，但仿佛他是谈我们所说的深层诗意的特性（因为单纯单一的神圣方向也会有自己的局限性，所以海德格尔才会谈天、地、神、人四重性，尤其是在过去的信仰渐次衰落的背景下）。他说：

"所有的对立都会被克服。从野蛮人的狂热到教会团体庄严的礼拜都是一脉相承的……当下的对立被越来越纯粹的形式所克服。逻辑的自我保存、审美的自我一致以及伦理的自我实现，也越来越清晰地包含在对世界的形而上学的自我完善之思想中，在这个世界中，一切有价值的事物都是和谐一致的。……宗教意识的强度、清晰度以及深度，必然决定了宗教能在多大程度上成功地获得一种关于所有价值完美和谐的纯粹价值。……如果用一个联合了所有价值的超越的经验世界作为对可能经验世界的补充，这一新观念必须再次表达为三个方面。"①

海德格尔认为纯粹之思（比如沉思）也是一种诗意状态。人的种种禀赋经常处在割裂状态之中，或者说处在某种碎片状态，而当我们的天赋处在某种互不相关、互不融合的状态时，我们的精神（或灵魂）很难圆满，诗意也很难发生。诗意（文化层面的）是将我们的各种天赋融合起来的文化情境之一，也是将我们的各种天赋联合起来的精神力量之一，而我们在现实中的种种活动与感受常常将这些和谐天赋分割。

诗意的感受与体验不属于偶然的、分裂的、混乱的性质，在文化的层面上也是如此。诗意感是一种稳定的、综合性的、和谐的体验，是一种复调的多重价值演奏出的美之和声，是最纯粹、最完满的心灵性的显现，是和最初的未被分裂的和谐沟通的一种方式，是对世界同一性、持久性要素的一种稳定的领会与把握。诗意感是一种综合性的精神性价值，同时也体现了一种自我依存、自我肯定、自我满足的精神性倾向，其不依赖外界的种种物质性、客体性的因素。这种自我依存、自我肯定的精神性倾向可以在内向与超验两个层面上展开。

二 诗意与同一性

德国哲学家谢林属于具有诗人气质的所谓浪漫主义哲学家。他也对整个浪漫主义运动产生了深远的影响。他在早期的《自然哲学体系初稿》《先验唯心论体系》两部哲学著作中提出过"绝对同一性"思想，认为在种种精神世界（或观念世界）与自然世界（或现实世界）的背后有一种预定的和谐，有一种无差别的同一状态，这种预定的和谐是一种精神性的原初的本原，是绝对同一或无差别的同一，这种无差别的同一通过人的自我意识显现出来，人的自我意

① 冯平主编：《现代西方价值哲学经典——先验主义路向》（下），北京师范大学出版社 2009 年版，第 628—629 页。

识也在有意无意之中渴望认识这种精神本原。这种自我意识是一种理智直观，是一种富有创造性的直观。理智直观与一般的感性直观不同，其把握的是全体与同一性，而不是像感性直观那样把握的是零散的、不统一的内容。

谢林的思想与中国道家的"观道"思考有许多相似之处。从道家的视角来看，最初的"道"是没有分界线的，彼与此之间原本就没有什么区别或差别。一旦强行地做出这种区别那种区分就遮蔽了道之本性。谢林的"绝对同一性"思想也和柏拉图的学说有很多相似点。柏拉图思想也被公认为具有诗学气质，他提出的永恒理念学说是他所有学说的基石，他认为：

"灵魂与理念之间有一种亲缘关系，就是说它们属于同一种类，具有同样的本性。因此，从某种意义上说，灵魂探寻关于型相的知识其实就是它回归家园。灵魂从本性上就是神圣的，并因此寻求返回到那神圣的领域中去。它在沉思中——沉思存在、真理、美与善之中——来实现这一使命。"①

海德格尔说沉思本质上是诗的，而沉思的本质（诗意的体现）就是体验、触摸原初的、无差别的"同一性"，这里精神性理念就是常在的、同一性的精神原型世界，也是一个具有永恒价值的世界。正因为如此，存在的诗意或诗意体验往往表面看起来都具有重复色彩，虽然这种重复依旧给人带来充实意义感受，其往往指向感觉体验中的具有永恒性质的稳定的精神性原型，有意无意地指向差异背后的同一性，诗意体验常常正是人和这种具有同一性的精神性原型相会合时产生的。通常诗意很难指向罕见的特殊性或差异性，罕见的特殊性或差异性也很难给人带来诗意感，因而诗意通常也不具有多少新颖性，其和标新立异的倾向甚至是冲突的。

诗意存在与体验是在种种新的形式中领悟把握这种同一（或统

---

① ［英］安德鲁·洛思：《神学的灵泉》，孙毅等译，中国致公出版社 2001 年版，第3 页。

一)，其对激烈地追求内容的新颖，和强烈追求变化性的倾向有些抵触，其几乎不可能属于过分标新立异的前卫性质。这正和诗意的本性有关——对事物背后的稳定的、同一性的或隐或显地体验。诗意在某种程度上是缺乏那种罕见个性的，甚至可以说，诗意经常是以消除个性伸张换来了那份纯真古典的体验。最典型的就是人们对大自然的那份感受。那些看上去风花雪月的东西常常能给人带来浅淡的诗意感，尽管从诗歌写作的角度来看，或许没有多少价值。

诗意是以某种隐蔽的方式显露与体验某种不变的同一性。这种同一性常常体现为某种原初性，体现为生命或精神的源头性质。由此，这种同一性也常常体现为某种久远的静止，某种本原的、重复的自然，某种始基性的很少变动的事物或精神性情感：那种状态是事物未经改变前的原貌与起点。从这个意义上讲，诗意就是原初性的显露，或者说对这种原初性的体验。

俄罗斯白银时期的诗人，盖·伊万诺夫写过一首诗，叫《重复又重复的雨水和雪花》：

> 重复又重复的雨水和雪花
> 重复又重复的雨水和雪花
> 还有那人人皆知的事情
> 知道得就像背熟了一样

风花雪月似乎有些陈旧。许多诗歌流派之所以反对浪漫主义，之所以厌弃运用看起来有些重复的自然景象，就是因为其具有"同一性"，那些几十年几百年不变的自然景致不断地进入文学或艺术之中，不断地被重复，已经没有任何写作的新颖感。单纯从写作的角度看，如果一个诗人老是写风花雪月的内容就很容易被认为是精神不深刻。但以追求新颖为目的的作家写作归写作，如果从日常体验的角度看，那些重复又重复的雪花与风雨，那些重复又重复的花朵与月夜，就是能够唤起人们内在的情感共鸣，这些包含着韵味的意象，这些和人亲近的自然象征，就是人类诗意体验的重要部分。再过几百年几千年或许情形依旧如此。

尼采是一个带有极端色彩的相对主义者，也被称为道德虚无主义者，但其依旧倡导向古老精神发源地复归，他的"永恒复归"学说就是明证。在《人性的，太人性的》一书中，他曾用"血亲"或"血脉相系"描写人与自然的结合。他说："自然中必定有比这更为伟大与美好的事物，但是这里对我而言是亲密与熟悉的，与我血脉相系，甚至对我意味着更多的东西。"① 海德格尔在评价尼采的哲学时，说他的形而上学的基本态度之一就是一切存在者的存在方式是同一者的永恒回复，并认为他的哲学是颠倒的柏拉图主义。②

某些久远的过去、某些古老的传统等也可以是这种同一性的体现。还有诸如人生的初恋之类。这些事情之所以给人感觉是富有诗意的，就是因为其"原初"的性质。人类的这种原初依恋最直接、最明显地体现在对自然的那份向往与皈依里，在这份朴素的愿望中，人们常常希望与自然会合，而不是与其分离，而且越是原貌的自然越能唤起人们这种深邃的意识。那些经人们改造过的自然因为其缺少了原初性反而不能激发人们深深的归属情怀。

20 世纪之后的诗歌创作一直有反浪漫主义的倾向，其中的倾向之一就是反对描绘大自然。从追求个性的角度，这或许是有道理的，文学或艺术毕竟不能停滞不前，需要展现人类多种多样的、新鲜的生命经验，其中尤其要展现立足于现实的那种所谓的真实经验。但从诗意体验角度来看，那些带有先锋色彩的诗歌写作——比如达达主义——就相对地缺乏诗意体验的价值。诗意是对事物背后的微妙

---

① 《人性的，太人性的》"漫游者和他的影子 338"，《尼采全集》（第二卷），杨恒达译，中国人民大学出版社 2011 年版，第 469 页。
② 《海德格尔论尼采：作为艺术的强力意志》，秦伟、余虹译，第 4、6、20 节，河北人民出版社 1990 年版。

的同一性的领会，尽管在领会方式上也可以有自己的个性与特色，但在大的精神方向上不会背离体会同一性原则。

像美国垮掉派艾伦·金斯伯格《嚎叫》，从内容到形式都可以说是新颖的，但很难用富有诗意的词汇来描述之。那种叛逆，那种颓废……那种颠覆中显露的精神，对开辟诗歌写作的新领域都是有意义的，但很难说此诗是充满诗意的。诗意通常和某种和谐感、宁静感联系在一起，而且这种和谐与宁静通常是具有永恒感、无限感的始基，是面向那些具有永恒感、绝对感的精神性元素的结果。

从另一个更深的角度来看，原初性和某种永恒的精神性本体或元素相连。

柏拉图的"绝对理念"就是对这种具有永恒与无限性精神本体或元素的最直接称呼。在新柏拉图主义的名词中，"一""以太""太一"等都属于此种性质。在东方的传统之中也有很多描述这种永恒不变的精神本体或元素的词汇，如道家的"道"、佛家的"涅槃"等。德国古典哲学时期的黑格尔的"绝对精神"一词，实际上也是对这种具有永恒色彩的精神本体与元素的描述，虽然他的这种绝对精神的运动变化着。

可以说，诗意就是某种感性的体验方式与这种原初、本原或永恒相遇，也可以说诗意就是人们在丰富的感觉、感情之中对事物的永恒特性的把握与领会。领会深藏在事物的源头或深处的那些具有永恒感的元素是产生诗意的基础之一。但诗意对同一性的把握也是建立在人的体验的内在和谐之上的，建立在细微的感觉之中。如果离开了人的感觉的生动、具体与形象性，离开了人的感觉的细微性，那种对同一性的把握就会成为一种僵硬的、缺少变化的理论说教。英国著名学者海伦·加德纳在《宗教与文学》这本书里曾专门探讨了宗教诗歌的问题。历史上有很多宗教诗歌就是为赞美上帝而作，但因为欠缺了人的那种感觉的鲜活与具体生动性，缺少了感觉的那种微妙性而让人觉得缺少诗意。

诗意常常是以保守的而不是开放的姿态出现在人们的心灵中，以一种有点儿"璞"或"旧"的形象出现在人们的视野里。这份"璞"或"旧"正是事物的那份同一性、不变性、静止性的显现与流露。正是柏拉图"原型世界"的一部分。一般意义上的浅淡的诗意甚至具有不断的可重复性特点，在诗意体验中如果有变化，其变化也不是激烈的，常常充满了悠远与宁静的色彩。

三　原初、传统与现代

上面已说，诗意和原初性紧密相关，而原初常常也意味着时间上的过去。人存在于时间之中，被时间浸泡，被时间无形地侵袭，这充满了铁一样的必然性。从更为宏大的眼光来看，时间的功能之一就是制造无序：在其流逝之后，会留下越来越多的混乱。在宇宙的星际世界里如此，在人的岁月穿行的世界里，这一点或许表现得更加明显。神秘的时间之梭，穿行之后留下这样那样的紊乱，而这种紊乱又会让人怀念当初单纯朴实的源头或原初。

从哲学上讲，原初是指所从自来的最初或源泉，具有"一"的性质。在中国的文化背景中这个原初和中国的道家的"道"紧密关联。在中国道家看来，所谓学道修道，其目的就是要通过自身的修行和修炼，使生命返回道的初始状态。道家认为人原初的本性是淳朴和纯真的，是和"道"的本性相吻合的。但随着人涉世越来越深，其本性与内心皆发生了变化，变得多变、多样、分裂、复杂。基于现代文明的社会环境也日渐侵袭人的最初的质朴，污染了人原有的纯朴天性。学道修道，就是要使人的存在、心性和生命返回到纯朴纯真的状态。道家之所以反对儒家的那套礼仪学说，就是因为他们认为这侵害了人的淳朴纯真的原初。

庄子在《庄子·齐物论》中用天籁、地籁、人籁的比方说明了这一点。天籁之音代表着原始的未被人区分前的原初之音，人们面对原初时之所以有言说的困难，"得意而忘言"（《庄子·外物》），就是因为原初之道超乎了人们语言言说的范围，面对这种原初，人们最恰切的态度是在沉默中领会。在真正的诗意体验里总会有原初的种种要素与痕迹，诗意就是对本真、本原的某种领悟、接近或靠近。诗意的难以言传的特性正是这种神秘的原初特性在人内心的一种显现，欲辨已忘言的窘境源自这种直接面对原初时的语言的乏力。不可言说或难以言说道出了诗意体验中体验者的某种悖论式处境。

与原初含义接近的词汇有原本、本原、本真等，其总的特点是非各种人力触及过的，包括非区分的、非划界的、非命名的，甚至是不可言说的，最适合在某种沉默与寂然中被领会或体会，并在这种领会中体验存在的充实、美好、意义与澄明。虽然诗意的概念和传统的诗歌作品有关联，但诗意和诗歌作品不同，尤其是 20 世纪以后的诗歌作品，越来越和诗意分离，把重点转向了展现基于分裂与异化的真实，展现当下的可感触的真实。诗歌作品可以是标新立异的，可以是试验性的、前卫的，但诗意永远也不可能是属于试验的前卫性质；诗歌作品可以是摩登的、时尚的，诗意不可能属于摩登的时尚性质。

诗意常常和传统价值相连。

传统主义通常意味着这么一种倾向，非常重视先辈们流传下来的生活风尚、生命实践、价值观与文化习俗等，尤其重视精神价值观方面的传承。每个民族的传统通常也都有自己的特殊性的方面。传统价值通常是指向过去的，和过去文化历史中所包含着的同一性侧面相关。传统价值又经常性地和包含着自然感的习俗风俗等联系在一起，可以说传统价值大部分包含在具有久远历史的风俗习俗之中，而风俗是习俗中大而普遍的事情，属于个人或集体的大事情。传统价值中最有诗意的是那些具有信仰特性又不过分违背理性的古老风俗。这些风俗最具有诗意所具有的光辉。

一个缺乏基于信仰的精神光辉又缺乏基于理性洞察力的传统通常很难给人带来富有诗性的精神体验。而风俗和习俗的目光是瞄向过去的。传统中的风俗与习俗，以及在此基础之上的价值观念，精神向往，其代表着人类较为古老的经验，也可以说代表着时间靠前的具有原初感的经验。诗意和这种原初性的经验联系较紧。诗意常常代表一种时间上久远的原初，而且传统的源头越久远常常越具有一种自然的、神圣的诗意性质。传统中的一些风俗也是基于对人的深刻认识，基于对人的精神性需求的洞察，那些具有灵魂感的内容——如仪式等——常常能给人来带来精神性的满足，因而也极具诗意。

相比之下，具有传统感的事物（比如女人的面貌），比那些一味追求先锋的、前卫的种种事物通常更具有诗意的光辉。诗意的视野不同于各种进步理论或进化理论，以诗意的视野去透视，未来或许更加秩序，或许也意味着内在心灵的更加紊乱。但在种种进步理论或进化理论看来，现代化是一件好事，历史的车轮越是向前，世界就越加美好，也就越加文明，而这种意义上的文明则意味着人类对原始原初或自然状态的一种改变，甚至是一种征服。现代的文明理论就是包含着这种逻辑。这种文明观让人失去了那份原初感，失去了那份基于原初的古朴。

现代化或现代文明的核心是理性与科学的进化。诗意之中也具有理性价值的内涵，但其常常很难和以科学理性为核心的现代文明相容，尤其是很难和基于技术文明的那些东西相融。诗意不可能来自数据分析，也几乎不可能用来自实验式的科学标准检测。现代人自我得意的现代文明的最大问题就是其对人的心灵的认识（尤其是深层的心灵）较为肤浅，而较多的和人的感官及部分理性相吻合。诗意的本质是心灵性的、灵魂性的，哪里失去了灵魂或心灵，哪里就不可能存在真正意义上的诗意。

第三节　和谐价值与存在的纯真

一　价值性情感

哲学史上在对价值的论述中，有两个对立的方向：一个是把价值看成相对的、认识论的、具体的、历史的；一个则认为价值具有绝对性，具有本体论的意义，具有普世的、永恒的意义。在古希腊就有相对主义价值观，相对主义价值观最有代表性的体现就是情感主义。杜威认为一切判断、信念、理想都依赖于具体情境，因此差异性、新颖性是绝对的，没有超越个体的普遍的价值目标，把经验世界的任何一种状态或一种因素归结为终极，而"这种终极也就失去了一切区别或差异"①。

诗意体验是情感体验，在这种情感中包含了价值之真，即包含了稳定的价值世界（而不是破灭），并具有绝对的一面，既和我们人类的主体体验密切相关，也和绝对的一面相连。诗意的体验也离不开感性世界，但其主要不是存在于外在的物理世界里，也不是存在于其他的纯事实世界里，诗意价值是经过我们心灵直觉被感受到，主要存在于我们复杂的、高级的价值感受之中，存在于某种带有超我倾向的感情之中。

诗意中的情感是价值体验的显现。在这种富有价值感的诗性情感里，既有理性要素、神圣倾向，也具有文化性，大致分析起来，这种富有价值感的诗性情感是包含了几个层次的整体。既有低端的进化链之初的初级的生物意识，又有高端的代表着完美、纯全的上帝及上帝观念。诗性情感存于其间，但从价值的角度来看，诗性体验似乎更靠近基于上帝的神圣观念这头，并因此属于品级更高的价值性体验。

欲望与情绪——原始趋势性情感，有单一的选择倾向，属于单因素情感，比如向日葵对太阳的感情，具有单一性、唯一性、绝对性。从某种意义上讲，最坚定的感情是植物性的，包括种种刚性的情感，包含植物因素情感，在低等动物中都有这类欲望，属于生物进化链之初的情感。如某些虫类、鸟类、鱼类、昆虫类，这种情感属于一般的生物学意义上的，甚至是化学意义上的。情绪是和有机

---

① 冯平：《价值哲学哥白尼式革命》，上海译文出版社 2007 年版，第 79 页。

体的生理需要相联系的态度体验，哺乳类动物有着丰富的情绪体验。

感情——人类所特有的、复杂的、文化性的态度体验，包括知性或理性等情感，是和人类文化相关的情感，比如道德感、一般的价值感、美感等。在这种情感中渗透着太多的人类自身的文化因素，以及基于这种文化的价值意识。在这种态度体验中，常常有着内向性的感受，并与意向具有协调一致性。

宗教情愫——即宗教式感情——这是一种高级的精神性的趋势情感，是在更高级的精神状态中回归原始的绝对与单一。这种感情之中原始的、物质的肉体要素减少，包含了更多看不见的上帝的元素（绝对要素），真正有价值的感情之中通常包含了上帝元素（永恒感、无限性等）。在这个要素里，人的感官欲望、人的情绪，甚至人类一般感情的成分降到了最小值，而具有了更多的纯粹灵魂性，向着精神中心的趋向有了明显的加强，是感情价值链的顶端，现实的、事实的、感官的、物欲的、一般社会性的成分都明显减少。这也是诗意体验的高层次表现。这是一种包含了绝对感的纯心灵性、纯灵魂性的情愫。

德国哲学家舍勒在《形式主义与先天主义》一文中也提出了价值理论，他认为可以从以下几个方面看出一种情感品质或价值属性。延续性——不可分性——持久性（或稳定性）——满足之深度等。根据后一条标准，感官的满足、一般的精神满足与灵魂的满足等，其价值深度是不同的。

诗意体验能给人的灵魂带来满足，高层次诗意也是超感官、超现实、超世俗经验的，以想象为核心，以回忆为表象。和一般的自然感情不同，诗性情感是价值型情感，摆脱感官的直接刺激，甚至远离感官的刺激。普罗旺斯的行吟诗人，但丁、彼得拉克、诺瓦里斯等对所爱的人的怀念，都是对死去的爱人的回忆、想象与怀念。这里自然不会有直接的感官刺激。这种诗性情感通过诗人的回忆与想象体现出来。任何具有诗人与艺术家气质的人，他的感情之中都包含着浓重的回忆与想象侧面。

诗意体验中的情感也是超逻辑、超理性的。诗性体验是经过升华的自由性的情感，需要基于纯粹的精神性的升华，这也是一种自由性的感情，不受逻辑与理性的牵制，虽然这份自由的情感里包含着理性判断，包含着智慧要素，包含着社会文化的具体内容，并和特定的社会文化渗透联系在一起。诗性情感的表达和形象、环境（或意境）、真实的生活状态等联系在一起。人类的诗性体验世界具有从低向高的多层次性、混合性的特点，最有价值品质的诗意体验通常具有绝对意义与宗教性质。这种宗教式的情愫常常和诗意体验中的某些高峰感觉，和体验者的深度的灵魂感结伴。

二 和谐与宁静

多个方向的价值的融汇与和谐导致存在的纯真，这种纯真的表现之一就是宁静，换句话说，纯真的存在常常也是宁静中的存在。"宁静的存在"或"宁静的人格"，始终是东方哲学或宗教最为关注的核心，这一核心思想观念几千年来一直影响着东方人。老子所说的归根与复命的概念深刻地道出了这一诗性本质，这一思想其实在告诉人们：静是我们存在的根基，是我们存在的源泉与基础力量，是我们本性之本性。"道"的根本特性就是静。这和印度哲学与宗教典籍中的思考是一致的。印度古老的哲学典籍《薄伽梵歌》直接就说：生命的最高礼物就是"我的宁静"。

人的内心之所以躁动就是因为内心经常也是分裂的、混沌的，这种混沌来自多个方面：受自然物欲（情欲、各种消费欲等）的支配与影响，受社会他人的行为、眼光的干扰，受自己的各种偶然性的不利境遇的打击，还受自己生命深处的、无形的、非存在因素的各种侵袭等，在世俗状态下，人的内心很难摆脱那种混沌无序性，这种状态也会导致内心的空洞、麻木与干瘪，恢复内心的宁静同时意味着要弥合各种分散与分裂。

古罗马斯多亚学派把宇宙看作美好的、有秩序的、完善的整体，由原始的神圣火种演变而来，并趋向一个目的。人则是宇宙体系的一部分，只是一个小小火花，因此，斯多亚学派认为，人应该协调自身，与宇宙的大方向相一致，最终实现这个大目的。其代表人物芝诺认为：人应该过着与自然相一致的生活。另一个代表人物哲学家塞内加则认为应该让生命变得简单，他倡导简朴的生活与内心的宁静，他认为：生命如同故事重要的不是它有多长，而是它有多美好。这个学派的核心观点与思想也就是要让人意识到自然的整体性质，并让自己的存在变得整一，面对自然的整体敞开。这种与自然相一致的存在会使生命感受到内在的宁静，感受笼罩在其上某种神圣的氛围与气息。美国诗人爱默生在《超灵》中说：

"灵魂发现并揭示真理。我们看见了真理也就认识了真理，让怀疑论者和冷嘲热讽的人信口开河去吧。"①

存在的和谐体现在心的深处而不是在表面。存在的和谐之可贵恰恰在于它能使生命具有了一份安宁感、神圣感与美好感。多个方向的价值的和谐使生命变得整一宁静的同时，也使内心具有了精神活力。和人们的一些偏见相反，多重价值的和谐也会给人的生活及其生命——尤其是精神生命——带来了基于意义感的生机。我们人类的整个生命的发动机来自内心。内心也因为这种基于和谐的诗意的笼罩而变得充实与饱满。我们的生命的重要支持点之一就是精神上的某些具有意义的和谐充实的时刻。这份来自灵魂深处的宁静体验使我们短暂的生命变得美好而有意义。

"这种活力除完全占有，在任何条件下都不会降临到个人的生活中去。它到谦卑、单纯的人这里来，谁愿意除去洋气、骄气，它就到谁这儿来。它是以洞见的身份来的，它是以宁静和庄严的身份来的。当我们看见它所托身的人时，我们就明白了各种程度

---

① ［美］爱默生：《爱默生随笔》，蒲隆译，上海译文出版社2010年版，第157页。

的新的伟大。"①

美国诗人朗费罗说：

> 能达到最高境界的
> 是心灵，而不是智慧。
>
> 　　　　　　　　　　［美］朗费罗：《航船的建造》

印度诗人泰戈尔说：

> 最难达到的是人们的心灵深处，
> 它不能以时间和空间来衡量。
> 这是最深奥的秘密，
> 只能通过心灵与心灵的接近才能了解。
>
> 　　　　　　　　　　　　［印］泰戈尔：《生辰集》

　　基于和谐的存在的纯真，意味着尊重内心深处的呼唤并乐于倾听之。美国诗人梭罗的生活可以算作一个代表。他在瓦尔登湖畔过着一种简单、内在而充实的生活。那种内外皆寂静的氛围笼罩着他，但他的生活又是那样的充实与和谐，他可以坐在一根圆木上吃饭，小鸟偶然飞过来，停在他的胳膊上，啄他手里的土豆。他悠闲地穿越村子，吹着口哨，像一个内心平和的王者。在那样一个简洁、宁静的环境里，他的心灵好像冬天晶莹透亮的冰雪世界，不含任何卑污的杂质，像秋天的天空一样湛蓝、明净。这位和中国陶潜一样的寂静主义者，在亲近大地与自然中，与自然发生有点儿神秘的精神性感应。他简单真诚地生活，领悟着大自然与神圣者赐予的内在生命的真理。

---

① ［美］爱默生：《爱默生随笔》，蒲隆译，上海译文出版社2010年版，第163页。

存在的纯真来自内心之真，诗意体验需要更多倾听来自内心深处的声音；诗意是心灵性的，不是物质的；诗意来自内心的那份自由，而不是来自奴役；诗意来自内心的简单，而不是来自内心的复杂；诗意来自内心的自然，而不是来自矫揉造作；诗意是内心的内在和谐状态，而不是分散与分裂性的；诗意来自内心的基于充实的宁静，而不是来自基于分裂的躁动。内心的本真也意味着感情之真，感情之真可以使人避免感情的枯萎，使人具有丰富的体验，也可以使人具有浓厚的感情性。内心之真意味着保持活跃的想象力，也可避免使人的幻想或想象干枯，使人成为有梦想、有想象力的人。

三 本真与澄明

"存在的被遗忘""澄明的被遮蔽"是哲学家海德格尔一再诉说的。本真的存在体现在"无蔽"状态里，而所谓的无蔽实际上就是一种价值的和谐状态；神圣价值与神性光芒的一面被融合于价值体验里，这对无蔽的状态尤为重要。

"无蔽""敞开"是海德格尔的重要哲学主题之一。他也曾专门写过《无蔽（赫拉克利特残篇16）》（1951年）一文。存在的无蔽也是东西方哲学的核心论题之一。中国的道家与佛家思想的核心也可以说是"无蔽"或"明"，其核心就是不被种种外在的方面遮蔽，包括种种意识与观念的遮蔽。可以说，除去种种遮蔽是各种宗教与哲学的重要的努力方向，这也是诗意存在与体验的深处的内在精神机制。而海德格尔的这一个"存在"，不是物质性或社会性的"存在"，而是精神性存在，是带有神性色彩的精神性存在。因此，才会有他所谓的"为神建造一个家"的说法，他是追求包含神性要素的精神上的"存在"。只有这种存在才会是澄明的存在，才是林中旷地，只有这种存在才是本真性的存在。

在他的论著中，反复强调的是"筑居"与"栖居"的不同。"筑居"只不过是人为了生存于世而碌碌奔忙操劳,在诗意地"栖居"里,人与天与地与神圣的一面交融,神性的光芒保证着精神的永恒。但在"筑居"里,人们过着现实的生活,但人们在现实存在里经常性地被遮蔽。被遮蔽是海德格尔与雅斯贝尔斯等存在主义哲学家习惯探讨的问题,尤其在愈益复杂的现代社会的种种生活中,这一现象更为突出。人经常处在被遮蔽的状态,被遮蔽意味着失去本真,意味着存在的卑污,也就不可能达到诗意的澄明。

需要去蔽,而去蔽后的宁静与澄明体验就是诗意状态。本真的澄明不是通过感官的肉眼发现的,感官的眼睛发现的诗意通常是浅层次的;充塞着似是而非知识的大脑也很难领悟这种内在之真。基于本真的澄明是诗意之真,对此需更多依靠心灵的眼睛去直觉、去领悟。心灵的眼睛对精神性(包括神性要素)的形象与目标具有领悟力,而对物质的社会技术性方面的感知却相对迟钝。心灵自有心灵之理,这个理和事实的、逻辑的、技术的理大不相同。

这种内心的本真,在人心灵的深处显现,而不是在靠近人的较为肤浅的意识表层表现出来。这种内心本真也可以叫灵魂之真,这是人的心灵的整体渴求,或者说是灵魂发现的真理,或者可再换个说法,是内心的精神之眼所发现的真理。这种发现和感官的大脑的发现形成鲜明的对照。没有这种内在发现,没有与更大、更高、更广阔世界的交流与沟通,就无所谓内心的本真,也无所谓内在的澄明。

18世纪的英国诗人塞缪尔·约翰逊在长诗《人类欲望的虚幻》中探讨了人类的生命问题,他在另一首诗《冬天》中也说:

> 抓住,啊!抓住这转瞬即逝的时光,
>   在它飞逝时,珍惜每寸光阴;
> 生命是短暂的夏天——人犹如花朵;
> 他将逝去,哎呀,他将多快地逝去!

人类的个体生命存在是短暂的，这有限的短暂的生命时段究竟应该怎么度过？生命因为本真与澄明而变得具有了超常的精神生机。生命也因为这种本真与澄明具有了精神性深度。生命的这种精神性深度意味着生命与自己基础的联系，而不是割断，意味着和自己存在源头的连接，而不是阻隔，生命的这种精神性深度也意味着摆脱表面的、机械的、模式化的肤浅。在本真的、澄明的、诗意的生存里，我们常常和源头与基础交融。

四　和谐价值中的诗意

人类有许多对自身的存在与发展具有重大意义的价值观念，这些价值观念代表着对人类有益的方向。诗意价值则意味着和谐与融通——融通了对人类存在发展有很大重要性的那些价值，在感觉与体验中实现其和谐及光辉，并使人在圆满感、意义感的体验中成为更宽阔的和谐世界的一个有机组成部分。在这种和谐体验中，人实现多种价值观念的完美融合，尤其是实现了人类伦理、审美、神圣价值的融合。诗意的和谐价值就是对人类最重要、最有益的多重价值观念（伦理、理性、审美与神圣等）的融通，在这种融通中连接更为宽阔的精神价值与意义。

和谐的观念是中国文化重要的观念之一。中国文化是讲和谐的，讲"天人合一"，这也成为我们中国传统文化中最有特色、最闪亮的部分。有些人之所以把中国文化称为富有诗意的文化，可能正根源于此。道家讲阴阳和谐，儒家讲和而不同。儒家更注重社会的和谐，道家更注重人对自然之道的遵循。

"仁者以万物为体，不能一体，只是己私未忘。"（明·王守仁《传习录》下）

和谐的背后蕴含着什么。对此，德国哲学家莱布尼茨做出一些具体有趣的想象与猜测，他认为这个世界就像一个巨大的音乐交响，乐队的每一个乐师各自演奏作曲家事先谱写好的旋律，整个乐队奏出和谐的音乐。他还用这种预定和谐思想说明人的身心关系，将身心比作两个制造得极为精密的时钟，各走各的并保持和谐。因而可以说，这个世界本质上是多层次精神的融合，是世界的精神整体中散发出来的音响、气息与韵味。他的预定（或前定）和谐论思想对哲学史、思想史产生了较大的影响。但他所说的和谐主要不是指向人，更不是指向人际关系方面，他的和谐思想和上帝的设计与创造有关，和他的神学思想有关。他认为和谐需要至高的神圣者维系。

诗意之价值与领会世界背后的充满神秘感的和谐有关。当人类体验蕴含在世界背后的更大的精神性源泉时，体验蕴含在世界背后的那份难言的神秘性，体验蕴含在整体中的那种莫名的韵味时，诗意也就将得以显露，尤其是通过大自然的各种各样的具体形象来达到这种展现时，诗性就会更加浓厚地显露出来。按照莱布尼茨的说法，我们的看起来微妙复杂的人心和大自然之间也有一种预定的和谐与感应关系，当这种和谐与感应达到微妙的境地时，我们的内心就会产生旷远的、空灵的、宁静的、澄明的、充实的、美好的、有意义的体验与感觉。

我们人类存在的诗意就与这种深邃的价值融合相关，和这种深邃的和谐中散发出的种种精神性气息、韵味、味道或灵韵等相关。这种现象同时也就意味着多重价值的融合，即联合了所有价值中的带有超越性的经验指向，这代表的是一种基于心灵体验的融合性，其中神圣价值的指向尤为重要。

诗意和谐价值的更为深刻的基础是神圣维度，或者说更高级、更深层的诗意也大体上属于神圣价值之一。诗意价值和人们的心灵有关，和人类心灵深处蕴藏着的对神圣之维的向往与期冀有关，和人们心灵中的某种圆满的、带有神性色彩的感情体验有关，和对同一性的不断触摸与领会有关。诗意价值是一个带有深奥意味的概念，蕴藏着神性意味，其不是基于自然属性的物理实在，也不是基于人性的一般心理活动。诗意价值的实质在于它对心灵产生的影响及其有效性，而不在于诗意所指向的世界的事实性。诗意的价值是基于心灵感受的功能属性。海德格尔说：

"由于自然苏醒了，所以它把本己的本质揭示为神圣。……神圣乃自然之本质。"①

"神圣通过神和诗人们而秉有某种中介作用并在歌唱中诞生。"②

诗意不违背深层的理性，但诗意突破了一般的理性认知，不能被抽象化或概念化，其将自己的思想与判断藏身于动人的世界里：一场雪，一次热烈的婚礼，一片落叶，或一首乐曲里。诗意让我们感动，让我们被某种神秘的气息所触动，让我们存在于敬畏的情绪之中；诗意里总会包含着神圣的气息与光环。

一首流行世界的歌曲也可以包含这种韵味。下面是美国女歌手碧昂丝的歌曲《光环》的节选：

我眼前每一个所见之处

都被你的双臂紧紧围绕

亲爱的我能看得见你神圣的光环

知道吗？你就是我的守护天使

你是我所需的一切，甚至更多

这全都写在了你的脸上

亲爱的我能感觉到你的神圣光环

祈祷它永远不会消逝

歌曲之所以能扣动心弦，就是因为其融合了人类的多重价值，并把这些价值的分歧分解融汇在一种独到的韵味里。这里有感性的

① [德]海德格尔：《海德格尔选集》，孙周兴编选，上海三联书店1996年版，第337—338页。

② 同上书，第352页。

实践的要素，有伦理价值，有理性认识，有基于爱情的审美，也有神圣价值蕴含其中。而诗意的消失与神圣感的消失连在一起。海德格尔也曾写过《神圣之名的缺席》（1974）一文。在这种神圣之名缺席的时代，诗人又能怎么样呢？诗意又怎么能够真正地产生呢？"诗人何为？"这就是他对神圣维度缺席后的无奈感叹。

第三章　诗意的方向、特性与递进层次

第一节　诗意的基本方向

一　和谐中的统一感

诗意里具有统一的永恒之光。诗意的基本方向就是以和谐的具有整体感的方式追寻存在的中心性与统一感，借助存在体验追寻人性与精神的完整，因此追寻诗意就是追寻人性整体的匀称与和谐，就是追寻人的和谐中的统一性。诗意体验在某种程度上克服了人性的分散与分裂。人的存在受多重分裂的威胁，常常变得零碎散漫。人存在的分裂性植根于人性的分裂性，人性之中具有种种分裂的分离的趋势、要素或成分，这种趋势、要素与成分植根于我们作为感性之人的人性深处，植根于我们作为自然人的不可避免的局限性。随着传统社会种种精神性信仰的衰落，人的精神统一性变得愈益困难，人性的这种零散与分裂倾向变得愈益严重。

瑞士著名心理学家曾写过《追寻灵魂的现代人》一书；灵魂的丢失是现代人的一种突出现象。实际上，所谓灵魂的枯萎就是存在的统一感与中心感的缺失。当代人以物欲为基础的存在更加深了存在的这种碎片性质。世俗世界同纯自然物质世界一样，其本质是感性易朽的、零散的、分裂的，肉体与感性的人性本质上也是零散与分裂的。人性诸多种零散的感性倾向的聚合构成了一个欲望与世俗的世界。世俗世界的那些碎片可以是真实的、刺激的、惊心动魄的、实在的、可捕捉的、让人狂醉的，但因为缺少精神上的深层统一感，其很难是诗意的，其零散与分裂的倾向也会导致空虚与无意义。这种零散与分裂会在各个层面上影响人的存在的圆满。

或许就因为如此，在现代西方世界流行在文化与精神方面的和解与对话。和解与对话成为一种新的精神倾向。这和现代人的追寻统一性努力是一致的，和诗意地栖居的追寻是一致的。诗意是显现或恢复人性完整的一种方式，在诗意的体验中感受到圆满、对话与和谐、和解。本质上诗意就是追寻一种完整性，追寻一个中心，追寻和更高的世界交流与沟通的感觉。诗意存在需要超越人性的零散与分裂，需要超越世俗世界中的种种感性聚合。

和谐中的统一感意味着超越人性的零散与分裂，这包括两个方面：一个是超越世俗的自我的种种零散与分裂，另一个是超越世俗外在世界中种种零散与分裂性。高一层级的诗意感很难在分裂与分离的世俗层面获得，在物欲里很难体验完整单纯的自我。可以说高层次的诗意体验是超越有限的经验世俗的自我及自我世界的，在某种程度上甚至是和世俗世界相抵触的。

世俗的经验自我包括人的肉体生命方面——食色之我、安逸的我（睡眠）等，以及人身上的经济动物倾向——钱、物质、利益等，还有社会化倾向——人际关系中的存在：被人际往来束缚，被种种权力欲控制。中国文化传统中的所谓"官本位"就说明了这一点。此外还有理性化存在方面——理智化、数字化等。人类存在有几个明显向外显露的指标，这几种倾向都会在某种程度上消灭人的内在统一性，人的存在的外在性和对于外在世界的依赖性密切相关，这种对外在世界的依赖性有时我们也用其他的词来描述，比如求助外在、外求于他物、外求性等等。在现代文化的背景下，所谓的外在性、世俗性有以下几种倾向：1）面向客体世界与客观化倾向。人的存在向外性，外求性——这种向外性、外求性——指向非我的客体世界。客体世界包括客观的自然世界——物质世界等，尤其是指向物质的种种生命倾向，包括索取物质、消费物质等。这也使人成了社会人际关系的奴隶：成了种种应酬的奴隶、面子的奴隶、社会责任的奴隶，社会舆论的奴隶等。2）感官世界与感官化倾向。佛教所说的六根都和肉体倾向有关，人作为自然物不可能完全摆脱自然欲望，但过分的肉体欲望却构成了现代人的特征。这从现代消费上体现出来，可以说现代消费就是为了满足我们的六根需求。种种感官主义以及建立在这种主义基础上的享乐主义在现代社会很流行。当我们的生命向着客体世界感官肉体方向行走时，我们的生命是世俗性质的。一个社会的外在化倾向过于严重时，这个社会必然具有很浓的庸俗化倾向。3）实证与事实倾向。就是认可并强调可见的证据、事实等，以及在此基础上的工具化倾向。法国哲学家伏尔泰说："我们用人类的语言把真理定义为：'对事实的存在本身的陈述。'"英国哲学家罗素在《人类的知识》一书中对此有所阐述。

"我所说的'事实'的意义，就是某件存在的事物，不管有没有人认为它存在还是不存在。……大多数事实的存在都不依靠我们的意愿；这就是为什么我们把它们叫作'严峻的''不肯迁就的'或'不可抗拒的'的理由。大部分物理事实的存在不仅不依靠我们的意愿，而且也不依靠我们的存在。……从生物学的观点来看，我们的全部认识生活是对于事实的适应过程的一部分。……但是每个阶段都有适应的过程，而动物本身所要适应的就是由事实构成的环境。"①

事实包括物理的事实、生物的事实、社会的事实等。在通俗的意义上就是被中国人称为"眼见为实"的事实。眼睛能看到的东西才是实在的，连耳朵听到的都是虚的。

诗意体验是内在的、和谐的，是和谐中的统一感，这种和谐中

---

① ［英］罗素：《人类的知识》，吉林大学出版社、吉林音像出版社 2004 年版，第 177—178 页。

的统一感经常在宁静中被体验，在这份和谐的宁静体验中，存在的统一的一面或存在之根静静地显现，人性的完整与和谐也被显露。在诗意的体验里，种种外在的感官的实证倾向造成的分离趋向被消解，由其造成的各种碎片化的存在情形获得改善。单纯的肉体与实证逻辑里都没有诗意。诗意的真理更多的是内在性的，在这种内在性中，碎片状态被融合为一，没有向内走的执着的愿望就很难克服人性的多重分裂趋势或分离。

存在的诗意与以一种和谐的具有整体感的方式建立统一性密切相关。在有限、分裂、零散的经验世俗自我中建立起统一性；其中最根本的方向或原则有两个：一是内在方向或原则，使自己存在富有内在的灵魂感，以此建立起统一性；二是超越方向或原则，这条原则似乎更为重要，超越也是可以有层次之分的，但超越的核心内涵是指：人类使自己的存在与内心面向更大、更高、更具有永恒感、无限性的世界开放，让自己面向"超灵"或"超我"，并与之展开沟通与交流。这种"超灵"或"超我"在印度哲学与宗教中被称为"大我"。这种超越的实质就是将一种内在精神与绝对或神性要素带入经验领域。

要让人很好地建立起中心感与统一感，在和谐的体验中达到存在的澄明，有两个基本方向可循，即向内返归方向和超越方向。

二 内在方向

内在方向指向人的内在心灵或灵魂，这是获得存在中心感与统一性的重要途径，也是获得存在充实感、意义感与美好感的必经之途，也还是对人的感性存在的一种升华，内在方向意味着向内返归，而向内返归就是让内在精神（内在的灵性）主导人有限的世俗经验。人只有以某种内在的方式存在，或以一种内在的方式感知事物时，诗意才会呈现或者说诗意才会显露。所谓的内在性指的是存在的内在原则或向内返归原则，也就是生命、存在、意识的灵魂原则或内在精神原则，内在意味着精神与灵魂。有些哲学也将之称为人的主体性。在人的纯然外在的生命里，是很难体会到所谓的诗意的。从大的方面来看，事物都可以以内在的和外在的两种方式存在，也都可区分为外在或内在属性、外在或内在价值、外在或内在生命等。我们人类的存在也是外在性与内在性的统一。

内在世界与外在世界相对。在佛学中所谓的外在世界包括以下几个方面。

六尘世界——可引申为客观世界，大千世界。色、声、香、味、触、法。

六根世界——和感官活动有关的世界。眼、耳、鼻、舌、身、意。

六识世界——人的心理认识的活动。视、听、嗅、味、触、脑。

六识世界也属于外在世界。诗意或诗意之境是属实内在的体验与感受，这就意味着我们的生命生活与体验的向内返归的走向。这个"内"就意味我们的存在被精神性的想象、情感、沉思（或冥想等）与信仰之光照亮，当事物被这份主体精神所笼罩时，事物就变得内在化了，并摆脱纯然客观的物质属性，摆脱了纯然的感官性，摆脱对六尘与六根的原始依恋，让外在世界与感官感受向内返归，让事物浸润上心灵性色彩，并被某种精神所笼罩。

向内返归即向内在的心灵与灵魂世界返归。内在的世界和我们眼睛能见到的外在世界不同，这是具有精神与灵性的世界，和内在的精神性感官密切相连。内在的精神性感官包括内在的眼睛、内在的耳朵等。内在感官的功能也包括内在的想象、内在的感受、内在的情感等。内在的世界的支点是内在的充满神秘感的灵魂。

笔者曾写过一首诗叫《内在的神秘世界》：

内在的眼睛看到的
内在的耳朵听到的
内在的想象建造的

内在的感情投射的
内在的心灵感受的
内在的灵魂默默支撑的

这里自足，没有依赖
简单、透明、和谐、纯洁
这里安宁，没有喧闹
沉思、浑然、寂静、自然
静静的交流，没有封闭
祈祷、想象、感应、领悟
在神秘中直觉生存之奥秘

绝大多数好的诗歌都属于所谓的纯内向性诗歌。在歌曲中的情形也大体如此。美国乡村歌手约翰·丹佛的《乡村路带我回家》，这首歌初看起来似乎只是外在的返乡旅程，其实这种回家之路就是处在向内返归之路途中，故乡的自然与社会的景物和想象、感情交织在一起，都带上了某种精神性色彩。

就像在天堂，西弗吉尼亚
有蓝色山脊的群山和雪纳杜河
在那儿生命是古老的，比森林更古老
但比山脉年轻
像风一样自在的成长

诗意通常使纯然外在的事物以不同的方式向内返归，那些外在的要素、因素或形象被想象、情感、沉思、信仰等倾注，这种感性的外衣与表现只有被内在化，诗意才会真正地发生，才会散发出可以被体验者看得见、领会得到的光辉。我们的生命大部分时刻都是向外走的，也就是说大部分人的大部分时刻是缺乏诗意的。单纯的没有被情思灌注的外在性是缺乏诗意的。我们生命的很多倾向是向外的，指向外在世界。吃喝拉撒睡、油盐酱醋茶都与外在性相关，这也包括食色本性等——吃的需要、性的需要、对名誉的贪恋等——都是指向外在世界的。这些东西很难内在性，当性具有内在化色彩时就变成了爱，从而也就具有了某种诗意。

内在性、统一性或向内返归本质是一致的。我们存在的向内走的倾向与愿望也是一种统一的倾向与愿望，基于这两种倾向与力量，我们的存在不凭借外物、不依赖外物，而是求之于内，向内寻求生命与精神的支撑力。这种不凭借外在、不依赖外在的存在状态，就是一种富有内在性、富有内在感的状态。内在性与自足感是一致的，并和依赖性——尤其是依赖外界外物——相对相反。和自足性相关的概念还有自律性等。诗性存在更多和内在的心灵相关，诗性存在更多地从深处、从核心之处显露，而不是处处依赖外在的物的方面。所谓的自足性包括两个意思：1）自给自足，2）自我满足。

具有自足感的生命状态同时也就具有内在性：简单、自然、想象、沉思、宁静、浑然、透明、和谐、纯洁、神秘等，富有诗意的意境里总是包含着一种神秘的气息……没有了这些自足自律的内在生命要素，诗意就不会存在。自足并不意味着封闭在世俗自我的世界里，而是更多地和更大的精神世界沟通，自足之所以成立恰恰源自这种沟通，也正因为有了这些交流，神秘与宁静的气息才会在那种诗意之境里像风像雾一样地漂流。

诗意也是静与动的融合——以静为核心。诗意的存在大体上是宁静的存在。但我们这个时代推崇"变动"，而且不是缓慢的变动，是充满速度的变动。我们这个时代"动"的几个变相的面孔是：喧闹——喧嚣——嘈杂。与之相反，诗意更加注重"不变"的一面，注重在变动中体会"常在""永恒""原初"等。在世界的变幻中体会常在的宁静。静是诗意的一个核心与基础支撑。过去之所以比现在感觉更有诗意，就是因为过去是静的一个化身。这个静不是死寂，而是一种丰富，是精神丰富饱满的一种体现。诗意的真理常常表现为静的真理，是以静为核心的真理，或者说是化动为静的真理，没有这么一种宁静的气息笼罩，很难具有浓厚的诗意感。现代诗人之所以和诗意分离，原因之一就是因为他们失去了那份基于内在的宁静感。

三　超越方向

超越方向指向神性（佛性、道、宇宙精神等），就其精神性质来说更具有神圣意味或宗教感。人类存在的诸种感性因素被灵化是诗意的方向与归宿之一，超越意味着绝对与神性要素被带入到我们有限的世俗经验之中。在这种基于超越的诗意体验中，我们的心灵仿佛离开了滞重的大地，慢慢地向着布满精神的广阔天空腾飞，有一种在无声之中静静飞翔的感觉，有一种遨游于云端的内在充实感。这是精神的向上的跳跃感，这种向上的跳跃用哲学化的术语来说就是超验性，即超出经验界对我们的束缚与羁绊，达成内在心灵的无所拘束。这里所说的经验主要指日常的生活经验及工作经验，包括和物质的种种照面、社会人际来往、感官活动、纯理智活动等紧密联系在一起的体验与感觉。

超越性（transcendence）一词来自拉丁文 transcendere（意超过、攀越）。诗意的超越性意指人超出自身，超出自身所在的现实经验界，与形而上的世界之间发生关联的倾向，尤其指体验者借助于心灵的情感、勇气与想象力融入与经验世界不同的带有本原色彩世界里的倾向、愿望与能力。这里"上"的方位也是世界神话与宗教史形成的语言习惯，意味着一个和经验界不同的另一世界，这个世界更具有精神上的纯粹性，是一个具有永恒感和无限气息的精神世界。经验世界和形而上的世界有很大不同，两者之间是有阻隔的，其通道被种种人为的或世俗的因素遮蔽，常常借助于心灵的纯粹、澄明与宁静才能产生飞跃。可以说超越性和内在性是相互联系的，是互补的，内在性里有超越性，超越性里有内在性。在道家看来，道是超越的世界，是最高的存在，也是事物发展变化的终极原因与动力，道就在万事万物里面，其也是内在的，透过参与创化的过程和因果关系，其渗透在世界之内。

这种向上超越性经常被称作"理想"或"理想性"，这里理想是可以分层的，有些所谓的理想世俗性特征明显。但真正的超越性理想会带有诸多神圣色彩，也大多具有柏拉图意义上的理念意味，不会被太多的感性因素所浸染。诗意中的理想通常也不是指那些世俗性明显的理想，通常都具有特别的包含神圣向度的精神性内涵，这种更为深层的精神性内涵经常被称为"神性"。

诗人雪莱在《为诗一辩》中说：

"诗的确是神圣之物……倘若诗没有飞到那工于算盘的私枭所不敢从来不敢飞翔的一些永恒领域，从那带来光和火……我们对此岸的安慰和对彼岸的期求又算得什么呢？……诗人是祭祀，对不可领会的灵感加以解释。"①

荷尔德林也认为诗人就是呼唤神性。这一思想被哲学家海德格尔所继承。

诗意意味着这么一种体验，感受到心灵的某种灵动与飞翔，感受到某种超验的情怀。诗意的真理是经验性与超验性的融合，需要某种超验性的引导或引领。人之存在不得不陷入世俗世界里。我们生活于其中的世界就是"俗"的，带着肉体的种种负担与诱惑，但人性与人心的奇妙之处在于：如果你在世俗世界里陷得太深，你的生活与生命感觉一定要么贫乏无聊，要么空洞空虚，圆满感、意义感、美好感可能很少被体验，为了让我们的生活与生命感觉圆满美好一些、有意义一些，我们不能太依赖世俗经验，我们要和那种世

---

① 伍蠡甫主编：《西方文论选》，上海译文出版社 1979 年版，第 56 页。

俗性经验适度地拉开距离。

经验界具有现实性、世俗性与欲望特征，并在我们生活于其中的周遭发生，是我们在现实生活中的感觉、阅历、经历、生活，还包括种种间接的形式等。这种世俗性见识与经历，有人常常把其称为"直接经验"或"直接的经验性"。这种经验具有物质性、社会性、感官性特点，具有短暂性的特点，缺少无限感、稳定性及永恒色彩。诗意的超验性代表与此不同的倾向，其是一种精神与心灵的出走，超出了我们的世俗经验，超出我们日常和物质和社会相关的经验。如果把人的经验比作一座通向人的世俗世界方方面面的桥梁，那么人的超验倾向就仿佛是一道通向天边的彩虹。彩虹看起来自然不如桥梁实在，有点儿虚幻，有点儿不可信，但我们生命中的很大部分美好感觉都是超验性倾向给我们带来的。超验性也同样触及人的内在性，内心再往里走就触及了灵魂，灵魂是我们内心深处支撑着我们整个存在的精神性力量，这种支撑性精神力量，也可被称作神性。

在19世纪三四十年代，以诗人爱默生、梭罗为代表的一些人曾掀起了超验主义思潮。这一场以诗人为核心的思想运动对美国乃至世界都产生了深远的影响。"世界将其自身缩小成为一滴露水。"（爱默生语）。超验主义强调人与超自然（上帝）间的直接交流和人性中的神性，具有强烈的批判精神，其社会目标是建立一个道德完满、真正民主自由的社会，表现一种纯粹的理想性，其精神已成为美国文化中一个重要遗产。在他们看来，诗意就是通过我们的内在的感受与体验飞向具有绝对感的永恒上帝。

在我们中国的传统文化中，超越性思想有其不同于西方的表现，也主要体现在我们传统文化中的道家或佛家的种种思想与信仰里。诗意的超越性也带上了道家或佛家的那种特有的空旷与宁静的色彩。中国古代的那类"禅诗"也属于此类。王维精通佛学，受禅宗影响很大。王维的一些带有禅味的诗的确很有诗意。

《鹿柴》

空山不见人，但闻人语响。

返景入深林，复照青苔上。

《鸟鸣涧》

人闲桂花落，夜静春山空。

月出惊山鸟，时鸣春涧中。

《山居秋暝》

······

明月松间照，清泉石上流。

······

《辛夷坞》

木末芙蓉花，山中发红萼。

涧户寂无人，纷纷开且落。

诗意中的这种超验性常常表现为种种"脱俗"的色彩。没有这种所谓的脱俗感也就没有所谓的诗意，也就没有精神与灵魂的光辉，诗意本来就是能给我们的心灵带来光亮感受的，并使我们的生物式社会性的生存充满某种光辉的力量。

四 内在与超越的融合

诗意散发着和谐的、有机的来自精神整体的气息。当超验方向被内在地体验与感受时，超验与内在之间的差异就被消除并融合在一起，融汇在深邃的灵魂深处。在这种向内返归与向上超越的融合里，我们的存在及意识成为一个和谐的、被体验的有机整体，这种融合来自体验的最深处，而不是一般的心理表面。这种非分散、非分裂的整体就会把我们的存在与心灵带向一种特别的、充满韵味的意境之中，这种"诗一样的境界"会给我们带来充实的、美好的、澄明的、有意义的体验与感受，而且这些富有意义的精神价值常常是在宁静的感觉与氛围中被体验。德国哲学家西美尔说：

"我们在意识范围内就有一个交互影响，就是说有一个有机的、个人的统一体，这统一体在整体方面远远超过我们的肉体本质。"①

向内返归与超验的结合通常是最纯粹的精神体验形式，内在心灵里有超验方向，超验方向被内在地体验着。这种精神上的体验的纯粹性也意味着我们的存在摆脱了作为一个生物人、社会人的那些物质的、社会化的、感官的种种经验，这种经验在我们的日常生活及工作中，经常以常识性的面目出现，并有很强的客体化、物质化、社会化特性，还具有重复性特点。对以这种物质的、社会化与感官化为基础的经验性过分强调会导致这种经验的实用化、庸俗化、工具化等。

诗意的真理致力于去实用化、庸俗化、工具化。美国作家、诗人纳什在《出让经验》中写道：

> 经验是不结果的树
> 是没撑鞋的楦
> 欲求乏味、无聊和沉闷
> 找经验去要，准保你得到！

被现代世界的种种现实经验填满的内心几乎不可能是诗意的，这些现实经验恰恰需要"清空"。诗意常常就是现实经验清空并归零的过程、结果与感受，并让我们重新返回存在的原点，变为空白之页（有一首英文歌就叫"空白之页"）。人们在社会上所习得的大多数经验都是滞重的，尤其是现代世界获得的现代性生活经验常常是一种锁链、一种束缚，对心灵常常带有羁绊的性质，这些经验常常让我们喘不过气来，让我们的生活与内心乏味、无聊和沉闷。

在某种意义上说，远离尘嚣的孤独与寂静往往比停留在尘世中

---

① [德] 西美尔：《现代人与宗教》，曹卫东等译，中国人民大学出版社 2005 年版，第 65 页。

心的交往与热闹更富有诗意,那些空灵的形象常能给人带来充实的精神感受。你看那些电影中的美好女主角,通常她们的职业与生活都不在尘世的中心区。尘世的种种经验性会损害她人格上的纯洁感,也会影响其诗意的散发。要想获得诗意就必须摆脱种种现实性经验的束缚,超出世俗性的感受,并在某种程度上带有超验的色彩。

在最纯粹、最深沉的精神体验中(包括诗意体验),内在倾向与超验倾向经常是一致的。向上超越意味着神性(无限的、永恒的、绝对的等方面)进入存在于内心。可以说超越性和内在性是相互联系的,是互补的,内在性里有超越性,超越性里有内在性,两种倾向的结合使存在体验变得更加纯粹、更加深邃、更加美妙,也更加神奇。诗意来自带有神秘色彩的经验或叫神奇的经验。

神奇经验常常既是内在性也是超验性的显露。超出我们和周遭互动而产生的具有现实感的经验。甚至可以说宗教的本质特点就是超验性,和超验性相关的哲学流派不仅包括信仰主义、神秘主义等,也包括那些带有整体主义追寻倾向的众多哲学。超验有两层意思:一是超出个人的、个体的、现实的社会经验,二是超出人类现实的社会经验。具有信仰主义色彩的哲学都会认为:人们通过信仰可以达到某种精神真理,只不过这种真理不是一般意义上的实用的、工具化的、庸俗的真理,这是一种和心灵、灵魂相关的真理。各种神秘主义都主张人与超自然之间的沟通与交往,这种沟通与交往获得的是超验性的奇妙的感受。

超验性之所以会成为诗意的一个支点,就是因为在这种看似不实的体验里,包含着一种叫"神圣"的精神要素,包含着人们与种种永恒的默默交流与沟通,而永恒感、绝对感、无限感是诗意的一个隐形的根基。诗意的核心就是通过我们的内在的生动丰富的感受飞向包含着永恒感的纯粹里。生命体验中的内在的深层感觉常常就是超验的感觉,而超验倾向也常常就是通过灵魂走向人的内在感。斯宾诺莎说:

"上帝是任何事物的内在原因，而不是超于其上的原因。"①

这种内在感与超验感的结合可以体现在多种生命形式里，尤其体现在对人来说至关重要的爱的真理里。诗意的真理是基于灵魂的爱的真理。人们一直在歌颂男女之间的那种灵与肉和谐相融的生命存在，那种完美的爱激发起存在的精美瞬间。这种诗意和事实无关，和逻辑无关，和物质无关，只和我们的那个体验着的纯净的心灵有关。这种内在感与超验感的结合也可体现在种种创造的真理里，创造的真理是灵感的真理。这种内在感与超验感的结合可以体现在种种宁静的沉思与冥想里，体现在忘我的牺牲里，等等。

第二节 诗意的根基特性

一 整体性

美国诗人斯特兰德写过一首诗叫《保持事物的完整》，其中的几句如下：

> 在一块田野中
> 我在田野中
> ……
> 我们都有理由
> 为了移动
> 我移动
> 为保持事物的完整

诗意的首要特性就是其整体性，诗意是从有机和谐的整体气息与氛围中散发出来的。在这个诗意和谐相融的整体里，感性、理性与神

---

① ［法］让·德·维莱：《世界名人思想词典》，施康强等译，重庆出版社 1992 年版，第 418 页。

性融于一体，人的感觉天赋、理性天赋与信仰天赋被和谐地调动。每一个方向都不能以单面的、单一的面目出现，否则就会损害原本丰富的诗性。甚至可以说，任何富有诗意的精神都意味着整体，精神体验的意义感、美妙感都指向整体。诗意需要克服的正是种种碎片式、分割式、原子式存在，诗意之韵味存在于有机的和解与交融里，存在于整体的感觉与体验里。诗意就是和谐整体营造的氛围，就是被那种整体的氛围所笼罩，并在那种整体里感受到被融化的充实感觉。当你在富有诗意的爱里，当你在大自然的怀抱中，当你处身于忘我的创造、信仰或祈祷之中时，当你在宁静中沉思、冥思，你都能感受到你和周围世界融化为一体，万事万物都交融于一身。而正是在此时，所谓的诗意就会在你心中弥漫。中国传统精神与传统文化的方向之一就是注重"和"，而和就是避免单一性、单向性、局部性，避免碎片化的割裂，实质上就是注重整体。天人合一说、阴阳五行说等意识都是中国传统意识的最典型体现，也是中国传统意识的整体性表现的一部分。

《左传》中说："公曰：'和与同异乎？'对曰：异。和如羹焉。……故诗曰：'亦有和羹……'先王之济无味，和五声也。"（《左传·昭公二十年》）

建立在"和"的基础之上的中国传统哲学精神事实上重视的就是整体性。在西方的文化中也存在这种整体意识。亚里士多德在《论灵魂》中就认为灵魂是万事万物之整体、总体。德国学者约瑟夫·皮珀在解释这种思想时说：

"去拥有精神，去成为精神，去具有精神性——所有这些的意思都指向进入现实整体世界的核心，去和一切存在者之总体建立关系，去面对宇宙。因此，精神并不居住在'一个'世界里，也不居住在'自己'的世界，而是存在于整体世界，一个具有'看得见和看不见之一切事物'的世界。"①

---

① ［德］约瑟夫·皮珀：《闲暇文化的基础》，刘森尧译，新星出版社2005年版，第109页。

和动物相比，我们人类有自我意识，也常能保持意识与内心的统一性。动物的那种微弱意识具有零散性的特点，我们的精神或生命却有中心，并能在这种中心基础上保持精神的完整性与连续性，人类的精神一旦被局部化或碎片化，这种精神就异化了，精神不能从完整性里被分割。在某种意义上，可以说纯真的精神就意味着追求完整性，不追求完整性的精神是有缺陷的精神。

诗意是人类的自我意识形式，是一种基于直觉的内心体验，在诗意的直觉里事物的完整原貌被保持，这也即意味着符合事物原初性或真实性。就保持精神的完整性的角度讲，诗意体验比一般意义上的宗教体验更能体现人的整体倾向性。美国哲学家威廉·詹姆斯在《宗教经验之种种》认为，宗教是人对人生的整体反映。对人生的整体反映当是肃穆的和仁慈的态度，而不是轻浮、玩世或怨恨、沉重的态度。诗意体验的整体性与此有相似点，在完美的诗意体验中，其整体倾向性似乎更浓。诗意体验的深处蕴含着基于整体的深厚。诗意深处蕴含着基于整体的自由与解放。

诗意的整体性意味着人类追求基于精神完整性的生命，而不是追求某个不自然的有片面要求的感性、理性，甚至神性，不是单个满足人的感觉天赋、理性天赋甚至信仰天赋，更不是追逐某个物质性的片段，或追求片段的爽快，或追求瞬间性的刺激，或追求纯粹的理智，或追求以压抑感性与理性为前提的所谓宗教性。诗意的整体性就像交响乐的优美旋律，是从整个音乐曲式中体现出来的，并形成自己的和谐的音乐风格与色调。

诗意的整体性意味着诗意的联系性，那也就是说，整体意味着非封闭、非分割，意味着人和整个世界的沟通与交流，而不是抽象与隔绝，意味着人的世界的各个层面的生生不息的交流与循环，意味着自由，意味着敞开，意味着除去遮蔽，同时也就意味着海德格尔与雅斯贝尔斯的澄明。在诗意的这个整体世界里，单纯的自然王国的片面性，单纯的理性王国的局限性，单纯的信仰宗教性的压抑性被消除。

诗意的整体性也包括和谐性，意味着将感性、理性与神性的不自然的局部片面性要求纳入统一的整体里。诗意的整体意味着其不是单纯的感性，或单纯的理性，或单纯的神性（面向绝对、无限与永恒的一面等），在人的多层次的综合性存在里，在人的澄明、充实的体验中，感性、理性与神性交融为一个整体，在这个整体里感性、理性与神性各自的片面性被消融，并达到和谐、完美的统一。

二　内在性

内在性是诗意的最基本的特性。内在性指向人的内在心灵或灵魂，为了进一步了解内在的含义，我们来看一句德国学者约瑟夫·皮珀在解释内在性时所说的话：

"这是一个有机的中心点，是所有一切活动的来源，然后也是一切经验的回归之处。"①

所谓的内在性指的是存在的内在原则，也就是生命、存在、意识的灵魂原则或内在精神原则，同时内在性还是精神性经验的中心点与回归之处。内在即指精神与灵魂。有些哲学也将之称为人的主体性。但我们这里讲的不是人作为社会主体的主体，而是作为精神体验者的主体，是指我们的体验着的内心，这颗心促使我们产生向着精神方向迈进的倾向与愿望。基于这种倾向与力量，我们的生命、生活与精神主要不是凭借外物，也不依赖外物，而主要求之于内，向内寻求生命与精神的支撑力。

诗意的内在性是指诗意的性质从内部规定或内部决定，而不是来自外部或由外部特征决定或规定的。诗意的决定因素不在其表面的物质化、客体化方面，不是一些僵死的外部成分或因素，诗

---

① ［德］约瑟夫·皮珀：《闲暇文化的基础》，刘森尧译，新星出版社 2005 年版，第 102 页。

意的内在性靠精神性沉思或想象来实现，靠精神性的内在情感来推动。诗意需要外在呈现，但其实质却是内在的，是内部的精神性决定的。

诗意的内在性经常体现在诗意体验中沉思、回忆、冥想、幻想、想象等方面，这些就属于经验的中心点，就属于经验的依归之处，就是精神的来源，沉思、想象、回忆等支撑起一个独立的自我依存的世界，这个世界就具有内在的力量与倾向。这种不凭借外在、不依赖外在的生命与精神状态，就是一种富有内在性、富有内在感的状态，这常常也是从我们内心深处散发出来的一种倾向或力量。在中国的文学或文化观念里，文学的诗意和"意境"有较多的相关性。意境一词源自佛经。佛家认为，心之所游履攀缘者，谓之境，所观之理也谓之境，能观之心谓之智。王国维在《人间词话》里把意境分为"有我之境""无我之境"。

内在性与中心意识或自足感是一致的，并和依赖性或依附性——尤其是依赖或依附外界外物——相对相反。和中心感、自足性相关的概念还有自律性。我们的内在心灵就能满足我们的精神需要。内在精神——内在想象、内在情感等——成了诗性经验的来源，成了诗性经验的内在支点，也成了诗性经验的内在根基与回归之处。所谓的自足性包括两个意思：1）自给自足，2）自我满足。

具有中心感、自足性的存在状态同时也具有内在性：简单、自然、想象、沉思、宁静、浑然、透明、和谐、纯洁、神秘等，富有诗意的意境里总是包含着一种神秘的气息……没有了这些自足自律的生命要素，诗意就不存在。自足并不意味着不和更大的精神世界沟通，这种自足之所以成立恰恰源自这种沟通，也正因为有了这些交流，神秘与宁静的气息才会在那种诗意之境里像风像雾一样地漂流。不管是思想还是我们的生命都需要那份看起来不可思议的自足性。

诗意一旦被物质化、外在化或客体化，也就会在某种程度上消失。

笛卡尔在《哲学原理》第一章"人类知识原理"中提出了"我思故我在"原理,把"自我"当作一种思想,他认为这个思想不依赖于任何物质性的东西而存在,也不需要任何地方以便存在,甚至连人脑都不需要。这个自我是"心灵",是思想着的主体,其是认识的起点。他把心灵之自我当作哲学的基本基础,这种思路就是属于"内在性"的。他这里的"我"是思维着的我,而我们所说是诗意的体验者,是体验中的精神主体,是体验中的自足性倾向,而不单是思维者,体验者比思维者更丰富、更完整,也更接近人的内心的真实。

西方近代哲学中的思维内在性及存在论倾向,由笛卡尔最先提出,后来经过德国古典哲学完成了理论建构。在谢林的内在精神原则的基础上,黑格尔详细论证了绝对理念的"自我运动",通过逻辑思辨走完自己的历史性。黑格尔还认为理念(或绝对理念)与现实具有同一性。

循着笛卡尔的思路可以认为,诗意或诗意体验的起点是体验着的自我,这个自我是由内在心灵决定的。诗意的本质来自体验着的心灵。这心灵不需要诸多的外在条件,不需要社会化,也不需要自然化;不需要有那么多的学识,不需要有那么高深的道德教养,更不需要复杂的科技手段。

三 超越性

任何存在的诗意都和精神超越有很大的关联,超越方向是精神上的神性(佛性、道、宇宙精神等),而任何精神上的超验性都带有诗意,超越性也和内在性有较为密切的关联,不过其含义各有偏重。超越性(transcendence)一词来自拉丁文 transcendere(意超过、攀越)。诗意的超越性意指人超出自身,超出自身所在的现实的经验世界,与形而上的世界之间发生关联的倾向,尤其指人借助于心灵的情感、勇气与想象力融入与经验世界不同的带有本原色彩世界里的倾向、愿望与能力。经验世界和形而上的世界有很大不同,两者之间是有阻隔的，其通道被种种人为的或世俗的因素所遮蔽，常常借助于心灵的纯粹、澄明与宁静才能产生飞跃。可以说超越性和内在性是相互联系的，是互补的，内在性里有超越性，超越性里有内在性，比如在道家看来，道是超越的世界，是最高的存在，也是事物发展变化的终极原因与动力，道就在万事万物里面，但其也是内在的，透过参与创化的过程和因果关系，其渗透在世界之内。在一些有信仰的文化体里，这个超越世界就是神的世界。

俄罗斯白银时期的重要诗人盖·伊万诺夫，他有一首诗叫《我宛如生活在迷雾里》，其中有几句：

> 我宛如生活在迷雾里
> 我仿佛生活在美梦里
> 在幻想里，以超验的方式
> 但如今我已不得不苏醒。

超验会产生存在的迷雾之境；人生存于某种迷雾般的精神氛围里是好的。这里所说的迷雾是一种精神之雾，是指意义感组成的雾气，由充实感唤起的美梦，是一种内在精神的满足状态，是一种存在于音乐旋律上的近似梦的状态。

诗意的超越性既是存在意义上的又是体验意义上的。存在的超越性和人追求完美的努力有关，荷尔德林以及海德格尔的关于诗意的栖居的思想也是追求存在完美性的体现。体验的超越性是指体验者通过创造性的直觉感受外部世界，这个外部世界可以是自然界，也可以是社会精神现象，也还可以是形而上的精神本体。一种精神性本体在不同的文化中有不同的名词来称谓，比如道、梵、神或真主等，这是超越的主要方向及其动力。诗意体验中的超越现象，既体现了体验者体验中的意向合理性，也肯定了体验者通向外部世界，即肯定世界客观实在的作用。

哲学家维特根斯坦被归为逻辑学家，是逻辑原子主义和日常语言哲学的创始人。他在谈到意义问题时也说：

"世界的意义必定在世界之外。世界中的一切事情就如它们之所以是而是，如它们之所发生而发生；世界中不存在价值——如果存在价值，拿它也会是无价值。如果存在任何有价值的价值，那么它必定处在一切发生的和既存的东西之外，因为一切发生的和既存的都是偶然的。使它们成为非偶然的那种东西，不可能在世界之中，因为如果在世界之中，它本身就是偶然的了。它必定在世界之外。"①

价值和持久性、稳定性密切联系在一起，和永恒感、无限感、非偶然性密切联系在一起，不具有持久、稳定或永恒、无限色彩的事物很难具有较高的价值意义。诗意体验的本质也是对神性的一种呼唤，而所谓神性实际上就是一种绝对性、永恒性、无限性。超越就是脱离现存的经验世界和非偶然的、富有精神价值的世界沟通交流。这种诗意体验中的超越性给人类的存在带来意义，同时也表明了人是受局限的。通过诗意体验产生超越的可能性，现代的各种意向性理论提供了理论方面的支持。

心灵能否超越自身的多重羁绊与约束，去体验与领悟超过自身、超过物质的另外的高级领域呢？意向性思想肯定这种认识的可能性。和这种超越的思想相对的是各种各样的不可知论与各种各样的无神论思想，这两种思想方向都是对人的超越性倾向的怀疑与排拒。一个非物质的、神圣的精神领域究竟是否有可能存在？或者说宇宙的深处是否具有非物质的核心与灵魂？在人类自身与神性（绝对、无限、永恒等特性）之间是否存在着沟通的可能性呢？人类试图通过精神的意向性超越的精神领域，同时也意味着人自身的有限与疏离。

现代中国文化一般是否定人格意义上神的存在的，对神性有着

---

① ［奥］维特根斯坦：《思想札记》，吉林大学出版社 2004 年版，第 16 页。

自己的理解角度。虽然现代人（以及其哲学与宗教等）对神性看法有很大的差异，对超越性的解释也有所不同，但大多肯定超越性的价值与意义，认为透过人类最深处的内心就可达到神性（这也是印度最古老的观点与看法），当代不少哲学为了摆脱一些宗教的困境，也试图通过人自身的意识来触摸神性领域及其存在。

四　神秘性

人类的存在具有神秘的基础，生命中许多美好的巅峰时刻都是充满神秘感的，人类存在中几乎所有具有精神意义的充实体验都带有绝对、神秘的色彩与基调。与现今的文化发展方向相左，笔者认为人类文化应该努力方向的之一就是增加存在的神秘感，尤其是在科学技术、商业理性等几乎吞并一切的情形下，存在的神秘感备显重要，宗教、哲学、艺术、诗歌等为此付出了巨大的心血。可以说，人类的存在如果丧失了这份神秘性就等于丧失了生命的深厚背景与韵味，从而和智能机器人没有什么不同，而所谓的神秘性恰恰是诗意精神拥有的韵味之一。

诗意的神秘性来自诗意通往原初、通往本原的倾向，这种原初与本原可以具有不同的性质，可以具有不同的层次，就其最终的根源来看，这种本原具有无限、绝对与永恒的气息，这方面不是人类的感官或理性可以把握的。这是体验者与无限、永恒或某种绝对的气息交感时发生的难以言传的感受或感觉。

中国文化传统一直具有深厚的神秘主义传统。道家与佛家源流就是这份神秘冲动与倾向的集中体现。佛家的性空思想及水中月、镜中花的比喻，都具有一种空灵而神秘的气息。道家的"道可道非常道，名可名非常名""玄之又玄，众妙之门""游心于物之初"等，感觉起来都很神秘。恰恰是这种东方式的神秘给人们的存在与内心抹上了一道诗意的背景。

关于诗意的神秘性，中国诗人陶潜说："此中有真意，欲辨已忘言。"

我们先来看一首诗《遗弃在森林中的路等待着》，从中体会一下诗意的神秘，这是北欧诗人斯诺里·夏扎逊的诗：

遗弃在森林中的路等待着

你轻盈的脚步

黑暗中的风静静地等待着

你亚麻色的头发

小溪默默地等待着

你热切的嘴唇

被露水打湿的小草等待着

而鸟儿在林中沉默不语

我们的目光相遇

在我们之间鹧鸪鸟飞翔

翅膀上阳光闪闪

（北岛　译）

诗意的神秘性给人类的存在带来了意义、价值与美之光辉，在科学技术、商业文明发达的今天，这份内心中的神秘的悸动更显示出了精神意义。这种神秘体验是自然而然发生的，就像人们面对浩瀚的天空时不由自主地产生的感觉一样。同大自然神秘的本原相比，诗意的神秘性或者说神秘的诗性体验主要不是来自人为，绝大多数人为的、刻意的故弄玄虚都不能产生具有精神价值与意义的神秘感。

俄罗斯哲学家别尔嘉耶夫说："神秘主义是精神之路和在这条路上的最高成就。"①

---

① ［俄］别尔嘉耶夫：《精神与实在》，张百春译，中国城市出版社 2002 年版，第 135 页。

神秘是人类精神性存在的背景，反过来说只有具备了这个背景，人类的存在也才会具有一种特别的光辉与深度。就像在人类的男女之爱中发生的情形。人类存在中的许多精神性现象，包括游戏性、发现性等也都具有神秘感，神秘性的诗意存在接近音乐，其旋律、和声、节奏等都充满了难以言传的性质。诗意体验中的创造性、新颖性或发现性等也蕴藏在诗意的神秘性之中。

第三节　诗意的递进层次

我们依据我们存在及体验的广度、深度、融合度、持久性及满足程度等，将诗意从低向高分成不同的层面：感性层次、有限的精神层次以及超验层次。我们的存在与心灵在感性层次上会有诗意的体验，但这种体验常常是缺乏深度的，缺乏持久性，内在精神韵味，心灵的满足程度不高，在以人为中心的有限精神层面，这种体验有了新的层次，自由的、自豪的、爱的情愫等使人获得满足，但越接近忘我的超越层次，其诗意的体验也越浓，内在精神性内涵也越宽广，满足程度也越甚，心灵的充实感与意义感也越强。

德国哲学家舍勒说："'更高的价值'也给出一个'更深的满足'，这是一个本质关系……'满足'是一个充实体验。只有在对一价值的意向通过价值的显现而得到充实时，充实体验才会出现。"①

一　感性层次

事实上存有两种感性，一种属于客体世界，另一种是这个世界在人类心灵之中的反映。当外在的感性世界经过人类心灵世界的折射与过滤后，感性世界就产生了蜕变，也就被心灵化了，外在的感性世界的心灵化同时也是内在化。在诗意中感性因素是不可缺少的，

---

① 冯平主编：《现代西方价值哲学经典——心灵主义路径》，北京师范大学出版社2009年版，第238—239页。

感性因素或感觉因素是诗意的不可或缺的基础材料，或诗意的原始质料，但感性因素不是诗意发生的最主要的方面。让人迷恋的存在情境，其感性要素居多的情形也是有的，但如果感性要素太过突出，却没有被心灵的、内在的、超越的一面所渗透，那么其整体感觉就会缺少悠远（或旷远）的韵味与精神气息，尤其会缺少静远、深邃、辽阔的一面，并最终削减了其给人的内在心灵带来的满足程度，从而削减了诗意的层次。感性层次的诗意意味着在体验中有较多的感性满足。

诗意是能将我们的各种天赋与潜能充分展现出来的精神力量，其中也包括感觉天赋。和我们感觉天赋相连的感性因素也是这个诗意整体中的一部分。丰富的感觉与感性元素始终是诗意的一个基础。感性层次的诗意往往偏重以世俗的形象或方式出现，偏重展现物质属性、感官感受，偏重对世界的物质属性以及感官感受的形象显现上。感性层次的诗意和感性的满足相连，主要涉及偏于感性的快乐及欢乐情绪。这里我们的看法与舍勒不同，他把心灵的满足看成与快乐无关的精神性情绪。单纯的感性层次的诗意属于诗意较浅的层次，之所以说"浅"，是因为在这些感性之中只是包含了产生诗意感的某些原料、某些元素构成。

首先，感性层次的诗意的较低一级是建立在感官刺激或感性享乐基础上的种种人生画面及其文学艺术。这种感官刺激或享乐或许很真实，或许也能给人带来基于刺激的快乐，但这种感性的欢愉，这种寻欢作乐倾向也会带来内心与精神的分裂，这种基于分裂的局部的片面性倾向，这种建立在感觉刺激基础上的人生画面及其体验是缺乏内在性与超越性的，因而还不能算富有诗意，也就是说缺乏让心灵充实、丰富和有意义感的基质。这种基于刺激形成的享乐经常伴随着随后而来的空虚。单纯建立在刺激基础上的性爱是这个层次最典型的画面。无聊与空虚会在最大程度上销蚀其中的意义。

这个层次的主情绪是感性的满足，常常表现为快感或以快感为基调的快乐。

丹麦哲学家克尔凯郭尔在论述其人生诸阶段的理论时，把其称为"直截了当"的生活方式。他认为人如果只是单纯地追求刺激与享乐，那和动物（甚至是低级动物）没啥区别。他还带着嘲讽的口吻说："有许多众所周知的昆虫，在其产卵的时刻死去。这样，它带着一切的欢乐，在生命的至高时刻，在享受的极佳时刻迎来了死亡。"①

其次是建立在感性形式基础上的感性行为。"类似黄金比例的图形使视觉器官扫描图像并传递给大脑的过程变得更加容易。当动物受益时它们的感觉会变得越来越好，因此当它们找到食物、避难所或配偶时它们会感到快乐。当我们看到黄金比例时，我们也受益了。因此我们感到愉悦。"②

这也算是感性之维的审美情绪的一种，和我们生活或生命中注重比例、对称、均衡等形式美原则有更深的联系。这种以形式或形象为基础的体验在现代社会占据了人们相当的注意力。这个层次对感性形式或形象较为关注，其潜在的诗意常常与当代的种种最新技术相结合，并形成一股力量。这股力量也是当今主流文明式样影响力的最直观的显现，以致我们也可以说这是和技术层面联系在一起的诗意类型。人们认为几个世纪以来黄金比例一直指引着艺术家与建筑师，因为其能给人带来潜在的愉快。

感性层次诗意的较高层是那种具有画意感的类型。这种画意已经超出一般的画面感与感性要素的聚合，并具有超感性的韵味与倾向。人们一般也习惯把诗情与画意联系在一起。画意，也意味着如画般的：如画般的自然、如画般的社会场景等。这个"如画"不是

---

① ［美］唐纳德·D. 帕尔默：《克尔凯郭尔入门》，张全治译，东方出版社 1998 年版，第 87 页。

② 《参考消息》2009 年 12 月 31 日第七版。

单纯的感性，已经有了初步的向内的返归，但还是未能达到诗意的高层，就像女人仅仅"漂亮"还够不上诗意一样，其大体还属于感性层次的诗意。女人真正的、富有诗意的美具有内在性，是内在性灵魂的流露。当她成为一个自由自在的、独特的女人，当她身上散发出爱的或自由的或宁静气息，那她身上的诗意感就提高了些，女人身上的最高层次的诗意之美，通常具有超凡脱俗、远离尘嚣之感，并因而摆脱了一般意义上的漂亮之内涵，而具有了超验的色彩。感性层次的诗意和人们的欲望、情绪等功利性内容联系在一起，也和人们的视、听、嗅、味、触等感觉欲望联系较紧。

感性的方面在现代人的生存环境中占据着较为重要的地位。感性的重要性也被大大地提高。在现代人的生活中，物质的感官享乐与消费已经成为潮流，感性层面的娱乐几乎主导了一切，基于此也会注重物质性外观等元素。许多哲学家也大力倡导感性或新感性。德国哲学家尼采要重估一切价值，其中就包括重估感性与理性。他贬抑理性并抬高感性的价值。对人的建立在感性基础上的生命冲动给予很高的礼赞，他的酒神就是肯定感性欢乐的代名词。现代哲学家马尔库塞也极力倡导所谓的"感性之维"，反对把人内在化的倾向。

从张扬人性的角度来看，这种对感性生命的肯定是有益的，总体的人意味着对人天赋的全面肯定，种种快乐或欢乐的情绪对人也是有益的。但如果从诗意的角度来看，感性之维通常只能产生诗意的基本质料。单纯地强调感性之维也会使之成为被割裂的片面之维，单纯地生活在感性里，其精神后果也是严重的，如同生活在一个没有窗户的、四面封闭的房间里，很难让人体会到心灵与精神上的宽敞感与深邃感，很难让人体会到内心自由的力量，更难让人体会到与宇宙同体的绵延感。以快感为核心的快乐很难通向深邃的远方。存在或体验的片面之维使生存局部化，而片面性、局部化、被割裂等生命状态与精神状态是缺乏真正意义上的诗意的，这就意味着缺少内在的精神价值肯定，也意味着某种空虚与无聊、某种焦虑与无意义感等会接踵而来。

二　有限精神层次

诗意的更高层面是有限精神层面，这里所谓的有限精神是指：精神还陷在人自身的范围里，宽阔、深邃的精神意味较淡，缺少通往无限与永恒的旋律与韵味，这个层面的诗意能满足更内在的心灵，是富有感染力的精神气息，这种富有感染力精神会冲破感性表象的约束。这种感染力来自人类的精神性经验层面，可以说封闭在单纯的人的世界里的精神都属于有限精神，这种有限精神来自人自身，来自人特有的精神创造力与力量，是人对自身力量的发现、意识或自我表达。用稍稍哲学化的术语来说这就属于以凸显以人为根本的精神，这个层面的精神气息来自人对自己力量的肯定或赞美，在这种精神韵味里，人的尊严与生命感觉被直接或间接地张扬了，人的地位与价值被肯定。这种尊严与价值，常常是通过其成为独一无二的个体形式来实现的。

我们中国的当代美学在谈到美的发生原因时，大多强调"人的本质力量的对象化"，这里对象化也是物化、客体化。人们从对象身上看到了人的力量，因而产生喜悦，对象成为人的逐步自由的象征等。这种占主流地位的美学观点基本上还是从人本的角度来思考问题的。关于人本精神我们可以从不同的角度来理解，总体上来看，这是人从精神层面上对人自身力量的赞美，是一种自我肯定，但这种自我肯定常常也带有某种片面的意味。人的价值与尊严首先表现在每个人都是一个独特的个体的存在，是自我依存、自我依赖的个体。这个独特的个体有着丰富的内心，有着自己活生生的内在感受，有着自己的想象、希望与憧憬，有着自由的意愿，有着自在自为的幻想。

局限于人的自由精神是有限精神的重要体现。这种自由还属于基于人的自由，未能进入更高世界，未能和无限、绝对与永恒精神对接，还带有人的感性色彩，还会受到某种程度的感性羁绊。这种自由精神常常能给人带来内心的满足，带来美学教科书上所说的美的喜悦，并让人体会到那种基于自在的诗意感。这种自由的气息主要是通过人的自由意志得到展现的。没有自由的气息以及人的自由意志就没有所谓的人类尊严，也就没有所谓的人类价值，也就是说没有人类的精神。意志中的"意"是指人的一种内心活动，或指人内心的一种状态。"志"是指对生命目的与方向的一种坚信、坚持。意志，即人的内心有目的、有方向、有信念地坚持一种内心活动或状态。自由意志是对这种活动或状态更进一步的描述，突出了人自在自为的一面。

自由意志是以人为根本的、有限精神的集中体现，这种自由大多还局限于人的经验界的自由。这种自由给人带来的喜悦，最典型地体现在一些歌颂自由的诗歌里：雪莱与普希金的《自由颂》，匈牙利诗人裴多菲的《自由，爱情》：

> 生命诚可贵，爱情价更高。
> 若为自由故，二者皆可抛。

在这个层面上的一些精神展现能体现诗意感，这是一种基于心灵直觉的精神性的价值，属于人的自我依存、自我肯定的精神性倾向，其不依赖外界的种种物质性、客体性因素。这种力量主要通过人类的意志自由来展现。有限精神层次就和人独有的精神特质有关，和人类所谓的主体性精神相关。这个层面的精神突破了人类种种实用性思考，着眼于人类种种非物质性的生命指向。人格的独立与自由是这种意志自由的具体体现，人感受到自身的精神尊严、自身在大自然中的地位、自身的价值感与自豪感。

将我置身于严冬吧——哪怕是寒风凛冽！

只要自由存在，我将长歌不歇！

〔英〕威廉·柯柏

　　英雄精神也是人类精神力量的展现，也都能给人带来诗意的体验。人类有不屈不挠的英雄精神；人类有向上的奋斗精神，还包括自由的创造精神。自由精神摆脱种种感性的羁绊，摆脱种种感官的束缚。自由的创造精神是人类主体性精神的核心。人们终于回归主体，回归了人之核心。这一精神层面的诗意既是精神的，又不脱离感性形象或感性要素。站在帕特侬神庙前，我们的诗意体验不仅来自对古人高超技艺的折服，不仅来自对逝去历史、文化的追思，同时更来自内心的那份崇敬之情：对人类的创造精神与英雄精神的崇敬。

　　最后是爱之精神。这个精神指向人与人之间的互爱。爱是诗意体验的一个核心。这是和意志自由结合在一起的爱，自由的爱情、自由的爱的渴望，爱之中的憧憬，爱的忧伤、爱的绝望、爱的困惑等，利他主义也是爱之精神的一种流露。歌曲《月亮河》虽然表面上是在写一个感性的爱之意象，但已不仅仅停留在感性里，而是从感性中升华了，富有了人的自由的精神色彩。

月亮河宽宽的河

一天我从你身旁过

旧梦让我心碎

无论你流到哪里

我都跟着你走

追梦园寻找彩虹

一直到那天边尽头

来吧我的朋友啊

和我一起走
趟过了月亮河水
勇敢地走——

如果说，前一个层面的诗意着眼点偏重在感官快乐，偏重在器物的外观与实用性上，偏重某种画面感，那么从这里，诗意才又真正转回到了人类的精神方面，而能凸显精神的诗意才称得上诗意。在这一层面上，人看到了自己独特的不同于其他物种的方面。这一层面的诗意将感性与人的精神统一于一身：诗意即是人类精神理念与人类自由心灵的感性显现。

三　超验层次

对于更为深沉、更为宽阔的诗意经验来说，各种自我意识（尤指人的自我意识）常常会形成一种无形的隔绝，或者说形成一种无形的障碍。基于人的自由感也是有限的。这也是一种身陷自身的意识，或者说是局限于有限性的意识。在更高层次的诗意体验或感觉里，人类的自我与自我意识的诸多方面没有被明确地意识到，或者说被更高的精神性向往超越了，并进入信仰领域或超验区域。更高层次的诗意感需要进入忘我的、更内在的超验领域。中国孔子在齐闻韶乐所达到的境界就属于超验层面的诗意体验。可以想象在那一刻孔子领会到的乐之核心与本体。

德国哲学家西美尔说："存在只对信仰开放，而仔细看来，信仰也只指向存在。"[①] 这里的信仰不限于西方类型，东方式的信仰也是一样。这里的存在就是生命的一种澄明状态。更高层次的诗意存在或体验超出人类一般的、有限的经验性精神，进而和神性（佛性、宇宙精神等）要素结合在了一起，并具有了浓厚的向上的超验倾向，

----

① ［德］西美尔：《现代人与宗教》，曹卫东等译，中国人民大学出版社 2005 年版，第 61 页。

这种向上的超验倾向使人连接了神秘的、未知的、广阔的精神领域。超验层次的诗意含有对人的片面精神的否定意味，通过这种积极的自我否定，我们更多地领会到了被称为"神性"（或佛性、宇宙精神等）的精神光辉，并让我们与之融合在一起，使我们成为充满奥秘感的存在。

这种高层次的诗意存在和人对自身存在或意识中片面性的自我否定相连，这是积极的自我否定，这种否定是自然的、自由的，不带有强迫色彩，其大多也和人身上自然的超验倾向联系在一起，可以说这种基于神秘体验的沉醉是诗意更为深邃、更为深沉的形式。超验层次上的诗意是以宇宙精神为本或者说以神为本的类型，这个神可以是泛神论意义上的。这个层次上的诗意及其体验同人类更为辽阔也更为深沉的精神形式相对应。反过来也一样，要在更为深刻的意义上领会或感受诗意，人就必须从自我世界（包括有限的精神世界）走出去，才能领会更为深邃、更为真实、更为辽阔的精神之境，那是被一种大精神所引导的更为辽阔的生命境界。

这种超验感可让体验者体会到"神圣性"。人进入了某种神圣的境界或被某种神圣的感觉所包围，这是存在诗意性的最高体现。这个层次的主要精神感觉是难以言说的"神圣感"。神圣价值、神圣之维在这种诗意体验中得以彰显。这个层次的诗意也让人生存于终极光辉的笼罩之下。这时人的内在的心灵或精神世界获得了极大的满足，一种内在的愉悦洋溢其中，常常还伴随着一种广阔的、丰富的宁静，有一种存在被提升、被扩充的感觉。

美国的超验主义运动也倡导这种精神境界。以爱默生为代表那些诗人们，要通过诗歌寻找至高者，他们把这个具有至高者地位的精神称为超灵。海德格尔根据德国诗人荷尔德林的诗作精神阐发了关于诗意的思想，这一思想的核心就是诗意和神性联系在一起，诗意就是对神性的感应与召唤。所谓的超验可以简单地理解为对一种神性或至高精神的接近、领悟，是与神性或至高精神的对话与交流。

超验倾向对诗意或诗意体验具有极为重要的意义。佛学认为精神属于"性"（佛性代表至高精神），物质属于"相"，相有形形色色，并且千差万别，"性"是隐藏在相后的、具有恒定感的相的共同面，这个面遍及众多的相，藏在相的深处，并且永恒不灭，相是不断流转、即生即灭的。"性"这种精神性基因是生命之源。这和古希腊柏拉图说的理念有着很大的相似之处，精神都不属于事物的物质的相。这种性或者理念是隐藏在事物深处的"大我"。要想领会相背后的真如实性或大我，就必须勤修戒定慧，破除贪嗔痴。在原始的宗教思想里就有这种思想的萌芽，对原始社会素有研究的人类学家对此有着详尽的论述。英国人类学家麦克斯·缪勒在《宗教的起源与发展》就是一例。我们中国的道家——比如老子《道德经》中——关于"观道"的一系列阐发也是超验思想的体现。古希腊的哲学家柏拉图以及受其影响的柏拉图主义流派也是如此。

"于是放眼一看这已经走过的广大的美的领域，他从此就不再像一个卑微的奴隶，把爱情专注于某一个个别的美的对象上……这时他凭临美的汪洋大海，凝神观照，心中涌起无限欣喜……"①

几乎所有的文明宗教大都有这类思考。更高层次的诗意关涉"超验感"，真正高级意义上的诗意不能停留在感性上，而是要跨过感性领悟其背后的东西，与更为深邃的至高精神力量或源泉进行交流与沟通，体会这种交感之中所散发出来的光辉。

超验层次的诗意是人的积极的自我否定形式，这种诗意体验更深沉、更深邃、更能贴近人的内在的深层心灵。这种诗意或诗意体验和当今以人类为中心的消费主义、功利主义、物欲态度、科技至上等思想形成对照。这个层面的诗意常常和宗教体验有相似性，都

---

① ［古希腊］柏拉图：《文艺对话集》，朱光潜译，人民文学出版社1963年版，第271—272页。

带有"神圣感"。感性层次的诗意和快乐愉悦有着更多关联，有限精神层面的诗意以张扬人本精神（以人的自由意志为核心）为其特征；最高层次的诗意及其体验接近宗教的层面或宇宙层面，在这一层面的诗意及其体验中，人的自我及自我意识的片面性、狭隘性、有限性被克服。超验层次的诗意体验大多属于宗教性的，超出了一般的感性层次，也超出了人的有限的精神层次。那种深邃的具有宁静色彩的、非压抑的、具有自由感的宗教经验是最富有诗意的种类。这种诗意体验在中国传统里被称为"天人合一"，即人与自然的融合。

超验层次的诗意是一种更为深沉、更为宽阔的体验类型，中国传统中的"天人合一"思想也属于超验诗意意识：与至高世界、至高精神的交流与沟通。其实，大多数的宗教如果我们撇开其压抑人的糟粕部分，仅就其精神精髓来看，就会发现其大多饱含人生的诗意幻想，无论是西方的基督教，还是东方的佛教、道教等，都包含了太多审美的、诗性的思考与领悟，他们都试图超脱俗世的纷繁与苦难，超脱感性有限性的羁绊，以获得灵魂的自由与宁静。基于超验意识的诗意常常以宁静的面目出现，并以获得心灵的深深的宁静为其目的。

在中国古代经常把诗歌创造、诗论与参禅相提并论，摆脱感性羁绊，摆脱以人自我及自我意识（或人的自我精神）为中心的状态，进入更为深邃的精神世界。六祖慧能的偈诗"菩提本无树，明镜亦非台，本来无一物，何处惹尘埃"，其充满了洞察世事的平和及深刻的佛理，而深受佛理浸染的王维在《终南别业》中也表现出一种禅味。"行到水穷处，坐看云起时。偶然值林叟，谈笑无还期。"

中国道家的思想从整体上看，既是宗教的，又是富有诗意的；老子的审美静观思想既是宗教思考也是诗学思考。道家的"涤除玄鉴""心斋""坐忘"等理论思考就是在超验的层面进行的。这一理论的要旨就是要人们排除人世间一切杂念，保持内心的虚空、质朴与宁静，然后实现对"道"的富有诗意的领悟。更内在的超验层面的诗意，牵涉到与更高、更大、更深邃精神的合一的经验感受，这是一种和更深厚、更深邃的力量交融在一起的体验。这一层面的诗意常常也以富有精神感的审美崇拜的形式出现。

四 存在的"一"

英国人类学家麦克斯·穆勒说："我们务必认识到，人的本性是个极不完善反映神圣的镜子，但是我们又不能打碎这块玻璃，而是要可能地使之明亮。虽然镜子是不完美的，但对于我们来说它是完美的，而且对它的信任不能有片刻的动摇。"①

使人性明亮的方式之一就是追寻存在的"一"。中国的老子在《道德经》中多处强调了"抱一"或"一"的价值。这种存在的"一"实际上就是具有统一感的和谐体验状态，也就是海德格尔所说的澄明状态，这同时也是人性的澄明状态。这种基于"一"的澄明蕴含在人的自然性与超自然的完美统一与协调之中，蕴含在对自然面的超越里，蕴含在人的感性天赋、理性天赋与信仰天赋的完美融合之中，蕴含在人存在的本真与意义之中，存在于人类不断递进式的、充满勇气的超越之中。人性的明亮或澄明的反面是不断地追求"多"与"杂"，这种在感性欲望推动下的"趋多""趋杂"倾向也会造成人性的晦暗或黯淡，而避免晦暗的关键在于要竭力保持我们人类的生命原初的"守一"感，完整性与和谐性，尤其是保持我们感受种种无限与永恒的能力与倾向，让我们还能和绝对者有沟通，并由此获得宽阔的意义基础，并被基于无限与永恒的意义之光所笼罩。

俄罗斯哲学家弗兰克说："'无意义'就是黑暗与无知；'意义'是光明与明白；获得意义就是明亮的、安宁的、照耀一切的光将生

---

① ［英］麦克斯·缪勒：《宗教的起源与发展》，金泽译，上海人民出版社 1989 年版，第 259 页。

活照得透亮。"①

在描述这种澄明的诗意时，海德格尔讲到了天、地、神、人四个方向，或四个元素。这四个方面既有自然的一面，也有超自然的方向。自然的一面是诗意的质料与基础之一，诗意世界是自然与超自然的融会贯通的世界，是一个借助人类的文化实现美好愿望的世界。这里自然意味着感性、感觉等侧面，超自然则意味着无限、永恒、绝对、终极意义、信仰、信念等精神性方向。正是这个方向将本来略显混沌与黯淡的人性照亮，就像在爱里的永恒与无限将爱照亮一样。

超验层次的诗意包含了真正的精神价值之真，也和我们人类的主体体验密切相关，也和其绝对的一面相连。诗意体验的高级价值存在于某种带有超我倾向的感情之中，人类的精神体验似乎也有一条由低向高的上升阶梯，高处代表着消除杂芜之后的和谐、完美、纯全的神圣感。诗意体验的价值品级越高，人性也就越接近于哲学家们所说的澄明状态。

人类诗意体验本质上是一种基于"一"的和谐体验，在这种单纯的、神秘的和谐之中，感性的、理性的因素都有自己的位置，但和我们的信仰天赋相对应的无限与永恒的一面似乎更重要，也是最容易被现代人所忽略的。那些深沉的体验类型几乎都具有绝对的一面，这一面常常是我们自己都意识不到的，那种能使灵魂得到满足的体验通常是最富有价值的。这是一份深刻的精神性情愫，潜存于我们的意识深处，甚至被我们表层的意识所覆盖、所遮蔽、所歪曲。但这种绝对的完美的一面是使我们的人性变得澄明的关键，这种接近宗教式的超验的诗意体验也常是高峰体验，和诗人式的灵感状态结伴。存在心理学创始人马斯洛就强调人类的高峰体验对于人类存在的价值与意义。这是人的某种否定的形式积极实现内在自我肯定的重要类型之一。

---

① ［俄］C. 谢·弗兰克：《社会的精神基础》，王永译，生活·读书·新知三联书店2003年版，第219页。

第二部分

"诗意人类"的
途径及实存世界

第四章 人与自然的精神性感应

英国诗人兼批评家亚历山大·蒲柏在《批评论》一诗中提出只有自然才是值得研究和描写的对象，认为诗人不能离开自然。他本人就是 18 世纪英国最伟大的诗人之一。那些具有浪漫情怀的诗人通常对大自然充满了感情。到了所谓的后工业社会，一些诗人的心态发生了较大的变化：现代、后现代的一些诗人有刻意反自然的倾向与表现。他们要丢弃充满精神魅力的自然，要写出具有时代真实感的诗歌作品。

"诗意人类"的途径之一就是返归自然，富于精神性地打量自然，亲近拥抱自然，在与自然交流中怀着丰富的想象与浓烈的感情，用内在的心灵与自然沟通。非诗意的方式就是科学地分析或分拆，把自然当作物质，当成科学技术的对象。随着人们态度的不同，自然在人的面前呈现的面目也就不同。当今世界的诗意之所以日益消减，在一定程度上和我们精神性打量目光的减少有关，和人类与自然伙伴情感交流的减少有关，这种减少导致我们与自然相处时内在性超验感的削弱。自然不再具有精神性内涵，不再闪烁曾经有过的精神之光。当今的人类正日渐成为"科学人类""技术人类""享乐人类"等，而任何试图"诗意人类"的企图与努力似乎都是愚蠢的。现代人把自然物质化了，并日渐偏离了自然曾经有过的精神性航线，这导致精神性自然的离去与消隐，精神性自然消隐之后，人类的内心还能剩下什么呢。

第一节　人与自然的关系的转化

一　自然的多重含义

首先，自然的第一个也是最常用、最普遍的含义是指自然界。在这个意义上的自然被描述成一个统一的、有联系的物质整体。在各种唯物主义者看来，这个自然是具有各种各样的表现形式与运动形式的物质世界。自然界的统一性就在于它的物质性。基于此，人们在对各种自然现象做解释时，根本用不着任何外部的精神的、神的以及诸如此类的精神性原因。自然是永恒发展着的，在时空方面也是无边无际、无始无终的。客体层面的自然界可以理解为表示时空方面的意思与方向。其范围可以是无穷多样性的一切存在物，与宇宙、物质、存在、客观实在等范畴基本同义。自然界有时也被称为大千世界。

人类是大千世界的一部分，是自然界的一分子，也是自然界的重要产品之一，是人依赖自然，而不是自然依赖人。自然对人具有多方面的优先性。人这种看起来很高级的产品被置于这种无垠浩渺的世界当中，是生活在银河系中的太阳系家族成员地球的暂时的主人。之所以说是暂时的，是因为地球史上的主人曾换过好几茬，恐龙等生物也曾是地球的主人，但恐龙现在早已消失不见了。

整个自然界是否是纯物质性的，是否具有物质之外的起源与原因，这也决定了其是否具有诗性的最初的基质。诗意的阅读肯定后者：自然从不同的侧面来看都是带有精神色彩的自然。如果整体的自然界是纯物质性的，那就缺乏诗意最初的也是最本质的基础，如果整体的自然界充满了生命感，并具有精神性的甚至带有神性色彩的源头，那么自然就变得具有了精神性内涵，也就具有了诗意的魅力。浪漫主义之所以叫浪漫主义就是源自其对自然的精神化的理解。

其次，自然是指天然性或本然性。和自然相关的第二个含义是指天然性。这个是形容词，和自然的、自然般的、本然的等词义接近。这个意义上的自然含义试图描述时间上靠前的、具有本然性与原貌性的自然，以和人类带有征服色彩的文明诞生后的人为人力的方向形成对照。

自然从先后关系上是人类的母亲，是人类的诞生地与最后的归宿，宇宙深处的神秘之力铸就了它的面貌，因而才是最初的、本然的、原貌的，其和后来才出现的人类文明活动的改变关联不大，非人为的，非人力的，和人的各种因素联系不多，由此就引申为不做作、不拘束、不呆板、非勉强。《庄子·德充符》："常因自然而不益生。"三国（魏）王弼《老子注·五章》："天地任自然，无为无造，万物自相治理。"老庄哲学传统对于"自然"这个含义的论述极为丰富。它的基本思想是明确的：自然是指万物的非人为的本然状态，"真者所以受于天也，自然不可易也。"（《庄子·渔父》）；它是事物的无意、无目的、无为、无造的状态："常因自然而不益生也。"（《庄子·德充符》）

西方的一些哲学家，比如卢梭与霍布斯经常讲到的"自然状态"中的自然含义也接近这种用法，虽然他们在具体用法上也有细微的差别。这种意义上的自然不是物质性那么简单，对人而言具有精神性的色彩。可解读为最久远的、空旷的、宁静的、寂然的、神秘的，也可解读为有生命活力的、天真的。文学艺术世界对这种自然含义异常重视。现代世界流行的、时间久远的原始主义、稚拙主义等文化潮流也和这个自然含义有着或紧或疏的联系。自然的意味着原始的、原貌的、荒凉的、荒野的、不加改变与修饰的，包括各种裸体风也属于这种潮流的一部分。这是一种文化潮流与思想潮流。有一本哲学著作《哲学走向荒野》说的也是这种潮流：文化中的回归原初的、具有原貌感的天真与自然的风潮。

　　由此，人们对原始的、原貌的世界发生了更大的兴趣：原始的风俗、原始的生活、原始的森林、原始的河流、原始的草原等，还有与这种原始相伴随的宁静。一个宁静而又原始的自然给人感觉极富有灵魂性，这种富有灵魂感的自然是富有诗意的，是人们的内在心灵经常向往的。托尔斯泰说：大自然常常有一种静谧的美。静谧的、安宁的气息和人的内在的灵魂息息相关。还有这种原始和质朴常常联系在一起。在现代人看来，质朴的生存是富有诗意的，也能给人带来充实、美好与意义感。陶潜与梭罗的世界之所以让人迷恋与陶醉也和那份安宁、简单与质朴相关。诗意和这种意义上的自然含义有着更多的关联。

　　再次，自然是指人的内在自然。这和人自身的自然相关。在人类社会日渐走向另一种越来越强大的科技文明形态时，这一自然尤其值得重视，涉及人身上的最原始的自然欲望（包括自然冲动等）以及和理智、文明化情绪相对的自然感情等。在有些场合，比如讲到描写自然时，那个自然还包括自然节奏。自然与各种名教相对。三国（魏）嵇康《难自然好学论》："六经以抑引为主，人性以纵欲为欢。抑引则违其愿，纵欲则得自然。"

　　文学上所谓自然主义与人的内在世界的自然含义相关。所谓人性的原始主义和这种意义上的自然含义相关。文学中的情欲主义、暴力主义等都属于此类，即不加修饰地描写人类的原始冲动，不加粉饰地描写色情、情欲与暴力等。法国作家左拉被认为是自然主义者。其实在现代有这类倾向的作家不少。

　　最后，自然是指神性。这个意义上的自然远离了纯物质形态，是内在化的、超验性的自然，是精神性韵味主导的自然，常常等同于神或道或梵等。在古代未开化时期，许多土著人常常把自然与神等同，或者说把各种神性投射于大自然之中。许多浪漫主义者也认为神就是自然的整体，自然的背后蕴含着神性，自然就是神，神与神性就蕴藏、灌注在大自然里。在哲学上的自然神论与泛神论也有与此大体相同的看法。自然神学层次上的自然含义已经被精神化了。在大约三四百年前，英国哲学家爱德华·赫伯特（1583—1648）被称为自然神论之父，其代表作是《论真理》。他提出了自然神论的概念，英文 Deism，自然不是自己形成的，而是上帝创造的。自然与上帝的关系是：上帝是自然的源头，创造自然之后，上帝就退休了。自然需要神的存在，需要一个最初的源头，需要一个创造者，这个创造者就是神。在这个含义的演变中，大自然常常被等同于神，自然成了神性的化身与象征。

很多浪漫主义思想家、艺术家与诗人都受这种自然泛神论思想的影响。在不少浪漫主义诗人那里，大自然就是神或上帝。自然的物质性方面只是质料或材料，外表背后的实质是使之获得生命生机、精神生机的聚合力量——大精神或大道。关于这一看法似乎并未受文化传统差异的影响。与自然神论相对应，在中国的文化传统中，自然经常用"道"来称谓。这个自然含义是受中国道教或道家的影响，这种用法在中国比较常见。

"人法地，地法天，天法道，道法自然。"（《老子·二十五章》）

三国（魏）何晏在《无名论》中曰："自然者，道也。"

大道自然这种说法把自然的这一意思概括得最为简明。这个含义的自然已经把自然观念化、精神化了，自然和一种客观精神相连，自然甚至只是精神的折射与象征。

二　自然的精神基础

自然的统一性的基础是什么？是物质还是有其精神性源头？

关于这一点各派哲学家、思想家的认知是不同的，各个时代的领悟与想象有很大的差异。在唯物主义者看来，自然是一个统一的、有联系的整体，是具有各种各样的表现形式与运动形式的物质。自然界的统一性就在于它的物质性（包括探索微观世界最基本的粒子）。对各种自然现象做解释，根本用不着任何外部的精神的、神的以及诸如此类的原因。但随着现代意义上的科学的发展（尤其是现代天文学及现代天体物理学的不断发现），自然的基础问题似乎没有这么简单。如果更多地了解了宇宙的诞生史，人们会发现：整个自然的演化史很像一部心灵史、思想史。自然像一个超大的剧场，上演一幕幕壮丽宏伟的戏剧，这些戏剧包含着某种大的精神性元素的推动，包含着某种精神性基础。这个基础是如此神秘，以至于现代发达的科学根本就无法予以解释。

自然的深层似乎有深层的神秘之力。神秘地思考自然的方式可能让现代人不太适应，这会让倾向理性认知的人难以理解。但所谓的"神秘"也是接近真理的一种方式。自然的根本性基础甚至超出了我们人类的想象力，到目前为止对自然的神秘的推动力，人们还只能凭借想象力意会，而不能用我们目前的理性加以精确把握。

事实上，在古代的一流思想家与哲学家大都认可自然的精神性基础。比如古希腊的柏拉图和中国的老庄哲学。具有宗教倾向的思想家与哲学家，也大都持有类似的观点。但近代以来随着理性科学的发展，这种思想受到了种种非议与批判。科学的发展提高了人类的自信，这种自信又反过来提高了科学的威望。于是，关于自然基础的任何非科学的思想就很容易被排斥，或被称为"原始思维"。但为什么几乎所有的一流的物理学家都持有这样的观点：自然的真正的根基不是一种物质，而是一种神秘之力，其拥有绝对的创造性的力量。自然的精神性呈现在某种程度上更能印证其根本性基础的神秘性与创造性；自然的神奇证明自然深处精神奥秘的存在。

这种奥秘与光辉之源是精神性的，但未必是一般意义上的人格神或人格上帝，像现在世界上许多宗教教派所宣讲的；自然存在的深处本身就有自己的精神性原因，这是自然深处本身的创造性所为。在这一点上，东方的关于自然的宗教似的思想比之西方的神学思想，显得更为质朴。道家关于自然的种种论述神奇地把握了自然深处的奥秘，对自然的那种灵性基础有着深刻的洞见。现代的前沿物理学在这一点上与东方的古老睿智的思想达成了共识。自然的本质与基础就存在于自然的混沌的、神秘的深处。这种思想就和各种各样的人格神区别开来，换句话说，使自然生生不息的不是一个人格上帝的奋力所为，像基督教所说的，而是源于自然背后的力量，这是某种隐藏于自然深处的神性（或佛性、宇宙精神等）所为。这种力量很难为现代的人类所察觉，哪怕有最先进的科学仪器的帮助，这种神秘之力也难通过各种自然之力、物理之力来达到对它的理解。自然的本质与根基潜存于自然被创造的源头，以超乎人类想象的方式演进着。

自然的基础似乎是一种具有极大的创造力的大精神。这种思想也确实与所谓的客观唯心主义思考方式相近。如果我们能很好地加以理解，在所谓的客观唯心主义的思想里，包含着对大自然深刻的洞察力，包含着对自然基础最充满智慧的真知灼见。老庄的伟大也在于此。但这里所说的大精神有别于各种各样的"理念""道"。这里的大精神概念，充满极大的创造力，是一种具有超强创造力的能动的"幽灵"。

现代最为著名的物理学家之一海森伯格在论述自然及世界的性质时说："也许，关于人类精神与实在之间的关系，现代物理学已打开了通向更广阔的观点的门户。"[①]

许多学科现在都孜孜醉心于对自然唯物的理解，与此同时，"具有讽刺意味的是，一直走在各学科之前的物理学现在正对精神越来越倾向于肯定。"[②]

---

① ［美］约翰·麦奎利：《二十世纪宗教思想》，高师宁、何光沪译，上海人民出版社 1989 年版，第 303 页。

② ［英］保罗·戴维斯：《上帝与物理学》，徐培译，湖南科学技术出版社 2002 年版，第 9 页。

自然的基础是一种神秘的、原初的精神性创造力量。这种力量是非物质性的，它存在于自然界的深处，作为自然万物运动、变化的依据；它是自然变化的根本性源泉。到目前为止，这种力量对人类而言还是神秘的，人类还无法更深入地理解它。人类对它的理解还处在直觉性阶段，还无法达到所谓科学的水平，尽管在许许多多的前沿科学之中，已对它做出初步的推断。对于这一问题，那些一般的从事理性学科的人，反而认识得最少，倒是那些具有浪漫主义倾向的人——超一流的科学家、宗教哲学家，有创造力的艺术家与诗人等——认识得最为深刻。信仰再加上情感、想象力方面的充沛，给予这些人以特殊的启示与帮助，让他们敏锐地体会到自然深处的奥秘，让他们对自然的最高的创造之源有着极强的直觉力。

尤其是那些浪漫主义诗人们对大自然深处的莫名神秘之力领会得更深邃、更全面。对自然的精神基础的领会要求领会者具有把握完整经验的意识与能力。但作为一种可传达的知识，人类对之了解得太少，只能通过一些学科间接地获得某些零碎的认识。按照现行的衡量学科的标准，要使这种直觉性的谈论变成一种让人信服的理论，那可谓难上加难。对自然的基础的认识就不能仅限于一般科学认知，因为这似乎是无法达到的。对自然深处的潜在力量与精神性源泉的认识，有时不得不依赖我们人所具有的超理性的直觉与信仰天赋。

三　人与自然的精神性感应

在某种意义上可以说，人类的诗意史主要显现在人与自然的精神性情感的交流沟通之中，丧失诗意也就意味着人丧失了与自然之间的精神性、情感性关联。"诗意人类"首先就要恢复人与自然之间的多层次的、纯朴的精神性关系：浪漫的、纯朴的、有精神信仰的生态人与本然的、富有灵魂感的自然之间的、内在的精神性感应，这种感应在充实的宁静中发生，就像我们对四季与大地美景静静地领会时所发生的情形，并在这种宁静的纯朴之中笼罩着无形的、纯洁的精神性气息。这种精神性气息可以让人的心灵感受到精神上的皈依感。但随着人类心灵的理智化与物质化，随着科学技术的日渐发达，在现代社会这种纯洁关系却很难做到。自然环境受到极大的破坏，人与自然之间的那份内在隐秘的精神性感应日渐失去，往日精神的、情感的亲密正变成疏远与陌生。

关于人与自然之间的关系，在各类思想家之中，不乏各种悲观论者。G. 贝恩说："事情已经无可挽回。对于我们来说，根本就不再有自然状态，这已无法更改，无论伊叶塔尔（古希腊女神——引者注）的祈求，或回到祖母那里去，或召唤母亲王国，以致把葛莱卿（《浮士德》中的女主角）捧在尼采之上，都无济于事。……最终不再是自然，……他从自然中出来。他的目标，可能仅不过是过渡，无论如何，他生存的任务不再是天然的自然，而是加工的自然，想象中的自然，风格化的自然——艺术。"[1]

把人与自然的关系物质化、工具化是人与自然失去那份精神性感应的原因，也是人类存在的诗意消失的主要根由，在人与自然的这种物质化、工具化关系之中，自然物质化、场地化、质料化等，相应地，人自身也物质化、生物化、理智化、工具化。

在理解人与自然的精神性感应关系时，我们不要那么拘泥于人与自然的局部打交道的经验。大自然是一个有机的整体，精神之光从这个整体里散发出来。这里所谓的有机不仅是在生命意义上说的，而更多是在精神意义上讲的。整体的自然是有生命的，整体的自然是有精神、有灵魂的。我们不能人为地切割自然，把局部的、碎片的自然当作整体的自然，从而把自然纳入人想象中的物质化、条理化的框框。自然是一个有生命、有精神、有灵魂的

---

① ［德］狄特富尔特等编：《人与自然》，周美琪译，生活·读书·新知三联书店1993年版，第174页。

整体，自然有其统一的意志，有精神之光。完美的自然究竟是什么样的自然，完美的自然不是被人为分割的单面的、单向的碎片式自然，而是多层次自然的有机综合体。这个自然整体具有生命，具有精神性，甚至具有某种超越人类想象力的所谓的神性（佛性或宇宙大精神等）。

首先，完美的自然不是物质性的，其有着精神性的源头或起源。自然之上笼罩着生命的、精神的、神性的面纱。不管是从科学的角度还是从满足人的心灵的角度看，自然都不是纯然物质性，不是一堆僵死的原子或粒子的堆积。其次，完美的自然与人的物质改造无关，人改造过的自然，其精神性魅力低于原貌的自然。当代西方思想中有一种潮流，越是原貌的自然越完美，也可以说越是原貌的自然越有诗意。

完美的自然是内在的，内在的自然才会是充满诗意的自然。这种自然才可以成为人灵魂的皈依。可以成为人们与之倾谈、与之交流的对象。可以给人的内心带来精神上的充实感，也可以给人的存在带来意义感，并能让人领略存在之美好。

美国哲学家布莱特曼说："自然存在于心中，而不是心存在于自然之中。"[①]

现代流行的"敬畏自然"一词，其含义也包括这层意思，只有自然在人们的心中，自然才会在某种程度上变成精神的，人们也才会真正地怀着虔诚与敬畏，或怀着其他精神态度走进自然，只有这样也才有可能形成人与自然之间内在的精神性感应关系，这时自然甚至成为一种精神性投射或成了精神上的一种象征，并失去其纯然的、物质的面目。自然美景也成为心灵的音乐，或心灵宗教，存在的诗意由此而生。

爱默生在《自然》中写道：

---

① 夏基松：《现代西方哲学教程》，上海人民出版社1985年版，第290页。

"我们每天都留意过自然景物，因此好像岁月并非完全是不圣洁的。悄然而落的雪花，片片晶莹完美；雨雪纷纷，扫过茫茫的水面和平原；麦田里麦浪滚滚；一望无际的茜草波浪起伏，它们数不清的小花在眼前泛起白蒙蒙的涟漪；树木花草倒映在波平如镜的湖水里；馥郁缠绵的薰风把一棵棵树都吹成了风奏琴；炉火中的铁杉或松木噼啪作响，火光迸射，把起居室的墙壁和方方面面都照得通明——凡此种种，都是最古老的宗教的音乐与画面。"①

诗意人类需要人与自然之间的这种内在的感应，只有有了这种感应，自然才会向内返归，才会在某种程度上具有"超验"色泽，才会成为让人心渴求归属的古老的宗教，才会成为动人灵魂的音乐，成为给我们的存在带来充实与意义的最古老的画面。如果自然成为具有悠久历史的，具有内在感、超验感的画面，人与自然之间的精神性感应就很容易发生，或者也可以说人与自然之间的一幅幅精神性的画面正是人与自然之间感应的结果。

第二节　自然的层面及诗性

人与自然之间有不同的多重精神性感应关系，随着关系的转变，自然在人内心的面貌（或显示层）也就不同，自然的诗意内涵的呈现也就会有很大的差别。纯然物质性的自然是外在的自然，是纯客体性质，这是科学技术或现代商业感兴趣的对象，人们很难从这种自然中体会到诗意。纯然外在的自然和人的渴求意义与充实的内心关联不大。以富有诗意形象呈现的自然是向内返归的自然，是带有超验色彩的自然，向内返归与超验趋向使自然脱去了滞重的纯物质的外衣，显露出本已具有的浓厚的精神色调，当向内返归向着更加深层行进时，那同时就意味着自然在某种程度上被涂上超验的神性

---

① ［美］爱默生：《爱默生随笔》，蒲隆译，上海译文出版社 2010 年版，第 240 页。

色彩。这同时也是人与自然之间关系的转变过程，也还是人与自然之间不断产生的精神上灵魂方面的共鸣与感应过程。

一 客体—物质层面

这个层面的自然似乎也最符合人类的常识性。对习惯于与自然局部打交道的人，对缺乏精神整体想象力的那些人，客体—物质自然是最可信的也是最实在的。客体—物质意义上的自然是人类商业、理智与科学技术感兴趣的对象。这个层面上的自然和自然含义中的自然界相对应，只是质料意义上的自然。有的哲学家把其称为客体意义上的自然。这个层次意义上的自然属于被动的、消极的自然、科学的、技术的、商业的、唯物的等眼光中的自然。用这种眼光去分析自然，自然就是一整块虽然不断运动且相互联系但总体上仍显僵硬的质料，这个自然最适合做人们认识与分析的对象，最适合成为人们去征服的对象。这种意义上的自然几乎是物质的同义词，被强调的几乎也是其物质性一面。

关于这种性质的自然，人们认识的历史也很久远，并有着不断绵延的认识传统。古罗马诗人、哲学家卢克莱修是比较早的也是比较典型的一个。他是伊壁鸠鲁学说的崇拜者，他写过一本诗体哲学著作《物性论》，全书是长达七千多行的诗歌。论述了物质或自然的永恒性、无限性及其运动规律。"物性论"直译就是"论自然"。

尽管他的文笔优美、富有激情，从中我们看到的世界具有极大的生机，但他所讲的物性或自然的层次大体上还属于客体—物质层面的。自然物性为第一性的，决定着所有其他方面。他没有赋予自然或物性以精神性的原因与基础。

> 人能从大海升起，鱼类从陆地出来，
> 羽毛丰满的鸟类从天空中骤然爆出，
> 牛羊牲畜，以及一切的猛兽，就会漫山遍野到处都是；

同样的果子也不会老守住它的老树，

而是那一种果子能从任何枝干；

随便地换来换去长出来。

他甚至认为人的心灵和灵魂都是由原子构成的。他基于这种原子论的唯物主义也对各种各样的宗教提出批评，指责宗教蒙蔽人们的理智。他的这个诗篇是富有诗意的，但他眼中的物性或自然却缺乏灵性与精神气息，因而也就缺少了自然的诗性基础。各种唯物主义传统在大思路与看法上与他基本一致。

从纯物性角度去理解自然，自然物之间虽然彼此相互联系、相互吸引，但因为精神性的缺乏，自然的总体基调是冰冷的、死气沉沉的，这种自然的诗意内涵因而也就相对薄弱。这个层次上的自然缺少了任何灵性。这种意义上的自然是外在的自然。所谓外在的自然，是指物质的自然，更进一步是指物理的、化学的、技术的自然。外在的人是肉体化的，外在的自然是物理、化学化的。诗意是一种精神性感觉，是向内走的，是自然与人的精神与灵魂产生的感应。只有当自然向内返归的时候，自然才具有诗意。只有当人向内返归的时候，人才会成为诗意的人。双重的向内返归，才会形成人与自然的精神性关系。

客体—物质层面上的自然只是商业运作感兴趣的对象，是科学认知感兴趣的对象。在客观知识的意义上，自然只是知识认识的客体。这个层面上的自然受因果律与必然律的支配。其范围包括所谓的大宇宙。由行星、恒星、星云团等巨大物质所组成的世界，包括地球、太阳系、银河系等，还包括所谓的小宇宙，即电子、质子、中子等基本粒子所组成的世界。对待这个层次的自然，人们需要的只是客观、客观再客观，冷静、冷静再冷静，因为不客观、不冷静都会影响客观知识的准确获取，而要获得客观的认识就不得不借助种种科学方式，包括科学实验的方法等，最终获得对自然规律的精确掌握，获得对自然规律的抽象的理论认知。

在人与自然的诗意性关系中，人是富有感情的人，是充满整体精神想象力的人。自然是向内返归的自然。只有当自然向内返归的时候，自然才具有一种灵性与精神感，也才更能感触我们的心灵，也才会更具有诗意。只有当人向内返归的时候，人才会成为诗意的人。自然的向内返归具体说也包含两个层次：生命—精神层面以及精神—超验层面。

二　生命—精神层面

自然需要人们的整体的精神想象力，需要人们超乎与自然局部打交道的经验。基于这种立场与视角，自然的面貌就是另外一个样子：自然就不再是僵硬的死物，不是消极的、单纯的质料，自然是有生机的，是有生命的。自然的有机性、生命性体现在自然的整体里，整体的自然既有生命又有智慧，也有精神性的动力与基础。现在流行"生态意识"这个术语。但什么叫生态意识？中国传统文化中的"天—合—"的、具有整体感的思想，就属于"生态意识"，可以成为当代生态文明的思想依据之一。中国传统哲学也是"生"的哲学。《易传》说："天地之大德曰生。"又说："生生之谓易。"生，就是草木生长，就是创造生命，创造的背后就隐含着精神性源泉。中国古代哲学家认为，天地以"生"为道，所谓的生生不息讲的就是自然的生命性、创造性以及隐含着的精神性源泉。

富有生命力的自然、生机勃勃的自然，同时也意味着充满内在激情的自然。人类希望与这种自然交流、亲近、结合。这种意义上的自然可以是精神感应与交往的对象。这是画家眼中的自然、音乐家心中的自然，是旅行家目光中的自然，是诗人感情中的自然，这种自然显然和科学的、技术的、商业的、唯物的自然不同。它是感情的对象，是想象力的对象、灵魂皈依的对象，是被寄予希望与理想的自然，这种意义上的自然充满了生命的色彩，带有很强的精神性光辉。

我们来看一首歌德的诗《五月之歌》（节选）：

> 明媚的大自然，
> 何等美好！
> 看哪，阳光灿烂！
> 田野笑容满面！
>
> 枝柯上，
> 朵朵蓓蕾开绽，
> 灌木丛中，
> 万籁俱唱。
>
> 人人心潮澎湃，
> 充满喜悦与欢乐。
> 啊，大地，太阳！
> 啊，幸福，喜悦！
> ……

自然显示出来的这种生机和人的内在精神感觉相对应，因此也可以说，这种意义上的自然是内在化了的，被赋予了人的内在精神性，被赋予了人的感情色彩。生命性孕育其中，精神性孕育其中，艺术的、诗意的、道德的精神感觉孕育其中。意大利歌曲《重归苏莲托》：你看海洋多美丽，多么激动人的心情，你看大自然风景，多么令人陶醉！

英国诗人华兹华斯被称为自然诗人。他的著名诗篇《丁登寺旁》怀着热情对自然进行了描绘与倾诉，其中的一段是：

听凭大自然的引导：与其说像一个
在追求着所爱，倒莫如说正是
在躲避着所惧。因为那时的自然
（如今，童年时代粗鄙的乐趣，
和动物般的嬉戏已经消逝）
在我是一切的一切。——我那时的心境
难以描画。轰鸣着的瀑布
像一种激情萦绕我心；巨石，
高山，幽晦茂密的森林，
它们的颜色和形体，都曾经是
我的欲望，一种情愫，一份爱恋，
不需要用思想来赋予它们
……

当自然变成吸引着我们心灵的风景的时候，自然就不再是物质意义上的自然。有个德国哲学家还专门写了一本书叫《风景的哲学》。风景也有两种不同的情形，有的是壮丽的，有的则是优美的。优美的风景和田园乡村的景象有很大的关联性。这时的自然景象不再是客体—物质意义上的自然，而变成了与人的内心世界有着隐蔽联系的对象。华兹华斯在《序曲》中说：

年复一年，日复一日
大自然，和她慷慨好施的灵魂
赋予了我如此神妙的东西
以至我整个的思想——
全部浸透在感情之中

三 精神—超验层面

自然向内返归之路还可以进一步延伸。这时自然渐渐地摆脱物性与外在性的羁绊，向着超验的方向演进，并具有了神圣的精神方向与色彩。在这个层面上，自然变成一种精神性的绝对，或者说变成了具有绝对感的精神，变得具有了永恒性与无限性，具有了通向无限的精神色彩，简单地说，具有了神圣的神性，甚至本身就变成了神。在这个层面上自然成了人灵魂的依靠与皈依，成了灵魂可以依靠的对象，成了灵魂的故乡与家园。

诗人 E. 扬在《夜思》中说道："大自然是反映上帝的镜子。"上帝只是神性人格化的说法。这里诗人想说的是，大自然不仅是物质的，也不仅是一般意义上的富有生命与精神的，大自然是更高级精神——神性——的体现，是反映神性的一面巨大无比的、生动形象的镜子，我们人类透过这面镜子领会更高级、更真实、更开阔、也更深邃的精神，这同前面爱默生的说法是一致的。当你被这种泛着神性光泽的自然包围着的时候，意义充实、美好与圆满感定会油然而生，你就会成为正在体验诗意的人，就会成为诗意的存在。

美国当代著名心理学家托马斯·摩尔说："深刻的生态认识只能来自深刻的灵魂。生态学……是家的科学。"①

当自然以这种面貌出现在人们的内在的眼睛里时，当自然以这种形象呈现在人的心灵中时，自然变得更具有绝对的宗教性质，自然成了我们可以对之进行灵魂诉说的对象，这种意义上的自然更能安慰我们的灵魂，并给我们的心灵带来充实感，我们的存在似乎也变得更加有意义。这个层面的自然具有了更高的神圣光泽，也更能唤起人们更高层次的诗意体验。这种诗意体验和某种稳定的神圣感交融在一起，那种神圣意味给我们的存在与内心带来隐秘的庄严、

---

① ［美］托马斯·摩尔：《关注灵魂》，孙正洁等译，华龄出版社 1997 年版，第278 页。

喜悦与战栗。

哲学家海德格尔认为"神圣乃自然之本质。"① 他目光中的自然是澄明之澄明的出现，是光的发源地和场所，这时的自然不再是物理的或一般的生命—精神意义上的自然，而是被赋予某种神圣性。在这个层面上自然被赋予了更大、更深刻的灵魂——大我，并成了人类小我精神崇拜与敬畏的对象。自然具有了神性，也给人带来精神上的、心灵上的方向，带来灵魂的皈依，并成了人们的精神性家园，而不仅仅是肉体的归宿。在具有浪漫主义色彩的小说、诗歌、绘画、音乐中，自然是充满神性的，自然是有灵魂的。我们可以对自然诉说自己的心灵之声。

神圣之光笼罩着自然。大自然中的万千景象都有其灵性。这在哲学史上曾被称为万物有灵论，或泛灵论，这也是宗教的最初形态或形式。精神—超验层面的自然和自然泛灵论有相似之处。这是人类以重新觉醒的方式重新打量自然的结果，这已不再是单纯的原始观念。1872 年，英国著名的人类学家、近代西方宗教学奠基人之一的 E. B. 泰勒在《原始文化》一书中，以丰富的民族学和宗教学的资料为基础，创立了宗教起源于"万物有灵"的学说。他认为，灵魂观念是一切宗教观念中最重要、最基本的观念之一，是整个宗教信仰的发端和赖以存在的基础，也是全部宗教意识的核心内容。神圣观念事实上也是建立在这种"泛灵论"基础之上的。

后来在世界影响很大的泛神论，实际上是万物有灵论在哲学上的体现。神是非人格的，神有非人格的本原。神不在自然之外，而是在自然之中，神与自然融合为一体，神性与自然合一。布鲁诺及荷兰哲学家斯宾诺莎是其主要代表。和万物有灵论、泛神论相关的是自然神论，认为神是万物的本原，是世界的始因，或者叫第一因。自然都带有神的印迹。

---

① ［德］海德格尔：《海德格尔选集》，孙周兴编选，上海三联书店 1996 年版，第 337—338 页。

精神—超验层面的自然充满了人们经常说的神性，神性也可理解为带神圣色彩的精神气息。这个层面的自然是让人敬畏的，因其具有神圣性而敬畏，另外，人们的内心对之存在深深的眷恋感。同时，自然的神圣性也意味着自然本质的难以接近、难以把握的神秘性，对自然深处或背后的那份神性，人们似乎只可意会而难以言传，也不能用一般的理性去解释。这种自然的神圣性还意味着人对自然的某种精神上的依赖性。

第三节　自然环境与精神象征

我们这里论及的是自然时间与空间意象，都不是客体—物质上意义的，而是和人类的内在心灵有着精神性感应关系的，这里的自然属于生命—精神的意义上的，或是精神—超验的意义上的。这两种意义上的自然空间与时间意象，都是被人类的希望、憧憬、情感、渴望、想象、思想渗透过的，并和人类的内心与灵魂交融在一起。在富有诗意的体验之境里，自然环境常常成了精神的象征。

一　自然的空间意象

自然经常以空间意象的形式存在着。这里主要是指直觉中的自然空间，这个自然空间和我们的感觉紧密相连，和我们的想象与情感体验交融在一起。这里的自然空间不是纯物理的，不是客体—物质的，而是生命—精神、精神—宗教的，这个自然空间被人的思想、感情、想象渗透。自然的空间形象常能让人获得很纯真的经验与感受，因为自然真诚地袒露自己，自然从不说谎，也不会为了掩饰什么戴上面具。大自然的空间形象最值得我们付出情感、想象与憧憬。

存在的诗意需要有感召力的伟大观念，即能给人心带来美好感、意义感的伟大观念。在自然观念方面也是如此。自然的整体的神秘性为我们的想象提供了足够的舞台。我们通常对自然的理解过于简单、狭隘，过于物质化，经常就只局限在客体—物质层面。但这一层面的自然很难对人内在的深层的心灵有真正的触动。富有诗意的自然空间和人们的情感与想象力融合在一起，是内在精神的显现。富有诗意的自然空间升华了我们的世俗愿望，自然景象往往伴随着人类的一份情感、一份宁静、一种爱，还有一种神秘。在与人类的物欲相关的世俗空间（哪怕是在自然环境中）里回荡着的是理性的精算或感官的气息。在世俗的空间里是没有神秘可言的。

诗性自然空间常常成为神圣性的一种流露；大自然的景象常常成为神圣精神的显露之地。同样的一个自然空间景象，对热爱自然者而言可以成为某种精神的象征或情感的投射，可以成为折射神性光芒后的最美丽之地。对冷静的精算者或被商业欲望包围的人来说，自然空间没有精神性的内涵。最典型的自然空间意象和天空或大地有关。

和天空有关的自然意象辽远、深奥、美好。天空对人来说永远充满神秘感，人们对天空总是怀着莫名的遐想。美好的观念、美好的事物、美好的愿望似乎也总与天空联系在一起，比如欧美基督教中的天堂或中国的神仙世界总是高居于天空之上。天使之所以叫天使也是因为她是在天堂里飞翔的。天空代表着无限、永恒、和谐与美好。天空也成了一种具有永恒精神感的象征，阿奎那在《神学大全》中说，永恒可以作为度量存在本身的最好的尺度。天空中具有永恒感的事物通常是美好的，在世界各地的大多数文化看来，永恒与美好在高处，被神秘而生动地写在苍穹之上。

天空的形象及其引发的感觉最能引发人类的诗意情怀，诗意之境或富有诗意的感觉也和天空有了更多的关联。天空形象后来被引申得更加广泛，向上的、清澈的、辽阔的、深邃的、和谐的、积极的，这些感觉都和诗意感联系在一起。向上的、和谐的灵魂，辽阔的、深邃的内心，湛蓝的、清澈的感觉与情绪，这些感觉就是美的，也是诗意的。

天空中有日月星辰。星星世界最能引发人们遐想。仰望星空的意象也成为存在诗意及空灵的体现。中国诗人谢冰心曾写过诗集《繁星集》。还有太阳的温暖与灿烂。太阳成了美好与光明的象征。意大利著名的歌曲《我的太阳》。英国诗人拜伦在《恰尔德·恰罗尔德游记》中说：太阳是上帝的生命，是诗歌，是光明。英国诗人弥尔顿在《失乐园》中也说：太阳，你是这个大千世界的眼睛与心灵。

月亮的形象在中国人的心中具有更为重要的地位。中国古代文化对月亮的领会似乎比太阳更深。在古代中国人心中，月亮似乎比太阳更美好、更温情，也更能象征着永恒。月亮的美称与雅号就很多：玉兔、夜光、素娥、冰轮、玉蟾、桂魄、顾兔、婵娟、玉弓、玉桂、玉盘、玉钩、玉镜、冰镜、广寒宫、嫦娥等。描写月亮的诗句更是不计其数：海上生明月，古月照今尘，明月松间照……。中国的中秋节和月亮的美好也紧紧地联系在了一起。

和天空意象相关的还有云、风、雨等等。和大地有关的自然景象辽阔、坚实而又亲密。大地和人的生活与感情联系得更为紧密。大地早就被古希腊诗人墨乐阿格称为"万物的母亲"。人们生活在大地之上，感受这片大地，并从中感受生存的充实、美好、意义与澄明。大地似乎更能唤起人的那份切实的依恋之情，也较少虚无缥缈的色彩。大地上的美及其所呈现的诗意对于人来说更切实，更具有可触摸的性质，无数诗歌、绘画、歌曲歌颂了这片大地以及其所滋养的万物。

不同的民族对与大地相关的意象有着自己的偏爱。有些民族——比如俄罗斯——对暴风雪、草原与森林有一种深情。有的民族对河流充满了崇拜：德国对莱茵河、印尼对梭罗河、中国对黄河等都属于此种情形。印尼的民歌《梭罗河》把梭罗河描写得非常美丽，也很富有诗意，对河流充满无限的深情。

此外沙漠与丘陵、树木与田野等，也都可成为带有精神寄托色彩的精神式偶像。

二　自然的时间意象

大自然之中有时间,自然的时间意象也是人经常阅读与领会的。但时间究竟怎样形成的,自然时间的背后究竟隐藏着怎样的不为人知的秘密?或许在更加久远的未来,人们对自然时间的认知会清晰些。从人的存在直觉上来说,时间比空间似乎更为根本,人毕竟是有限的时间生命,或者说是时间中的生命,或者说是有限的时间中的存在。可以说,对人的存在来说,对时间的领会是一切领会的前提与基础,就存在的诗意角度来观察,对自然时间意象的领会也变得异常重要。古希腊哲学家毕达哥拉斯说:"时间是世界的灵魂。"这句话对人的世界而言或许更具有真理性。我愿把其改写成:"时间是人类存在的灵魂。"

时间在人们具体的、细微的感觉中就变成了时光,时光是具有人的情绪色调的,会成为快乐与忧伤的,可以说时光的变迁是人生命存在的核心,也是铸就美与诗意的核心动力与要素。人的时光的流逝和自然变迁紧密联系在一起就形成季节转换的意象。自然时间同自然空间一样都不是纯物理的,也不是客体—物质的,而是生命—精神、精神—宗教的。四季的转换和人的思想、感情与想象相互渗透。静静地流逝于远方的时光和季节的轮回交融在一起。人们不管是伟大还是渺小,不管是富有还是贫困,在时光之中是平等的。世界各地有许多歌曲就是感叹时光的。对时光的感叹也成为人重要的存在感叹之一。对昔日凝定的美好时光——尤其是青春的、充满爱的时光——回忆也常常成为诗意的一个精神源泉。在时光的残酷流逝之中,那些依然能照彻我们内心与记忆的往昔也成为存在诗意的一个底色。我们对美与诗意的感受与体验也因时光河流穿行而过变得更加敏感。在某种意义上可以说,诗意——这种纯真的经验——帮助人们克服了因时光流逝而产生的恐惧。

对人存在的直觉来说,自然的时间意象主要体现在季节的轮回上，这是自然的、富有诗意的时间体现。季节的轮回与生命的轮回是紧密相关的。这是时间的神秘的轮子碾过大地之后在地球与人身上留下的最明显的印记，也是最让人迷恋的印记，这种自然印记也给人们提供了最富有诗意的范本：人在季节的轮回中存在、穿行，并感受存在的意义。《四季随笔》是英国作家乔治·吉辛的著名作品。乔治·吉辛（George Gissing）是 19 世纪英国的一位作家，从总体成绩看，他的声名不算显赫。他曾先后写过二十多部长篇小说，但都没有获得广泛的认同；可是，吉辛却因为写出一部随笔作品《四季随笔》而得到了世界各地读者的广泛喜爱。书中叙述隐士赖克罗夫特在春夏秋冬自然四季中对大自然的感受，描绘了作家对自然恬静生活的向往。

春天的诗意及其美体现在复苏与复活里，从死寂中复活，慢慢地生机重现，重新带来盎然的生气。施特劳斯的《春之声》圆舞曲就是表达春天来临时的感受。夏天最美的是夜晚。所以很多诗人以"夏夜"为题作诗。歌颂夏天清晰显露出的繁星以及夜空的迷人。秋天的诗意及其美体现在凋零之后的寂静里，这份寂静常常带有伤感气氛。英国哲学家弗·培根说：万美之中，秋为最。古今中外描写秋天的诗句很多。在秋的季节里，诗意有一种零落的、令人悲伤的美感。秋天和冬天似乎更富有精神感，零落与悲伤比欢乐更富有精神气息。忧伤比欢乐更富有精神气息，更富有灵魂意味，也更具有诗性的意味。冬天的诗意及其美常常有着萧条与银白色的背景。法国女作家乔治·桑写过《冬天之美》的散文。冬天是银白色的季节，随后慢慢被绿色的春天融化。夏天的诗意及其美体现在那份茂盛、喧闹与繁华上。

自然的时间意象还体现在昼夜景象的轮回上。白天是优美的，夜晚是崇高的（康德语），晨光熹微的黎明、清澈的早晨、炎热的中午、沉静的午后、多变的傍晚、神秘的黄昏、让人惊恐的深夜等等。这些自然时间意象经常散发出浓厚的精神色彩与迷人的精神芬芳。

三　自然环境与精神象征

现代人的物化体现在各个方面,我们用"以物的方式"对待一切、接近一切,我们似乎已经忘记了精神的方式。这种"物的方式"也体现在我们对自然的态度上:自然被物化,自然日渐成为死气僵硬的质料。任何试图改变物化,并试图让自然内在化的努力都很容易被冠上"非理性""唯心"的头衔,任何试图让自然富有精神性内涵的倾向都会被贴上"原始思维"的标签。在这种文化背景之下,人与自然之间的关系日渐疏离,日渐成了人与物的关系,这种畸形的人与自然的关系甚至可能演变成全面的敌对关系(近年来人们越来越多地谈论自然的惩罚——"惩罚"一词恰恰包含了敌对的意思)。

在物化一切的大趋势下,"诗人何为""诗意何来","物化"人与自然之间的关系也从根本上斩断了诗意发生的根基。反过来说也是一样,"诗意人类"的一个关键就是把被物化了的人与自然的关系"去物化",使之重新确立为精神化的关系(或者说以精神的方式接近自然),让自然在某种程度上恢复往日的神奇与魅力,让各种自然风景在某种程度上成为精神的象征,让自然环境和人类富有生机的心灵相互联系,彼此映照,让自然在某种程度上也成为人类心灵的一种表达。如果自然失去了精神的象征意味,"诗意人类"的任何努力最终结果都会趋于失败。

那些富有灵性的思想家、艺术家以及诗人们看自然的方式值得人们效法。爱默生写过一篇随笔《自然》,这篇文章是一个典型。在这里自然一扫物化痕迹,在这里自然是如此活泼,如此具有生气,如此具有精神的意味。这种自然丝毫没有外在于他,自然就活在他的心里,活在他的灵魂深处,以致自然不可能不以富于诗意的形象出现在他的眼前,浮现在他的思想里,停留在他的心灵之中。

"自然是一个思想的化身,然后又变为一种思想,就像冰变为水和气一样。世界是沉淀了精神，它那容易挥发的精华永远不停地再次流入自由思想状态。……每时每刻每件物体都有启迪作用：因为每一种形式里都注入了智慧。它已化为血液倾注进我们的躯体，它化为痛楚使我们抽搐，它化为欢乐溜进我们的生命：它把我们裹在单调、凄凉的岁月或欢乐劳作的日子里，直到很长时间以后，我们才能猜透它的本质。"①

他还认为自然让人产生喜悦，其力量并不在自然之中，而是在人的心里，或者在人与自然的和谐统一中。换句话说，自然的诗意不是来自自然的时空物理属性，而是源自超越物理之外的精神特性，让自然向内返归，并让其具有超验性，这从本质上讲都更多地需要人对自然方式的转变，需要用"精神的方式"对待自然，这也就意味着需要来自人心的更多的精神创造。自然的超验性的核心特点之一就是其超越时间与空间的特性。时间与空间通常是一个物理化的词汇。哪怕用爱因斯坦的广义相对论对其进行探讨，其物理性质也难以改变。内在的超验的自然是超越物理的。这是人以精神的方式对待自然的一个结果——自然作为一种精神象征的形象浮现在人们的内心里，浮现在人们的回忆与想象之中。

第四节　保留文化中的自然

保留文化中的自然是"诗意人类"的一部分。有些人类的文化更接近自然一些，是自然及其内涵的延伸。从大文化的角度来看，自然文化因其完整、原初与质朴等特性更富有诗意特性。所谓自然文化是原貌的精神性自然向人类文化的某种延伸，或者说是人类文化对原貌的、富有精神性自然特性的承接与延续。这中间没有明显的人类的计划、目的与理性的痕迹，包括没有明显的人类社会化的

---

① ［美］爱默生：《爱默生随笔》，蒲隆译，上海译文出版社 2010 年版，第 253 页。

痕迹，没有明显的科学技术与商业的痕迹，更没有人类的计划目的的集中体现——都市化的痕迹等。需要保留的自然文化大致有残留文化、传统文化与小型、地方性文化等。

一　残留文化

自然及自然元素在人类现代生活中正慢慢消失，原初的和自然融于一体的人类文化也在慢慢消失，很多富有精神性韵味的文化种类濒临危机，很多富有诗意的文化种类面临灭绝。濒临消失或灭绝的原因常常只是因为这些文化和现代人的商业意识、物欲消费意识或科技文化理念相冲突，尤其是科技文化及思潮现在像秋风扫落叶一样把与其不符的文化种类慢慢扫除。那些和人类原初状态相关的文化种类也似深秋林间的枯叶残留。残留文化是久远的过去的文化但其依然存留至今，依然影响着一部分人的生活与内心，这种文化虽然面临诸多困境但一直艰难地延续着，这种依稀可辨的文化不再是文化的主流，也没有被明显现代化的迹象。那些常常被冠上"最后的"的文化现象大多属于这种。残留文化也有许多种，这种残留至今的文化有着明显的原初的、自然的特征，和自然之间也存在着无缝隙的连续性，可以说这种残留文化是富有精神性的、自然特性的一种延伸。

一般来说，现代消费主义者们所热衷的（比如现代旅游热衷的）文化及其产业都不可能属于真正的自然文化，因为其中有着太明显的现代化的因素，有着太多的人为性、太多的商业算计，有着太多的消费主义特色。这只能刺激现代人的好奇之心，使人获得某种短暂兴奋与刺激，而不可能真正触动人的内在精神，也就不可能成为真正的富有诗意的文化，这种商业化明显的文化，立足于商业盘算与世俗欲求，通常缺乏内在性、超验性与天然性。

自然文化虽然大体也和人类社会相关，但其也是富有精神性的自然特性的一种延续，据此残留的自然文化有以下几个特点：

　　第一，浑然未分性，即残留文化和本然的自然之间没有较为明显的区隔。

　　第二，天然质朴性，即残留文化的底色依旧是自然的，没有过多的人为雕琢。

　　第三，本然性与原貌感，即人类原初的生命活动联系较为紧密，和原初的自然原貌、自然状态相隔不远。

　　第四，和谐感，在残留文化中，自然与人之间没有间隙与裂缝，其关系实实在在属于和谐的，或者换句话说人与自然正处于和谐相处之中。

　　第五，宁静感——残留文化是人类最初的生命状态的折射，其没有现代文化干扰后形成的杂色与杂音。残留文化中的宁静感是和谐的一种表征与结果，也是诗意感最典型的体现之一。

　　残留文化包括最早的有洞穴文化，然后是游牧文化等。但最有代表性的可能就是残留的农耕文化与土著文化。法国人类学家，吕西安·列维·布留尔曾写过《土著如何思考?》（1910 年）一书，他感兴趣的是，原始人是如何思维的，结论是：非逻辑的、神秘的思维。土著文化大多属于残留文化。

　　残留的土著文化，或者说残留的土著的文化视野属于最自然的文化种类之一。这里所谓的"土著人视野"是泛指的，就是指那种未被现代文明浸染的、较为久远的人们对待生活的态度与方式。对日渐远离土地的现代人而言，其也永远散发着神奇的光辉。我们越来越理性了，我们的思想与感觉方式被日渐现代化了。正因为如此，古老的情感、感觉、想象与思维形式更具有自然感。

　　现在世界文化遗产保护中的文化许多属于残留文化。这些文化形式从我们的日常生活中渐渐消失。我们的社会需要加大力度保留这些文化中的自然。

二　传统文化

　　严格地讲，残留文化也是传统文化的一部分。但如果更加仔细地分辨，就可看出传统文化和上面说的残留文化还是有区别的。所谓传统文化是专门针对各种现代文化而言的，和各式各样的现代文化（科技文化是其核心，也包括发达的商业文化等）比较，传统文化是一个民族经过漫长时间慢慢衍化最后形成的一种传统文明形态，这种形态反映了一个民族特定的精神与生活风貌，是一个民族、一块地域富有特征性的文化形式。世界上大多数民族在社会衍化过程中，传统的文化部分都渐渐丢失了，也就是说其历史久远的那些文化源头未能延续至今。

中国的传统文化是以农耕文明为基础的，是农业社会的文化果实之一，因而从其内核来说是自然的，这种文化是依附于土地的。中国的农业期又很漫长，以土地与节令变化为其根基。这种农耕文明是一种自然文明，建立在农耕文明基础上的种种风俗或民俗，也是淳朴敦厚的。在这份纯朴的风俗里，人们的内心保持着基本的和谐，人们的生存节奏舒缓，应和着自然节令。只有那些保留了精神性自然特性（比如原貌性、宁静感、灵魂意识等）的传统文化才可算是自然的。

传统文化未必以理论形态的面目出现，可以说，所谓的传统文化也大多存留在一个民族的习俗或风俗之中，这些风俗或习俗展现在他们丰富的生活方式、信仰方式里。中国传统文化中的"和""和谐"的生存方式（包括天人合一等思想）主要不是体现在理论上，而是体现在几千年来中国人的生命实践中，最有价值的古朴的习俗与风俗（比如传统中过春节的习俗）也是自然的一部分，这也是诗意最核心的内涵之一。质朴的生活方式，包括质朴的民居、舒缓的生活节奏、劳动方式等。淳朴的价值观也是农耕文化价值观的体现，这个价值观的核心就是和自然打成一片，以自然为基础，在此基础上又形成质朴的民风。中国传统所谓的天人合一，说的就是那种浑然的文化状态。

人们常把中国传统文化和所谓的儒家文化混同，这是不对的。

传统文化的内涵要丰富得多。从中国传统文化的理论形态和内容上来看，是以儒家为内核，但还有道教、佛教等文化形态。中国传统文化（比如儒家的说教部分）中有些是反自然文化特性的。中国儒家传统以道德教诲为核心。一般意义上的传统文化不同于残留文化，因为这种意义上的文化可能依然在人们的现代生活里发挥着重要的调节作用。这里所说的传统文化主要不是指已经死在书本里的所谓的传统，而是特指依旧活着的、有着久远历史的文化传统，这种文化和现代人活生生的生活依旧能够相容在一起。节日文化是传统文化重要的一部分，一些手工劳动文化常常也属于这种。

世界上许多国家与地区的传统文化也属于自然文化，其拥有更多的自然含义或意味，没有现代化的明显的痕迹，具有天然性、原貌性、本然性特点，比如印第安文化。从反面来说，自然文化没有人为人造性，也非人力所为，不刻意、不造作、不矫饰等。这种基于自然性的传统文化常常具有诗性色彩。

三　小型与地方性文化

文化以现代大型的、群体的社会的整体面貌出现，这本来就是不自然的。现代文化大型的群体特征很明显（比如大都市文化），大体都属于大一统文化，这种文化通常不具有自然性。在价值观、政治、经济、精神文化与生活方式等方面的统一与趋同造就了这种不自然性，尤其是被科学技术渗透后，这种大型的大一统文化更会和原初的自然渐行渐远，像现在的电脑文化、手机文化（微信、微博等）等，就属于被科学技术改造后的大一统的、非自然的文化种类。

这种以群体的社会方式出现的文化属于规范或半规范的文化。通常也属于官方的文化。和其相比，小型文化更自然些，尤其是在个体层面上，小型文化更符合自然。

即便在现代社会，小型文化也还在一定范围内发挥其影响力。小型文化也指现代生活中的地方性经验，地域性的价值观、生活方式等。比如一些文化社区的文化。在现代化的浪潮中，那种怀念与依恋乡土的文化等，大多属于小型文化。小型文化具有明显的个体特征，并由于其个性与独特感，常常更富有诗性韵味。基于此，现代文学艺术形式常常喜欢展现这种富有独特的文化风情的生活。

现在人们认定的一些非物质文化遗产，有许多也属于小型文化或地方性文化了。非物质文化遗产是以人为本的活态文化遗产，它强调的是以人为核心（而不是以现代科技为中心）的技艺、经验、精神等，而且要求非遗的标准是由父子，或师徒，或学堂等形式传承三代以上，传承时间超过百年，且要求谱系清楚、明确。非物质文化遗产包括如下几个方面。

1. 口头传统和表述
2. 表演艺术
3. 社会风俗、礼仪、节庆
4. 有关自然界和宇宙的知识和实践
5. 传统的手工艺技能

传统的手工艺技能包括民间艺人的把式与活计；表演艺术包括皮影戏、提线木偶、钢圈等。

在当代社会的文化环境中，这些都变成了小众文化或小型文化，有的则具有鲜明的地方性特征，变成了地方性的人类经验。笔者家乡的凤阳花鼓也是这种非物质文化遗产之一。这在历史上和出门要饭乞讨有关，多是贫穷的艺人出门乞讨的手段，因而极具有原初的自然形态。后演变成一种表演艺术，由一人或两人自击小鼓和小锣伴奏，边舞边歌。

第五章　文化与社会的精神指向

生活在当下社会的人们感受到了诗意的渐渐消失。人们的内心失去了感受纯真经验的愿望、倾向与能力。当下的文化及社会没有能够统领人的精神指向；社会日渐失去了内在性或"灵魂"感，各个层面都被物质牵引并快速坠落。当下的文化与社会缺少精神性氛围的笼罩，人的存在过于外在，世俗特征太过明显，以物欲为核心的经验味太浓。因此，人们的内心极为躁动，精神与情感方面以追求刺激为先，肤浅的标新立异盛行，整个社会的整体基调是：没有精神上的深刻性与深邃感，没有由此而来的精神上宁静致远的光辉与内在的满足，从社会整体层面上来看，缺乏诗意体验所必须具有的精神深度。存在的诗意与整体的文化氛围有关。在不同的文化与社会气氛里，人们体验诗意的层次、广度与深度均有所不同。

第一节　文化类型及精神指向

人类文化常常被分为不同的类型。文化上的差异体现在思想、观念、信仰、生活方式、文物、政治制度、风俗习惯、心理特性等诸多方面。有人把文化分成三个基本的类型：游牧文化、农耕文化、商业文化。人们也习惯于把现代文明称为工业文化，把当代或未来的文化称为后工业文化或后现代文化。西方历史学家斯宾格勒[①]则根

---

① ［德］奥·斯宾格勒：《西方的衰落》，商务印书馆 1963 年版。

据各国历史文化的存在特点将世界的文化分为希腊、阿拉伯、西方、印度、中国、埃及、巴比伦、墨西哥等 8 个部分，并把俄罗斯也当成一个未完成的文化类型来看待。历史学家汤因比①则把世界文化分得更为细致，他将其分成 26 个类型，包括西方基督教、拜占庭东正教、俄罗斯东正教、印度、中国、朝鲜—日本社会、希腊、古代中国、古代印度、墨西哥、巴比伦、埃及等等。有些学者认为（比如中国的梁漱溟），那些林林总总的文化大体上归为西方文化范畴，他认为最有影响的文化是西方、中国与印度。在不同的文化类型中，人们的信仰、观念、心理特征、风俗习惯等均有不同。依据其对超验世界与现实世界的认同与执着程度，我们将文化分为入世型的文化、信仰型文化与诗意—审美型文化。

一　入世型文化

这是以现世生存作为价值核心的文化类型。这种文化的核心基础或支点是可见的现实社会。就斯宾格勒和汤因比所列的文化类型（包括后来的美国学者亨廷顿所列的文化类型）来看，把现实的世俗生活作为生存的绝对重心，或以世俗社会所思所为作为人们价值根基的在古代是很少见的，也就是说在人类过去的那些具有典型意义的文化类型中，绝大多数文化在价值取向方面都倾向于非现实的世界，并把其作为价值的依据，通常也都把终极式精神与情感关怀作为价值的最高依据，而不是以世俗的现实社会中所思所为作为衡量标准。这些文化大多属于有精神信仰的文化，认为精神或灵性高于物质，精神或灵性世界高于物质世界。随着社会的发展这种以世俗关怀为核心的文化已成为当今文化的主流形态。

传统的中国儒家文化虽然也有众多侧面，但总体上来看是偏重世俗关怀的。儒家文化总体基调也是偏重世俗的入世型文化。儒家，

---

① ［英］汤因比：《历史研究》，郭小凌等译，上海人民出版社 2010 年版。

它的理想的着眼点是现实的人与人之间的关系，即人伦。中国儒家文化留传给中国人的是什么？如果我们从现实中观察而不是从典籍的个别字句中寻找，或许更能看出这种文化的本质特性所在：儒家基本属于现实的世俗性价值认定的文化。在古代世界的多种文化类型中，儒家文化确实有自己独有的特色，而且影响整个中华民族几千年。一个民族文化最核心的基础往往决定一个民族整体价值观、人生观、为人处世的方式，也决定一个民族整体的道德方向与水准。

据媒体报道：在美国，3％的大学生愿意考公务员；在法国，是5.3％；在新加坡，只有2％；在日本，公务员排在第53位；在英国，公务员进入20大厌恶职业榜；而在中国，76.5％的大学生愿意考公务员！这一份报道中所列的对比数字，确实能说明一些问题，和一些热衷于"复古"的大师们的想象的相反，当今中国人的核心意识依旧延续着儒家流传了几千年的价值认定思路，实际上也依旧处在传统儒家文化的影响之中。人们意识的核心依旧是关注在现世中取得的一切，而不是把非现实的种种理念作为价值衡量的依据。

透过这些就业选择的数据，我们看到的是置身于当今中国文化中的人们的心灵与信仰的状况。由此可以推知：当今中国人在深层精神方面是欠缺的，并因为这种欠缺变得平庸肤浅，我们内心的思想、感情与信仰都属于经验性的，世俗的意味太浓太强，基于这些世俗要素的欲望影响了当今中国人其他方面精神天赋的发挥，我们缺乏深刻的精神方向，失去了精神方面的价值标准与取向。在这种生命与精神状态下，存在的诗意几乎无从谈起：精神价值取向会在很大程度上决定人的存在是否具有诗性。

中国当前的现实是历史文化类型的一种延伸，其实源头还是在儒家文化身上（尽管儒家也有其他不同的侧面，比如兴于诗、成于乐思想）。儒家文化总体上属于那种基于现实的世俗性文化。中国当代兴起的复兴儒学的潮流究竟有多少思想价值？对改善人们的生命与精神状态究竟能有多少贡献？关于这一点笔者是持怀疑态度的，其背后恐怕还是文化沙文主义在作怪，这种潮流对既得利益者与某些文人或许有益，对那些渴求生命意义感，渴求生命充实与富有生机的人来说，就未必有多少帮助。

美国哈佛大学教授、社会学家帕森斯说：

"可能世界上没有任何伦理像中国伦理那样不以宗教身份为托词，更具有浓厚的功利主义和入世的色彩。首先，在世界任何其他地方，没有像中国那样，所有社会的各阶级对财富有如此明显的积极的肯定。对现世利益的急切关切，对来世利益的兴趣全无，世界上恐怕没有任何人能够像中国人那样。而且，这一入世观念和功利主义与一种理性主义结合在一起。它包含着对宗教非理性因素，主要是狂欢的、超验的因素的一个具有深远意义的拒绝。"①

时至今日，世俗生活对人来说似乎越来越重要了。基于此，以世俗为核心的文化潮流日盛，这种文化类型现在更多地与现代科学精神结合在一起。科学及其技术对人生活与内心的影响也越来越甚。这就产生了一些不同于古代社会的新的入世型文化：以科学技术与商业为基础的文化、文化方式及其文化表达。这些文化几乎完全被科学精神、商业欲望及建立在此基础之上的文化时尚所笼罩。在种种被科学精神与商业欲望渗透的反信仰的文化类型中，所谓的后现代文化是一个典型。这是西方文化的一种基于现代工业的现代叛逆版，并经常以种种先锋的、前卫的面目出现。后现代文化早先也以先锋的方式出现。这种文化也称为后现代主义文化、后工业社会文化、信息社会文化、后资本主义文化等，这是一种和种种古典主义，甚至和所谓的现代主义也不同的社会文化思潮。后现代文化也意味着不再能产生古典意义上的、真正富有精神感的文化，是属于具有

---

① 何兆武、柳御林主编：《中国印象》，广西师范大学出版社2001年版，第251—252页。

文明特征但不再具有精神文化性质的文化。这种文化同高度发达的富裕的经济生活，同高度的信息化、商品化，与种种消费主义联系在一起。这种后现代潮流兴起于20世纪五六十年代的美国。

后现代文化大体也属于入世型世俗文化。它的一些主张确切地显示了这一点：反高雅、反精英，强调俗性，或雅俗不分。这是基于资本与商品的消费文化，拜物倾向明显。从文化表现来看，它是模式化、类型化与批量复制的文化，漠视个性独特独创的要求，强调图像化等。它是文化工业，基本属于复制型的文化。在结构上也注重复制、剪辑与拼贴，注重片段组合。

后现代文化属于没有深度、没有历史感的文化。平面化，瞬间体验（没有永恒），漠视"宏大叙事"，解构信仰或道德理想，反对深刻的意向。对任何严肃的思想意识与主题都以反讽对待，都以轻松的、调侃的、嘲弄的、游戏的态度对待。这就造成整个后现代文化平庸的面目，文化中充斥着庸俗的品位乃至低俗的趣味，无厘头、空心化、碎片化的现象在文化的各个角落随处可见。那种综合性的、有深度的、充满精神韵味的文化受到嘲弄。后现代潮流总的趋向是大众化、物欲化、多样化。这种物欲性明显的潮流也是科学化、工业化与民主化的结果。

二　信仰型文化

从文化史学家们对文化的分类中可以看出，在古代以及近代社会早期，世界上的文化大多属于有信仰的文化类型。这是一种向内返归的文化，也是一种具有超验选择的文化。信仰型文化把价值根基置放于向内返归与向上超越的精神路途中。合情合理的内在性与超验性是其文化的一个核心。基于信仰的文化有一个特点，即人们生活的目标以及决定生活、生命价值的不是世俗意义上的享乐或成功，这倒不是说不能有享乐与成功，不能有熙熙攘攘的生存事件，不能有尘来土往的生命故事，而只是重点强调：决定你生命价值的根基不在这里。有了这种信仰，人的存在就有了精神的支撑及精神性方向，有了这种精神方向，人就不会被各种世俗利益过重地纠缠，也就会有更高的内心追求。

诗人泰戈尔在《流萤集》中说："信仰是一个鸟儿，黎明还黝黑时，它就迎着曙光讴歌了。"

美国神学家詹姆斯·福勒在《信仰各阶段》一书中指出，拉丁语"credo"通常译为"我相信"，出自"cordia"或"心灵"，字面上意指"把心交付出来"，因此，信仰是一种心灵的活动，而不是从智慧上升到神学的命题。他把信仰看作寻找我们生命核心的努力，我们能够依赖并献身的终极关怀。信仰是"在价值和力量中心（这些价值和力量足够强大到值得赋予我们的生命以统一和意义）发现笼罩一切的、整体性的和基本信任"的一种方式①。

美国著名学者塞缪尔·亨廷顿在《文明的冲突》② 一书中提出了七大或八大文明之说，即中华文明、日本文明、印度文明、伊斯兰文明、西方文明、东正教文明、拉美文明，还有可能存在的非洲文明。这些文明存在着冲突，冲突的基本根源不是意识形态，而是文化的差异。他对各大文明分析后所指出的是：世界上的文明基本上是在宗教的基础上建立起来的，伟大的宗教是伟大的文明建立的基础。他所说的文明，主要是指宗教，在他看来，没有宗教内涵就无所谓文明。在亨廷顿眼中，西方文明的价值在于其独特性，核心是欧洲传统、基督教、英语和新教价值。欧洲是自由、民主、法制、人权的发源地。他认为伊斯兰文明与儒家文明可能共同会对西方文明构成威胁、提出挑战。根据他的理解，文明是文化群体的最高形式，以宗教、历史、语言和传统划分。他认为东方文明与伊斯兰文明是一种区域性的文明，这两种文明存在着结构性的冲突，只有西

① ［美］大卫·艾尔金斯：《超越宗教》，顾肃等译，上海人民出版社2007年版，第26—27页。

② ［美］塞缪尔·亨廷顿：《文明的冲突》，周琪等译，新华出版社2013年版。

方文明反映了人类的普遍的价值观。

他的这种观点正确与否，我们这里不予评论，但有一点值得人们重视：在他的文明观中，有信仰与否有着很大的重要性，他把宗教信仰置于文明的核心位置。为什么他赋予信仰如此高的重要性？对此，我们可以从信仰型文化衍生的种种文化表现中看出一些原委，并能在某种程度上帮助我们理解他的这种思想。

首先，信仰型文化会赋予整个文化以精神性基础与精神性指向，并把其最终的价值依据建立在宗教信仰之上，文化的方方面面通常都受这个统一基础的影响，让文化存在的各个方面都摆脱了单纯的外向性，向内在的精神理念返归。比如西方传统文化的宗教支点就是基督教。基督教文化也被称为"爱的文化"，其中耶稣就是爱的标志。上帝让他的独生子降临人世，为的是拯救人类的罪恶与苦难。爱为其最高的价值标准。这和孔子的仁爱也有着很大的区别。信仰型文化可让整个人类的物性化生存向内返归，赋予人类存在以内在性。这种内在性使得人类更重视内在的灵魂体验。

以基督教为代表的信仰型文化也赋予人的存在以超验性色彩，以具有内在感的超验性感情为指向。这也让他们的存在背景具有了神圣的光泽或光辉。中国文化被称为追求所谓善的文化，但是如果没有精神信仰的基础，没有代表完善的上帝或神的理念为依托，没有至善的引导，那么所谓的善就很难称为真正意义上的善，那种善是人为之善，用雅克·马利坦的话来说，就是不完全的德行，这种不完全的人为德行是有很多毛病的，是一种相对的德行或善，是某种意义上的德行，没有真正引导到终极目的的爱，道德生活就不会是稳定并且根本上是正确的。总之，文化中的这种超验性让他们对人类存在各个方面的神圣维度体验得更加深刻。

还有，信仰型文化（以基督教文化为代表）赋予个体以自由，基于此，人的存在也就被自由的精神所渗透，处处都散发出自由的气息。自由及自由主义也是基督教文化的一个核心或者说是其重要的表征。还有信仰型文化也会赋予人的存在以内在的激情，以及在此基础上的浪漫色彩。总体来看，入世型文化缺少基于内在性与超验性的精神性色彩，也缺少在基础之上的内在激情与浪漫倾向。中国人现实、圆滑，老于世故，但通常缺少自由的内心。我们的孔圣人也有诸多的暮气，耶稣却很内在，以及在基础之上，他的神情与目光都很忧郁。

可以看出，信仰型文化更能赋予人的存在以内在性与超验性的存在背景，更能让人的存在有精神上的统一感，而这个方向恰恰也是诗意追寻的。

三　诗意—审美型文化

"诗意人类"同时意味着文化的改造与重建。以中国孔子为代表的儒家总体来看是偏重世俗的，但孔子思想还有另一个面，即内在的超然的倾向（虽然这个方向后来未能成为儒家文化的主基调）。孔子曾提出了"兴于诗……成于乐"的思想，这里所谓的"乐"还是诗，是以音乐形式表现出来的诗，是充满诗意的乐。也正因为如此，孔子在齐闻韶乐才会三月不知肉味，才会感叹：不图为乐之至于斯也！这是一种物我浑一的忘我的诗意境界，在这种存在境界里，人生的各种局限与分裂被克服。从某个角度来说，这也是最早的诗意人类学思想的萌芽：通过使人的存在诗意化或追寻诗意真理的方式可以克服人性分裂，使人的存在达到澄明之境。

文化归根结底需要向澄明化的方向发展，文化的特殊性、差异性不能和存在的澄明方向相违背。"诗意人类"思想在某种意义上可以说就是为了建立诗意—审美型文化，让人存在于诗意—审美的文化氛围里。诗意本来就介于信仰与世俗之间，诗意—审美型文化也介于信仰型文化与入世型文化之间。诗意—审美型文化也是包括孔子在内的不少哲学家设想中的理想的文化类型。在传统宗教衰落的大背景下，这种诗意—审美性质的文化有可能会引领未来社会的发展，并形成一种诗意审美型的属于未来的重要社会文化类型，这也是属于能增加人的诗意体验、意义体验的文化。近来世界各地都有这种所谓的审美文化倡导者，包括最近流行的回归自然的文化浪潮，其实质也是属于诗意的、审美的性质，富有精神性、灵魂感的自然是这种诗意—审美型文化的一个基础。这种回归自然的潮流之所以能够成气候，就是根源于其背后的诗意—审美的寻求，诗意—审美型文化正是介于信仰型文化与入世型文化之间，是它们的一种融合形式。现在世界各地也开始流行各种类型的所谓的"审美主义"，而诗意是审美的深层内涵与最具有精神意义的部分，具有深层精神内涵的审美文化肯定是一种带有浓厚的诗意色彩的文化类型，其和信仰型文化的区别在于：不需要人们谨守种种传统的宗教形式的束缚（尤其是不需要谨守原教旨主义式的观念与宗教条规的束缚），而在某些方面保留其内在的、超验的精神性内涵。诗意文化的核心就是使人类的存在变得更加澄明，也可以像浪漫主义诗人那样去理解：建立一种以存在诗意化为核心的准精神宗教。

在文化之中建立诗意之宗教，或者说建设带有宗教内涵的诗意文化，既有现实性也有可能性。因为这种诗意之宗教植根于人性的深层需要，并以人类存在的充实感、意义感、和谐感、美好感等为依归，以澄明的存在体验为核心。这种诗意—审美型文化，或许也可以化解信仰与世俗之间的对立与矛盾，使之成为重要的和解领域。诗意本来就是和解性的，就是人的各种天赋的、和解的完美显露，诗意不脱离基本的感性，同时也是一种对灵魂的拯救之力。

这种诗意—审美型文化具有寻找灵魂的性质，让人们在各种具有内在感、超验感的美之中寻找到精神的故乡与家园。真正的诗意—审美几乎都带有宗教内涵，那种美属于内在的美与超验般的美。诗意或深层次的审美也是带有准宗教功用的。这种诗意与深层次的审美可以让人的灵魂找到一种寄托或一种着落。孔子闻韶三月不知肉味。这种意义上的审美是诗意的，是富有灵魂感的。

富有诗意的美是人类灵魂的拯救力量，这种美不是一般意义上的感性之美。诗意可以让内心充实具有意义感，并能让人忘却人生的种种烦恼与苦难。诗意是美的一个精神核心。富有诗意的美也暗示心灵的一种饱满、充实与幸福，也是一种使生存澄明的诺言。在这个意义上，也可以说诗意是这个世界带有拯救色彩的精神与心灵的力量。一首根据英国民歌改编的美国民谣歌曲《斯卡布罗集市》（女歌星莎拉·布莱曼演唱版），可以算得上美妙之音，既有诗意也有一种心灵的拯救力量。

这里有两个背景：一是宗教信仰的衰落，传统意义上的信仰出现明显的缺陷，尤其是种种原教旨主义式的信仰式微。二是过于世俗的生活缺陷的日渐显现，建立在世俗要素基础上的生活日渐暴露其弱点：人们的精神性渴望与需要得不到满足。纯物质型的文化使人失去内心的感觉，尤其失去了内在的灵性，并最终使人感受到无聊与空虚。过分社会性的强调也使人感觉到个体存在的无意义感。现代人正处在这两条线构成的矛盾点上。诗意之路或许是一种新的可能性，诗意的倡导也属于审美中具有深刻精神性内涵的路径。它既可在某种程度上满足人的信仰天赋，又可避免生命日渐显现的空虚与无聊，从而给人的存在带来精神意义感、安慰感。

试图在世俗与精神方向之间找到一条中间的融合之路。这一努力，在中西方思想家中也不断有人在尝试：席勒的《审美书简》与蔡元培的"以美育代宗教说"是其中最为人熟知的。

现代文化要想恢复其曾经有过的生命力，就必须对人的本性进行深刻、深入的反思，寻找到能兼顾人们信仰与世俗需求的道路。现代文化的种种潮流也体现了人们的这种寻找、努力与渴求。实际上，现代的回归自然的社会文化思想潮流之所以能够兴起并引发浩大的声势，也是出于一种潜在的诗意—审美的需要。让大自然充满某种精神之光，这既可满足人们的精神信仰方面的渴望，也没有脱离我们所在的此世，也具有较强的现实可感性。这种诗意—审美文化会从传统的种种宗教的神圣仪式中汲取有益的精神滋养，比如重视种种精神性仪式，通过一些文化仪式增加人类存在的神圣性。那些仪式本来就是人类试图与神圣者进行沟通与交流的愿望的体现，其中有各种精神性象征符号的运用。

第二节　社会的精神基础与氛围

一　多层社会性及精神根基

我们可以从三个层面上看待社会或社会性。

第一是物质与经济意义上的社会性。这是客观的、客体化的和物质活动或经济活动靠得较紧的社会性。这种社会性根基在客观化、物质化的自然性上，是这种自然性的延续。这种基于自然的社会带有很强的自然丛林特征，在自然竞争的丛林中，生存是极端残酷的，物竞天择，优胜劣汰，为了不被自然淘汰，各种物种首先需要做的是不被吃掉，并觅得食物保存自己，让自己存活下来，然后保证物种的绵延。为此那些在社会中的丛林生存者常常也就具有利己主义的特征。当人普遍带有很强利己主义倾向时，由人组成的人类社会也常常具有丛林性。

马克思主义对这一点揭示得最为深刻。在马克思看来，社会的决定因素与组织形式的核心，或者说基础都是物质的生存方式与经济利益。马克思说：社会是一系列的相互交换，它恰好也是这个相互结合的运动。亚当·斯密说：社会是一个商业社会，它的每一个成员都是商人。

他们从经济的角度揭示了社会的无情与残酷，他们用经济学的视角把人们覆盖在社会上的温和的面纱无情地扯开。由利己的物质人聚集在一起的社会意味着某种可怕的东西，包括其组织形式。这种意义上的人类社会是自然的某种延续，这里的自然是指达尔文意义上的物竞天择的自然。但任何社会都会通过文化制度、意识形态等手段进行类似掩饰的行为，以便在一定程度上消解这种残酷性。社会的复杂性也体现于此。利益的交换是其基础，尤其是经济利益的交换。这个层面的社会改善意味着：试图通过物质的、经济的、现实的改善来改造残酷的社会面貌。

第二是人伦意义上的社会性，这是建立在种种"礼"的基础上社会性，是人与人之间充满了等级秩序的社会性。中国的儒家特别重视这个层面上的社会生活及社会性。

中国以儒家为代表的传统文化尤为重视这个层面的社会生活与社会性。中国社会的现实在这一点上也表现得尤为明显。在中国感受这种社会性最为恰当。中国是一个最讲人伦社会性的国度（面子问题也是建立在这个基础之上）。这种社会性集中体现在"人际关系与人际交往"上。所谓的人伦，在实际生活中的表现，就是重视人际关系，如果不重视这点，在中国可以说是犯了文化的大忌。孔子试图通过建立"礼"制改善人与人之间关系、改善社会，使社会变得和谐。

这种社会性被历朝历代的统治阶级的种种文化机构或文化人抹上一层温和的色调，种种伦理性说辞层出不穷，比如"仁""义""信"等。人与人组成的社会的残酷真相需要掩饰，否则很容易引发社会的混乱，因而这种社会性常常也意味着某种面具，即用某种看起来高尚的言辞概念对社会真相进行掩饰。美国诗人爱默生说：社会是一个假面舞会，每个人都把自己的真面目掩藏了起来，而唯有在私下里才露出本相。

他说出了社会的一个重要方面，一个试图通过种种文化或种种意识形态来掩饰真相的面。从社会的种种现实来看，这种假面舞会的性质有时是显而易见的。人们所谈论的、所倡导的和实际上发生的往往不一致，高调的宣传到处存在，但在实际生活中发生的可能和这种宣传似乎恰恰相反。

第三是以精神为基础的社会及社会性。强调人的社会性是马克思与孔子的共同点之一，但他们对社会的理解总体来说偏于世俗性质，因此就产生了他们之间的另一个共同点：他们都不赞成处在社会之中的人从社会之外的精神世界中寻找价值依据，都在某种程度上否定了社会的基于永恒性的精神基础，也都把目光瞄准我们生存于其中的可见的社会现实里。事实上社会还有一个更为深层的精神层面，这是社会生活中的永恒精神基础。这是由组成社会的人的存在本性决定的，是由人内在的、深层的精神性渴求决定的：即每个人试图克服自己存在的局限性与短暂性，试图连接某种精神上的绝对，即更具有永恒感与无限性的精神性的一面。这是组成社会的人更为深层、更为基础、更为终极性的精神性渴求。

社会是人组成的群体，那么把人连接在一起的核心纽带是什么？除了物质的、经济的、人伦的那面之外，还有使人与人之间靠近的共同的精神性体验与感觉，社会共同体的维系也不仅仅是物质层面上的事情，更不能依赖僵死的伦理规范。马克思在《共产党宣言》中设想的共产主义是"自由人的联合体"。这里我们可把自由这个词进一步阐发：真正美好的社会应该是内心充实、精神饱满、具有意义感、灵魂解放的人的联合体，充溢于他们心灵之间的可见、不可见的精神气息把他们从深层维系在一起，让他们感受到比孤零零的个体体验更宽广、更深邃的内容。这也是"诗意人类"的一个努力方向。

俄罗斯哲学家弗兰克在《社会的精神基础》开篇中就问：

"什么是真正的社会生活？什么是社会生活的普遍本质？……社会生活在个人生活中占有什么地位？它真正的使命是什么？人建立某种社会存在形式是出于什么目的？能得到什么？最后，人的社会生活在整个世界的、宇宙的存在中占有什么地位？属于哪种存在形式？真正意义是什么？它与作为普遍生活基础的最终的绝对因素与价值有什么关系？"[1]

① ［俄］C.谢·弗兰克：《社会的精神基础》，王永译，生活·读书·新知三联书店2003年版，第4页。

他继续说：

"在这种精神状态下，最重要的并不是关心目前的需求，甚至也不是历史的自我认识，最重要的、第一位的、必须的是以思想和意志的力量去解除使人颓废的怀疑主义的魔力，把注意力集中到社会与人的永恒本质上去，通过认识其本质，确立一种积极向上的信仰，领悟人的社会生活的目的及任务。我们应该重新深刻地认识什么才真正是源于人与社会本质的、人类生活永恒而牢固的基础，努力挖掘并理解其中最主要的、最普遍的基础。……我们的思考不应停留在生活的表面，停留在日常生活的需求上，而应深入到事物永恒的本质中去。只有这样，才能度过精神生活中（无论是个人生活还是整个社会和人类生活）任何真正的、最深刻的危机……忽视并且蔑视这种唯一正确的、通过认识社会存在永恒的及普遍的基础来对社会自我意识进行哲学上的阐释及论证的做法恰恰反映出所谓的'实际'的人们一向对普遍的哲学认识持否定、轻视的态度。"①

真正美好的、能给人带来意义感的社会应该是具有整体精神感的社会，为了这种社会整体的精神感，就必须让与社会相关的多重方向和谐相融，恢复人、社会与大自然，与精神性基础的沟通与联系。从诗意体验的视角看也是如此。

二 完整感与开放性

人类社会性具有多层次构造。由具有精神性的人组成的社会，作为一个精神性的群体要想使自己更具有生机，那就不能孤立、封闭自己，也就是不能把自己孤立、封闭在单纯的人的世界里，作为一个具有精神感的群体，要想使自己具有基于意义感、充实感的精神生机，就不能使自己身陷在单纯的人之领域。人类社会应以一种开放的姿态通向各个方向。从人类有限的历史来看，真

---

① ［俄］C. 谢·弗兰克：《社会的精神基础》，王永译，生活·读书·新知三联书店2003 年版，第 6—7 页。

正有价值的社会也类似一个有机的、以精神为基础的生命体，其与大自然、社会与超自然精神等都不会真正地分离。真正美好的社会会尊重人内心的深层精神倾向，会把与人相关的多重愿望有机融合在一起。诗人诺瓦里斯在《信仰与爱》中把真正意义上的理想的国家视为富有诗性的国家，而诗性社会（或国家）正是以精神为基础的有机和谐社会。

"不现实的正是这样……把社会领域与自然、与个人、与宇宙的联系割裂开来，期望在人的领域内就可获得某种在普遍的治愈或'使之完整'的统一中才可能获得的具有意义的事物。"①

在保罗·蒂里希看来，基于完整性价值思考的社会会对自然开放，和自然建立起真正的联系；基于完整性价值思考的社会会对个人开放，尊重个体丰富的内心与多样性；基于完整性价值思考的社会也会对宇宙开放（包括宇宙精神等）。这事实上也意味着对超自然一面的开放，即尊重人内心对于永恒与无限一面的渴求。人类一直在用各种方式对自身社会进行改造，并竭力使之符合适合人的存在的理想。不同于动物，人有着丰富的内心，人的存在的美好感、充实感与意义感都是通过内心得到领会的，内心的那份切实的感觉是人的存在体验的核心。美好社会的特征之一就是整个社会被精神之维引领，被种种带有绝对色彩的美好的精神之光所照耀，这也意味着人类创造出来的对人的内心具有感召力的伟大观念要对整个偏物性、偏自然的社会进行渗透，没有被人类这种精神所浸润，没有真正地被对人类内心有价值的观念或真理渗透，我们的社会就免不了被多种世俗的感性倾向羁绊，从而使人陷入意义缺乏的境地。诗意人类需要有价值的观念的引领与照亮。

法国著名哲学家柏格森也提到过一个重要概念：开放社会。这

---

① ［美］保罗·蒂里希：《蒂里希选集》，何光沪选编，上海三联书店 1999 年版，第130 页。

是他在晚年写的一本重要著作《道德与宗教的两个来源》[①]中提出的。与之相反的是封闭社会,他认为封闭社会是刚刚离开自然状态不久的社会,它或多或少地还带有许多自然特征,并以一种社会本能的隐蔽形式存在。这种社会要得以维持就需要形成一个强大的规范系统。

他在论及开放社会时仿佛在谈论社会的诗意境界。他认为在开放社会中人们抛弃了狭隘性,积极关注整个人类,达到了自由、正义与平等。人们既不按本能也不按理智生存,而是按一种神秘的体验来生活。在这种社会里,人们较少去服从,而更多地表现为创造,是生命冲动得以充分表现的一种状态。开放社会是由有超越精神的人所不断设想的高远境界,它力求实现不断的创造,每一种创造或多或少地经过内心的变化。

他心目中的开放社会既具有超越精神,也是具有内在感的社会,是被诗意精神性笼罩的社会。他通过几个核心概念阐发了这一观点,即封闭道德与开放道德、静态宗教与动态宗教。封闭道德是封闭社会的一种道德态度,来源于社会生活的需要建立在习惯的基础上,它与动物的本能活动有更多的相似性。这种习惯系统对于每个个体而言具有强制力。开放道德是开放社会的道德态度,它来源于具有超越精神的伟大人物的人格典范的引导,建立在个人的创造性情感基础之上,其道德义务不再具有强制性,不再是群体道德,而是人类的道德,是一种对整个人类的仁爱,不再是压迫道德而是一种愿望道德,在这种愿望道德里,人们感受到了一种精神上的解放与内在的喜悦。封闭道德是一种"非人格的道德",开放的道德是一种"人道的道德",并可造就诚实的人与具有神秘体验的人。

动态宗教实际上是一种神秘的生活体验。这种神秘生活使人的心灵进入了另一个领域,达到与神统一的超越境界。但这种"纯粹

---

① 〔法〕亨利·柏格森:《道德与宗教的两个来源》,王作虹、成穷译,贵州人民出版社 2000 年版。

的神秘主义"是较少见到的人类的精神状态,是建立在个人直觉基础上的。通过这种直觉精神之流穿过物质。这种纯粹的神秘主义包括三个要素:行动、创造与爱。其思想与行动是统一的,是生命冲动的体现,并拥有无穷的创造力量。这是一种理想的生存状态与精神状态。而博爱是行动与创造的源泉。通过这种直觉使人达到存在的根基,和最高存在进行沟通并达到精神上的神秘体验。神秘主义的最终目的是确立一种接触,即与生命努力的创造性接触,使之成为与生命相伴随的东西。

好的道德与宗教是社会向内返归与向上跃进的重要途径之一。

柏格森所说的开放道德与动态宗教都是内在的,充满了自发性、创造性的精神性,也具有非理智、非知识性的情感体验,甚至充满了基于冲动的神秘主义。这种内在性充满自发感的道德与宗教可使整个社会增加精神性的光晕与气氛,并因为这种光晕与气氛而使社会具有了浓厚的、诗意的、审美的韵味与色彩。社会向内返归及其向上的跳跃可使社会具有一种内在感,并因为这种内在感使社会具有了美好的诗性氛围、诗性韵味、诗意的情境。

三 和谐感与传统社会

德国诗人诺瓦利斯有两句名言:哲学原就是怀着一种乡愁的冲动到处寻找家园。另一句是关于浪漫化的:把普遍的东西赋予更高的意义,使落俗套的东西披上神圣的外衣,使熟悉的东西恢复未知的尊严,使有限的东西重归于无限,这就是浪漫文化。浪漫文化意识也是精神社会的一个核心,也是人的存在追求的目标之一。人性的深处深嵌着浪漫的方向与基础,但浪漫文化意识不同于浪漫主义。这种倾向常常是朦胧的、含混的,甚至以无意识的形式体现出来,并渗透在文化的各个细节里,浪漫文化意识是宽阔而深厚的,体现在人们朴素的精神性信仰、信念以及爱、希望与种种梦想里。浪漫文化意识广泛地存在于人民中间,体现在老百姓的种种纯朴的憧憬与愿望里。

　　真正的传统社会具有一种精神上的和谐感，并能够满足人们的那份乡愁，真正的传统社会保留了更多的精神和谐价值，而诗意就似乎是与过去和谐社会中的精神价值有很多的关联。诗性从感觉上讲就有些偏向过去，这个过去可以称为文化的或社会的传统，包括传统社会、传统生活、传统文化、传统价值观等。真正有意义的传统社会，包含着对现代人来说珍贵的精神价值，包括生活的神秘性、原貌性、本然性与自然节奏等。在传统的生存中，具有质朴、浑然未分、和谐与宁静等特点。在通往过去的传统社会里存有现代生活所没有的诗性光辉，这种诗性光辉也和来自人们信仰中的神性要素有着紧密的关系。所以这里所谓的传统未必全是时间性质的含义。

　　传统社会与其说是一个单纯的、通往过去的时间概念，不如说是理想的、富有诗性的文化概念，传统不是一个单纯的时间含义；传统也不是静态的而是动态的；传统和过去时间中创造出的具有永恒感的精神价值有着密切联系。传统社会也不是被局限于某一地域的狭隘的文化概念，富有诗意的传统社会对现代人来说也是没有国界的。任何文化中过往的、理想的、富有价值感的社会状态都可以通过创造性地转化与吸收，成为其他传统文化的一部分。关键在于这种传统是否具有理想性，是否具有精神价值，是否能让人获得生命的美好感。

　　和传统生活相对的是现代社会或现代生活。现代社会或现代生活和技术化相对应，具有机器复制式的特点，换句话说，我们的生活是机器复制式的生活。这也包括最近的网络化生存、手机化生存等。其实和科技理性有关的生活实质都是一样的，会导致我们生活的物性化、同质化。这种生活缺乏真正意义上的精神个性，也缺乏真正意义上心灵独特性。在当今时代，只有返回内心才能在某种程度上保留一点儿基于精神的独特面目。可以说在当今时代，一个不懂得拒绝——即拒绝这个时代的流行生活类型——的人很难使自己的存在成为诗意的存在，也很难体验到真正意义上的诗意，更难成为具有诗意的文学家、诗人与艺术家。

现代社会或现代生活是被物欲充满的生活。现代人是欲望化生存——和欲望相关的生活。这种欲望性集中体现在消费社会中的消费文化意识里。消费任何时代都有，但消费主义却与晚期资本主义联系在一起，主要原则是追求体面的消费，渴求无节制的物质享受和消遣，并把这些当作生活的目的和人生的价值，把消费的功能与作用推到了至高无上的地位。在消费面前人人平等，无物不可以消费，无人不可以消费。消费不仅是物质商品的消费，也包括文化、精神等领域的各种消费。

中国因为历史的错综复杂及时间的久远，传统的内涵会更加驳杂，但在中国，真正意义上的理想的传统社会意味着什么？也就是说整体社会中的人的内心充实具有意义体验，人们的感觉很美好。如果问究竟哪个历史时期最能代表中国传统或传统生活，或者说中国的传统社会与传统生活的黄金时代是哪一段时间？尧舜禹汤时期，春秋战国时期，汉魏时期，唐宋时期还是明清或民国时期？中国历史上最美好、最富有诗性意味的时代究竟在哪一段时间？在这个时段的社会群体里生活着的人们，是否内心充实、丰富并过着有意义的、澄明的生活？

西方基督教文化圈的历史也很驳杂、丰富，但他们确实有几个美好的、和谐的、理想的、富有诗性的黄金时期。近代欧洲的传统社会与传统生活可以算是特别典型的。这个时期，是具有精神和谐感的时期，人们还有虔诚的信仰，又没有那么明显的宗教专制，信仰是发自内心的，内心是充实的、美好的，充满了意义体验，世界对他们散发着神奇的魅力。同时人们的生活也没有完全抽象化，而是具体的、活生生的，是内在与外在、灵与肉交融于一体的社会与生活，是有神、有人、有天、有地的生活，种种精神上的"神性"

或"灵性"并没有退隐，周围世界依旧从各处对人们散发出隐隐约约的神秘之光，人们对生命或生活也依旧充满着神秘感，并被一种精神之雾笼罩，人们与存在之根处于交流与沟通之中。

在这样一种真正有价值的传统社会的氛围里，人们的灵魂没有分裂，没有空虚，没有精神焦虑。人们从心底里也不会发出种种嘶号之声。生活与内心都保持一份伴随着生存而来的静穆与单纯。人的感觉、理性与信仰也保持了基本的和谐与融合，没有太大的割裂与冲突。人们活着时是快乐的、平静的、有盼头的，人们面临死亡时也是平静的、有安慰的。

我们这里举一个例子。美国文学之父华盛顿·欧文曾写过一本《见闻札记》，如实描写了他眼中的 19 世纪的欧洲。他眼中的传统生活可以说是近代的欧洲生活，代表了欧洲的近代生活传统。各种欧洲的古老、古朴的习俗蕴藏在偏僻的乡村之中，这种所谓的传统尤其保存在那些淳朴、美好的乡俗里。其中有几篇《英国的乡村生活》《乡村教堂》《乡村葬礼》《圣诞节》《圣诞前夜》等，把英国乡下的乡俗描写得极其美好，平淡之中蕴含着浓厚的诗性。

"在南方一些偏远乡村，人们为一个夭折的未婚女子举行葬礼时，尚有一种颇为优雅的仪式。一个姑娘走在遗体前面，其年龄、身材、相貌和死者最为接近；她头戴着白色花冠，葬礼过后即将花冠挂于教堂死者生前常坐的位置上方。花冠有时仿照鲜花用白纸做成，里面常有一副白手套，象征死者洁白无瑕，荣升天国……在这些僻静地方，旅行者眼见送葬队伍过去，会对其肃然起敬，因此景出现于大自然宁静之处，尤为感人。出殡行列走近时，他会驻足、脱帽，等它缓缓而过；然后静静地跟在后面，有时一直走到墓地。有时护送几百米远，以示敬意；最后才转身重返旅程。"①

这种传统生活具有更多的包孕性，或者说，具有更多深长的意

---

① ［美］华盛顿·欧文：《见闻札记》，刘荣跃编译，广西师范大学出版社 2003 年版，第 97 页。

味。理想的传统生活被包围在某种精神性氛围里，内心有方向、有寄托，接近自然节奏，但世俗的生活、世俗的幸福并没有被否定，那时轰轰烈烈的启蒙运动也并没有否定宗教，只是否定了僵死的教规、教义以及它巫术迷信的成分，并对传统的仪式与虔诚的形式进行了改革。启蒙运动对宗教的某些改革并没有导致真正的宗教精神离场，"神性"或"灵性"并没有退隐，周围世界依旧从各处对人们散发出隐隐约约的神秘之光，人们对生命或生活也依旧充满着神秘感，并被一种精神之雾笼罩，人们与存在之根处于交流与沟通之中。

四　灵性与爱之氛围

灵性氛围是富有诗性的社会生活的重要部分。所谓的灵性氛围集中体现在整个社会的内在返归与超验性、精神性倾向中。精神信仰、思想创造的自由与博爱等是这种灵性最典型的体现。灵性氛围可以使人类的社会生活克服物欲化带来的种种弊端，使人类的社会生活更加完整、更加全面、更加和谐，也会使社会生活被精神之雾所笼罩，使社会充满价值的光辉，并使在社会中生活的人们因为博爱气氛洋溢着幸福与内在的欢欣。俄罗斯哲学家弗兰克写过一本书《社会的精神基础》，讨论真正的社会生活问题。现代法国新托马斯主义哲学家马里坦曾经写过《诗的境界及其他》（1935 年）、《诗的状况》（1938 年）等，他也以富有诗意的笔触与思想讨论了社会，他本人也是一位极具诗人气质的哲学家。他认为，人类当中的政治与社会事业应当追求的最高理想：创立一个博爱的国度。

精神与灵性的贫乏导致种种社会病发生。中国现在整体社会气氛物欲化倾向太重，从这种庸俗的气氛里人们是很难感受到存在的精神性韵味的，也就很难体验到所谓的诗意。脱俗之路只有一条：让社会内在化，或者说让社会向内返归，让整个社会产生某种精神性超越。这也是"诗意人类"在社会层面的一个基本方向。内在化能帮助我们摆脱各种物欲气息、感官气息构成的社会陷阱。过分的物欲化与感官化必导致庸俗化（所谓的庸俗化也包括各种趣味的低俗）。当今的中国人从总体上来看，精神方面似乎越来越平庸，因为整个社会都陷入庸俗化的陷阱，缺少灵性氛围对这种物欲本性的约束，缺少深刻的精神上的向往。

灵性氛围的营造还意味着摆脱过分的实用主义倾向。当下社会工具主义思想倾向太重，信仰、思想、情操、道德、概念、理论等都是人们为了达到某种目的的工具，只要这些信仰、思想、道德、情操等对实现目的有用，或对人适应竞争环境有用，那便是真理。这种工具化倾向的流行使整体社会的上空都布满了滞重的非精神化气息。每个人似乎都成了工具主义的牺牲品。整个社会几乎都不看重有意义的、以精神为核心的生命目标，每个人似乎也不太关注生命的精神价值的实现。

社会如何向内返归、向上超越从而使社会拥有一份灵性氛围呢？可以从以下三个层面着手。

首先，引入自然让其成为社会的有机组成部分，让本来就和人的内心有着隐秘精神感应的自然景致或风景进入社会，或者说让具有精神性的自然风景成为社会的一个主要组成部分。这样让整个社会既可在感性层次上变得美丽起来，也可增加整体社会的精神性气氛，因为自然在有信仰的社会里也可以是精神的、宗教的。这也是诗意社会的一部分。这个层次的诗意既可和感性愉悦相连，和一般的形式美原则相对应，给人带来基于感性的快乐，也可在灵魂层面上与人的内心相呼应。

其次，社会向内返归也可以从以"仁爱"为核心的精神层次着手。善是诗意的重要组成部分，尤其是和善相连的"仁爱"或博爱，中西方的文化核心之处都是"爱"或倡导爱。爱是善的核心与秘密，也是诗意的核心与秘密。要在整个社会倡导友爱及基于宽阔视野与精神的博爱。爱是一种使人与人之间聚合起来的力量，爱也体现了和谐、同情与悲悯。这是和丛林法则相异的一个精神方向。爱是社会内在化的重要方式。真正脱离了动物世界式的残酷的社会一定是充满爱的社会。爱的气氛也是一种诗意的气氛。爱也可以包括以下几个层次：男女之爱（富有诗意的男女之爱是一种内在的与超越的爱，超越物质的羁绊，超越肉体快感的束缚）、亲人之爱、对社会对大自然的爱、对上帝的爱等等。博爱是一种更加宽厚的爱，也是最富有诗意的。

还有营造自由的精神气氛。这种自由不是指基于市场的自由竞争而是指精神的自由、言论与思想的自由、创造的自由等。民主与平等就其本身来看未必是有诗意的，但其有利于形成富有精神感的行动氛围、创造氛围及爱的氛围，有利于使人更像人。艺术创作中展现出来的精神力量也与这种自由的精神气氛有关。

最后是宗教信仰层面。最深厚的方向是有信仰的方向。在西方基督教文化里，就是将社会的尘世之国变成上帝参与其中的精神之国。这是通过超验化使社会内在化，或者说这是内在化的最高的形式，也能促使整个社会走向诗意的更高层次。社会需要被人类充满想象力的伟大观念所渗透、所浸润。上帝和佛的观念等也属于这种伟大的观念。这种宗教情怀是人类最深厚的天赋之一。上帝和佛代表人心的一个纯粹的方向，代表了人心隐秘的内在精神渴望，也代表一个纯粹的精神动力，代表着至善、至纯、至真、至美。

远离动物式的原始野蛮的方向，内在化社会生活的诸种感性元素与倾向，让诸种感性倾向与元素向着真正人的方向衍化，甚至向着更高的上帝参与其中的方向升华，这是整个社会灵性化、诗性化的基本思路。这里的上帝不是迷信意义上的，不是教条、教规意义上的，上帝代表着纯粹精神，代表着至高的精神存在，代表着至纯、至真、至善，代表着一种精神上的完美，这种完美能把全社会的心灵向往引向更高之处，让全社会有一个指向崇高的、伟大的精神目标。这个精神方向必须是个体能够体验到的，能通过他的直觉给他带来切实的生命感受。个体的内心体验不到的伟大目标就没有意义。

中国社会目前缺乏深邃的哲学性，也就由此缺少了诗意的根基，缺乏深刻的哲学根性。中国需要种种内在精神与超验精神的照耀。

第三节　社会精神性韵味的营造

俄罗斯哲学家索洛维约夫说："社会荒谬的根源何在？显然，在于社会制度建立在个别人的利己主义之上，由此才产生了个人之间的竞争、斗争、仇视以及所有的社会的恶。如果社会的荒谬之根源在于利己主义，那么社会真理应该建立在相反的原则之上，即建立在自我否定或爱的原则之上。为了实现真理，构成社会的每个人都应该给自己的片面的自我肯定画出界线，站在自我否定的立场上，放弃自己的片面意志，牺牲它。"①

社会的精神性韵味意味着社会各个层面的自我约束与自我否定，尤其是对强势集团与强势阶层而言更是如此。如何做到这一点？只能通过整个社会的内在化与超验化侧面来达成，即让社会成员拥有更大的、更深邃的、共同的精神方向与精神目标，以此帮助人们克服各式各样利己主义以及以物欲享受为核心的自私形式。

一　理想统治者

社会精神性韵味的形成和理想的统治方式或统治者有关。在诗性社会里，人与人之间更多的是精神性的相通与关爱，要做到这一点，各个层次上政治权力的淡化是必然的——权力对精神的伤害是很现实的。在这种社会氛围里，信仰、思想、创造力与爱等精神性元素是社会的主导者，而不是各种和压迫结合在一起的权力。但在人类社会的现实生活中，权力的影子无处不在，它像个幽灵一样经常出没在人们的身边，某人的片面意志经常影响或强加在他人身上。

---

① ［俄］索洛维约夫：《爱拯救个性》，山东友谊出版社 2005 年版，第 223 页。

这种强加式权力的过度运用会制造隔膜与仇恨。理想的统治者是有精神智慧、懂得约束自己权力的人。权力的不当运用不仅影响人与人之间心的接近与爱，也是最影响社会美好氛围的。

社会学家马克斯·韦伯把统治分为三种：传统型统治、个人魅力型统治和法理型统治。

传统型统治是建立在对于习惯和古老传统的神圣不可侵犯的要求之上。个人魅力型的统治建立在某个英雄人物、某位具有神授天赋的人物的个人魅力上。先知、圣徒和革命领袖便是标准的范例。法理型的统治则建立在对于正式制定规则和法令的正当行为的要求之上。他把第二种类型的统治者称为"卡里斯马"型。这种类型的统治者在历史上经常是一些巫师、先知、部族首领、战争酋长、专制暴君、党魁等。无论是传统型还是个人魅力型都不遵循理性的规则，大体上属于非理性的统治类型。

治国领袖或政治家更需具备优异的精神理念、现实感与政治艺术。哲学家一般涉及人类的内在精神王国以及超验王国。让真正的哲学家来治理国家，或者说让真正的富有哲学意识的政治家来治理国家，这是富有诗人气质的思想家柏拉图提出的很有创意也很有诗性眼光的想法。关于哲学家治国的思想是哲学家在其《国家篇》中提出的。哲学家执政治国是柏拉图的《理想国》中最具特色的内容之一，也是他关于理想国家的核心内容之一。这也是柏拉图的政治理想之一。

柏拉图这一思想认为，哲学家统治尽管不是完全不可能的，但极其困难。哲学家的产生就比较困难，哲学家成为统治者更为困难。如果哲学家有幸能成为统治者，他就会根据理想的模型来改造现实的城邦，建立一个正义的国家。柏拉图的理想国也和中国的庄子相似。在国家管理上，真正的哲学家通常应该会坚持精神第一性的法则，精神需要——尤其是深层的精神需要——应该会成为引导国家方向时的一个重要的参考点。

"哲学王"是柏拉图的概念,"城邦舰船"也是他对国家的一个比喻性说法。"哲学王"也是他对"理想统治者"的设想,这种哲学王具有很强的哲学意识,是思想深刻的人,是真正的"爱智者",是对精神智慧热衷的人,或者说是热衷于理念的人。真正的哲学本来就和理念相关。这种理念也可以引申为理想、信仰等精神本体。

只有这样的统治者才能带给人民精神方向,具有哲学意识的人才有可能成为好的政治家。没有这种意识的人通常只能成为官僚。伟大的政治家被精神之光所引导,被纯净的理念所激励。这样的政治家通常有强烈的使命感,有追求纯粹的、伟大的理念的勇气,也有基于此而来的领导力,敢做对社会的精神性韵味形成有益的大事情,其所做之事对人民的内心的精神体验有益,也会对他们的精神世界产生重要影响,这样的政治家同时也是创造者和富有诗意感的人。真正的政治家除了关心他的人民物质的、经济层面的生活外,也会给他的人民以生活的精神目标,让人民的内在世界充实,让他们活着有意义感、美好感。

人类生活需要精神性想象力的不断引导,不断地迈向具有精神氛围的新世界,慢慢跃升至富有诗意的新境界。要建立起这样一个社会:在这个社会里,人们的内心有精神性的期盼,摆脱了种种形式的奴役,没有了种种形式的掠夺横暴、等级森严、苦弱无助,这里有爱,实现了真正的自由与正义,在这样一个社会里,人们活着有意义,内心能体验到美好,能感受到存在的光亮与澄明。

二　人文教育

社会需要精神性韵味的笼罩,而这种氛围的营造需要深层的人文教育。

人类内心与宇宙整体沟通的精神本性是存在的,深层的人文教育应包括这种宗教意识。在传统宗教日渐衰落的文化情境下,人类文化必须在自身之内孕育出类宗教似的功能,以便能够体验价值与意义感。现在人类的各种经验已日渐空洞化。人的存在是受局限了的存在，被众多的偶然性因素支配，摆脱不了生命无意义的困扰，人类文化应该修复人类经验之中所深藏着的危机，这是一种能够使人异化的危机，这是一种丧失真正精神感的危机。在当代文化的一些情境中，在人的一些存在经验里早已透露出那种非人化的端倪。

人的存在不可能与深邃的奥秘世界隔离，即便在科学发达、人的生活愈益世俗化的当今社会，人们依旧完好地保留了这种与宇宙整体沟通的禀赋。在传统宗教日渐衰落之时，现代人的内心深处又滋生出对大自然贴近的倾向，这种贴近自然的倾向体现的不是人身上的自然主义，体现的恰恰是人身上的精神愿望。这是人与无限的沟通的下意识的显露。对大自然情有独钟或对自然的热望是人与宇宙整体沟通欲的展现。

荷兰哲学家斯宾诺莎在论上帝时说过这么一段话："关于自然，一切的东西全部地肯定属于它，并因此自然包含无限的属性，其中每一个属性在它自类之中完善。而这，和人们关于上帝的定义整个地相合。"①

斯宾诺莎在这里把自然与上帝等同。因为自然和上帝都"包含无限的属性"。现代人对自然的回归，不仅仅是一种流行的、新的生活时尚，像其表面上所体现出来的。这种对自然的贴近包含着某种宗教含义。现代人对自然的回归，不是回归于自然的物质属性，而是回归于和自然潜在的精神进行交流与沟通，是与自然之中的无限性沟通。最能代表自然形象的往往是寂静的荒野、无垠的沙漠、深不可测的峡谷与冰川等。这种荒凉、寂静、深不可测的无垠感正是能和无限性属性相吻合的。

教育正是要满足人的这种深藏在内心的与无限的沟通愿望，而不是扼杀这种倾向。

---

① ［荷］斯宾诺莎：《简论上帝、人及其心灵健康》，顾寿观译，商务印书馆2002年版，第26—27页。

所谓诗意常常表现为宗教式情怀。"诗意人类"包含对无限性的找寻，这不是西方人特有的本性，就像寻道或寻梵不是我们东方人所特有的本性一样，这是我们人类存在共有的深层愿望，这是我们各种文化共有的深层愿望，这也是我们人类文化最深厚的根基之一。在传统的各种宗教形式日渐衰败的时代背景下，我们可以通过深层的人文教育来保留这份原始而又纯真的人类精神之梦。传统东方人的特色之一就在于他们倾向于在宁静之中靠近无限。

深层人文教育的目的之一就是让人们拥有一种精神气质，这种精神气质可使我们摆脱功利世界的狭隘性，并使我们的文化经验能渗透着更为开阔、更为深邃的内容，能更多地体现一种完整性：和完整的世界沟通，同完整的生活取得联系，并使我们的文化经验既生动又富有精神感，其中蕴藏着一种灵魂的意味。这在人们的文化实践中或许也是可行的，所谓与自然共生的文化的大量普及就说明了这一点，尽管人们很少想到其背后所隐含着的类宗教式的意义。在更具有这种色彩的审美形式——比如艺术创作中——宗教情怀更为重要。审美教育、艺术创作和宗教感联系是很深的。

三　公共文化

公共文化的重建对精神性韵味的营造很重要。当今时代是多元化时代，也是所谓的个性化时代。多元化的生活也为人们生活选择提供了广泛的自由，人们的生活越来越具有个性化的色彩，私生活在人们的整个生活中所占的比重越来越大，尤其是那些隐秘的私生活对人们似乎变得越来越重要。基于这种趋势，公共文化生活、公共文化经验那部分对其成员的约束力越来越少。但这种种追求个性化的生活方式也在人们的精神方面造成了许多缺憾：人们难以一起分享文化中的那种共同的精神目标。这种情形很容易造成文化理想及其生命意义感的缺失，有些精神价值或意义感，人们必须在公共的文化形态里，才能强烈地感受到。

同一般的私生活相比，更富于精神韵味的生活在很大程度上是一种公共生活，是一种人们可以共同分享的生活，并使那种分享变得更具有精神意味，更具有"意味深长"的特性，这也需要提高公共生活中的精神价值导向及其意义。这样一种文化的公共经验就可凸显其精神方面的光轮，可以创造出一些象征性的仪式、气氛，并将宗教元素融入这种公共生活之中，改造那种公共生活完全世俗化的性质。这同时也就意味着那种公共生活会和人类更为深邃的、更为稳固的根基性的精神力量发生了某种关联。这种关联既具有美学意义，也具有接近宗教的精神意义。

"诗意人类"意味着促进公共文化经验的分享，并能促使这种分享成为提升人们精神生活内涵的途径。在传统社会里，公共文化活动经常和各种各样的集体仪式联系在一起，那种公共的文化经验增强了其社会成员的社会性；那种公共的文化经验还会创造出一种气氛：让其成员有机会与看不见的世界有交流，与更高的、真实的精神力量有沟通。在这种公共生活中，与种种象征性场面、仪式等有关的审美要素非常重要。没有那种审美要素的帮助，那些公共生活容易陷入僵硬与刻板。在现代社会，因为人们个性意识的觉醒，人们对原有的那种公共的文化经验感受不深。现在的公共文化经验常常和现代式的娱乐相伴，因此那种公共文化经验很容易演变为公共的、集体的大众娱乐。传统社会里的公共文化经验常常是精神升华的一种方式，这和现代社会中着眼于娱乐的情形形成了鲜明的对照。

"节日"是公共文化的一部分，现在的问题是：节日失去了其意味深长的文化韵味。过节对任何一种文化及经验都很重要，节日的过法也成了人类学家最感兴趣的文化现象。过节的方式可以体现一种文化或文化经验的特色，并可保留其传统的民情与风俗。但就像其他传统的风俗正在迅速消失一样，我们的节日活动，由于受到现代主流文明样式的影响，其文化风味与特色也正在慢慢地变质，变成现代物质、市场与科技文明的一部分。为了找回或重新发现那些逝去了的精神韵味，我们的节日及过节方式需要重塑。

节日生活是我们最重要的公共生活之一。过节是每个民族文化经验的一个重要方面。从人类的文化发展历史来看，人们创立节日的初衷不是为了满足我们世俗化的或感官性的愿望。人类对节日的追求与向往源自久远的古代社会，其一开始就带着某些精神性向往，带有某种精神性目的，并和宗教紧密地联系在一起。人们就是要通过节日创造出一种不同于我们日常生活中的感觉，在那种感觉里人类集体性地感受到了某种充实与意义。虽然不同的文化对节日的追求方式有所不同，所产生的文化经验也有所不同，但通常都有着某种精神性的目的。通过这种节日气氛的创造，人们感受到有别于平常日子的内涵与意味：与一个更大、更高、更常在的世界的永恒连接，并通过这种同在感使人们感受到我们人类生命某种具有永恒感的基础。

过节的方式因为在时间上流传久远，久而久之，就形成了一个民族的所谓民俗。这些过节的习俗就像一面镜子一样，可以折射出那个民族的精神面貌和心理特点。那些过节的习俗因为其长久的沉淀通常很难被改变。那些过节的习俗通常伴随着某些仪式，会有些充满象征感的场面、动作与戏剧转换的程式。那些看似烦琐的仪式实际上只是一个象征、一个充满意味的符号。创造那些象征与符号其实就是为了使人们能够进入一种非日常的精神境界。在古老的传统社会里，通过过节就能让人们感受到某种深层的精神韵味。

在现代社会的文化演进中，节日的深意被日渐丢失或遗忘，正被弄得越来越功利化，越来越世俗化，越来越感官化。在节日的气氛里我们感受不到与更深邃力量的连接，感受不到与周流不息的大自然的交融，或与某种充满神性的力量的息息相关，等等。在节日里我们感受不到精神的饱满与充实，倒是经常能嗅到各类现代欲望的气息——在现代的节日里那种欲望的气息四处蔓延，并充塞了我们的感官。

四　整体融通与民族梦幻

整个社会或民族被一种深刻梦想所笼罩、所引领，这是社会精神性韵味最生动、最深刻的体现。在某种意义上，可以说"诗意人类"就是梦幻人类。有价值感的精神性梦幻的确很重要，对个体与民族都是如此，那是人们体验与感受到世界美好时重要的诗性展现。梦幻常常是心灵方向的体现，也是所谓诗意的最直接写照。在通俗的意义上讲，有梦的社会就是美好的、富有诗意的社会，关键是对这个梦我们应如何理解。美好是一种整体的精神性感觉，是一种充实的、有意义的、和谐的、澄明的存在体验。一个真正的美好社会意味着置身于那个社会的人们，其总体的精神感觉饱满、充实、有意义。美好关乎人们总体的内心体验，以及总体的灵魂满足，关乎置身于其中的人们的总体精神性感觉。梦幻的价值光辉与诗性色彩通常体现在内在性、超验性与个体性几个方面。

一个民族的精神梦幻和这个民族的整体幸福感联系在一起，可以说营造社会的精神性韵味就是"营造有价值的梦"。这种梦幻是通过个体富有价值感的精神生命体现出来的。这个甜美的、深厚的梦幻主要体现在这个民族成员的精神面貌方面，而不是体现在衣食住行等物质性方面（虽然这也是梦的一部分）。首先，这个梦幻要具有内在性。这个梦幻的首要标记就是：民族的成员都有一个相对稳定的精神方向，有了这个方向，就能有被精神性气氛所笼罩、所引领的感觉，有了这份感觉人们就能体验到美好感、意义感、充实感、圆满感、和谐感、宁静感等。要达到这一点就必须是有精神方向支撑的梦。精神方向是一个民族梦幻最重要、最集中的标志与体现。

首先，梦意味着精神生命与精神价值，这种生命与价值从人的情感等层面显现出来，其不是一般的、普遍的、抽象的、无个性的梦。真正意义上的梦体现在人的存在的各个层面，不仅是一般的肉体意义上的,不仅仅是一般的心理意义上的,梦更重要的、更深层的含义是精神意义上的,植根于每一个活生生的民族个体的灵魂深处。表层的梦幻不具有最真实的精神意义。一个美好的社会与具体的爱之梦、充实的感觉、意义体验等紧密联系在一起。美好的梦想能使人的整体的存在充满精神性的光晕,能给人的生命与内心带来活力、带来澄明。这种梦不可能在各种概念化里寻找到,不可能在干瘪的说教与口号里找到,而只能在个体的、充满真诚的想象与感动里被发现。

其次,这个梦要有超验性色彩。这就意味着一个民族及其个体不是安于世俗世界的所作所为,而是经常走出狭隘的可见世界,走出狭隘的以物质或经济效益为核心的世界,向着更宽阔的、更深邃的世界瞭望,这个世界可以简称为被宇宙意识或星空意识照亮的世界。中国传统哲学中的最高境界恰恰是所谓的天地境界。其之所以能成为最高境界正是和其超验倾向相关的。还有伴随着这种超验倾向而来的精神激情。不能唤起个体内在激情的梦,不是真正意义上的美好之梦。

这种基于超验性的梦具有宗教式情怀,包含着对永恒与无限性一面的敞开,对无限性敞开是人所具有的精神本性之一。这是我们人类共有的深层愿望,是我们各种文化共有的深层憧憬,也是潜存在我们文化经验之中的人类的深层之梦,更是我们人类文化最深厚的根基之一。在各种传统宗教形式日渐衰败的时代背景下,我们可以通过深层的人文教育来保留这份原始而又纯真的人类精神。和西方人相比,传统东方人的特色就在于他们倾向在宁静之中贴近这种梦想与渴望。

再次,这个梦要具有个体性。美国梦之所以有影响力,是因为梦的核心和个体的自由相关,可以说没有自由就没有美国梦。这种自由是个体的能够体验到的自由。三大权利的核心是自由。《独立宣言》和《宪法》是美国立国之本,是两个基石性文件。这两个根基性文件确立了重大的人权原则。《独立宣言》主要强调人有三大权利：生命的权利、自由的权利、追求幸福的权利。这三大权利都是指个人的权利，是通过个体的存在被直觉到的，这里不是抽象的群体的、国家的、政府的权利。

要想让中国梦成为真正美好的精神之梦，就应该使之具有个体的内涵，其应该能笼罩并穿透绝大多数个体的内心与灵魂，并能通过个体的存在与体验，通过个体活生生的直觉被感觉，并因为这种感觉体验到存在的"灵韵"。梦的核心处被精神之光照耀，这意味着通向无限的悠远，有永恒的气息环绕。诗意的体验，实际上，也可以理解成和谐之梦的体验，这个梦可以是集体的，但更应该是个人的。中华民族的伟大复兴这个普遍的梦固然重要，但一定要通过个体的直觉来实现。没有个体自由、充实、有意义、澄明的体验，去谈论国家民族的大梦就没有多少诗性可言。倡导集体的、国家的、民族的不是不重要，但不能以牺牲个体的存在体验与直觉来实现。国家的繁荣与进步和个体美好的生命感觉应该协调，也是可以协调的。

中国梦应该落实在每一个活生生的个体上，落实在他们充满幸福的眼神中、脸庞上，落实在他们富有创造力的心灵里，落实在他们最真实的欢乐、爱、向往与希望里，甚至落实在他们淡淡的忧伤里……这个梦触手可及、具体而生动，这个梦是通过千千万万个有着自己独特之梦的个体来实现的，希望"中国梦"能落实在每个个体的内心与灵魂深处及人格的独立饱满方向上，这种富有生机的梦可在真正意义上塑造国家的内在精神。国家的蓬勃生机要立足于个体的生命与精神能量，不可忽视（甚至牺牲等）个体的梦的体验的真切性与真实性。

第六章　内在超越与人生旅程

人生旅程从外观看基本是物质性的。诗意色彩蕴含在种种超越性的努力中，并和坚守的生命中心和精神方向有关。存在境界的高低常常也以诗意感为标志。人生感觉像一个轮回，有自己的生命四季、阴影与光明。在人生的舞台上，怎样才算具有完美感？我们饰演各种角色，做各种梦，但需要保持内在的"一"与单纯，既要入乎其内又要出乎其外。在这过程中，我们常常怀着某种难言的乡愁，踏上多重还乡之路。我们也在某种精神的孤独之中体验到甜美，在爱中沦陷与迷醉，最后回归于尘土。诗意的人生不回避种种真实，同时也意味着凭借自己内在的力量，凭借自己的超验性倾向获得了某种升华与拯救。

第一节　何谓人生境界

一　生命中心及方向

人有一个沉重的肉体之身需要和物质纠缠，同时人又是具有社会性的社会动物，需要和他人交往并相互依赖。但人不同于动物与神——有一颗拥有多重性、多层次感的难以琢磨的心，这颗心需要面对一个稳定的精神性方向，需要一个支点、中心，基于人心的这个特性，我们整体的人生似乎也需要相对稳定的中心与方向，如果失去了这个中心或基本方向，人就会陷入缺乏精神生机的状态，并失去内心的活力。这种缺乏生机或活力的状态可以表现为空虚、郁闷、焦虑等。这是由人的深邃本性决定的。

在某种意义上，我们可以说，人的存在本身就包含某种悲剧性，因为归根结底人是虚无，或者说我们的存在被重重虚无包围。所谓的人生，其本质就带有虚幻的色彩。人生就那么几十年，就那么点短短的、有限的、可怜的时光。

> 我们的狂欢已经终止了。我们的这一些演员，
> 　我曾经告诉过你，原是一群精灵；
> 　　他们都已化成淡烟而消散了。
> 　　如同这虚无缥缈的幻景一样，
> 　　　入云的楼阁，瑰伟的宫殿，
> 　　庄严的庙堂，甚至地球自身，
> 　以至地球上所有的一切，都将同样消散，
> 　　　　就像这一场幻景，
> 　　连一点烟云的影子都不曾留下。
> 　　　　构成我们的料子
> 　也就是那梦幻的料子：我们短暂的一生，
> 　　　前后都环绕在酣睡之中。

莎士比亚《暴风雨》4

为了使我们虚幻的生命稍稍真切点，为了让虚幻的生命不再那么飘摇，为了使其获得一份生机，我们就得寻找一个中心，让其占据我们的心坎。我们的人生通常也会自然而然地形成那么一个中心。这个生命中心的性质决定了我们生存的方向与主旨，也在某种程度上显露生存的基本性质：即我们纷繁复杂的生存活动，其整体性质如何？究竟围绕着什么中心旋转？根据我们对人类生活的观察，有

三条最基本的路线，沿着这些路线行进也就形成了人的不同的存在模式（或许更多人的存在属于混同的性质）。

一条是偏物质的（唯物的）路线，也属于所谓的客观的物质路线。

在这个路线上的思想家、哲学家一般会认为物质是我们存在的基础与本原，因而物质是最真实的。包括心灵、思想、种种观念在内的意识世界都来源于物质，物质决定着这些意识，物质性的变动也决定着这些意识的变化。当我们的意识与物质世界吻合时，我们的意识就是真实的，否则就是虚假的。但意识常常是虚假的、不完善的，对物质的反映与折射不够准确，需要不断地通过实践修正之、接近之。这个路线在佛教里被称为俗谛。唯物路线在佛教看来属于"俗谛"路线，就是被一般的世人信以为真的道理与意识。

在人们真实的日常生活里，这就演变成了以物欲消费为中心的人生模式，这种人生模式就是以物质消费与感官快乐为中心，动物性欲望的满足构成了人生的主基调。我们活着就是为了物质，我们本身就是物质。这种人生模式的代价就是虚空的、贫乏的、干瘪的心灵。人和物质纠缠过多，内心必然贫乏、干瘪，久而久之必然空虚。生存在这种模式里的人感受不到永恒的精神在我们内心里回响、回旋与回荡，感受不到这种精神回旋与回荡时所引发的那种内在快乐与充实感，感受不到那种自由与澄明，那种被无限笼罩的欢欣。

还有以精神为中心的存在模式——以精神追寻作为自己的生命中心。这种生存方式被哲学家奥伊肯称为观念支撑的人生。这里的观念与精神是以人为核心的精神，以张扬人为中心的精神性倾向，包括以勇气为核心的勇敢或英雄精神，以意志自由为核心的自由精神，以仁为核心的道德精神，以创造为核心的审美与艺术精神等，和以物质化与感官化为中心的人生模式相比，这也是精神性的体现之一。据此就构成了英雄人生、浪漫自由的人生、道德人生、艺术人生、简朴的人生等。

最后这条线路，在有信仰的文化背景里也很常见，这就是以神性为中心的存在——以神为自己生命中心的人生，或者可以说是信仰人生、宗教人生等，这种信仰人生也包括像中国道家那种追寻以"道"为核心的存在方式。这种人生模式是超越的模式，这种人生模式通常比以物为核心的生存类型更富有诗意，那也就是说更具有意义感，也更能体会精神上的充实与美好。因为这些人常常能被基于永恒的精神所感染、所浸透，并因为这种感染与浸透产生了生命的内在的欣喜，这种内在的精神欢欣是诗意的一个核心内涵。过着以神或佛为中心的信仰人生的人通常不会把物质看得很真实。

后两种模式通常被认为是唯心的路线，也确实属于所谓的主观的精神路线。

唯心路线认同精神本体的存在，不管这种精神性本体是客观的还是主观的，这条路线认为精神性本体是比物质更加基础、更加真实，对人的内在生活更具有源泉的性质，并认为物质只是一个看似真切的虚假的幻象，也就是说物质只是人们在感性欲望支配下的一个幻影。佛教认为这种领悟才是和俗谛不同的"真谛"。

《金刚经》中说："一切有为法，如梦幻泡影。"这里所说的有为法也包括物质及人的种种欲望世界，物质与人的欲望世界看似实在，但在根性上却是虚幻的、空的，那看起来虚幻的心灵反而更加真实，诗意之路基本上属于精神之路，但并不是完全反对物质之路径，只是更偏重遵循心灵的内在感觉，走的也大体上属于心灵的路径，尊重心灵的本原性及其真实性。诗意的真实更多属于内在的心灵的真实。

二 存在境界

从诗意的视角来看，人的存在是有境界之分的，换句话说，人的存在境界常常能标志人生的诗意性质。丹麦存在主义哲学家基尔凯郭尔也曾谈论过这个问题，他把人生区分为三种模式：美学的、伦理的与宗教的，在他看来包含着信仰的宗教生活方式是最高层次的，也就是接近最高的存在境界，而他所谓的美学人生方式就是基于感性的人生方式。中国的哲学家冯友兰也曾就人生境界问题做过区分：自然境界、功利境界、道德境界与天地境界。① 参考他们的观点，这里我们从诗意递进的角度把人生境界分为真的、美的、善的、超验的四个层次。

首先，立足于真的人生的这个"真"主要是指感性之真。这种以感性为基础的人生适合大多数人，是对大众而言的普遍有效之真，这种立足于真的人生，其真实性通常是向外的，是和某种物质需求或感性欲望纠缠在一起的生活，和人性的某种感性满足联系在一起，并和生存的快乐、快感密切关联。快乐是欲望满足的一种体现。以现代消费为基础导致现代快乐主义，是这种人生方式的最典型代表。基于此种消费快乐主义，身体及欲望的真实性被夸大地推崇，也被当前流行的理论所认可，各种身体理论似乎都倾向肯定肉体及欲望的价值。人的肉体的刺激与兴奋成了失去信仰后唯一的真实支点，也成了人们切切实实能够把握的真实。实际上，我们的身体代表着种种脆弱、种种虚无、种种痛苦，可以说身体代表痛苦的成分居多，但其中所蕴含的享乐成分却成了人们主要的追逐，成了感性人生的主要动力之一。基于此，感性人的存在目标主要体现在感性身躯的兴奋与快乐里，体现在基于精神平庸的物质化、感官化、模式化的生活里。

其次，立足于美的人生。按照一般的说法，美走的也是感性之维，但这种感性之维和上面提到的立足于真的感性有所不同，这里的感性更多具有形象或表象性质。其内核是追求人的有限的精神表达，以及其中所蕴含着的自由。这个可以说是艺术人生，以自由的精神创造为核心。这里的美主要不是指感性的外在美，而更多侧重

---

① 冯友兰：《贞元六书》，华东师范大学出版社 1996 年版，第 552—567 页。

作为人的精神力量所显露的美，这里的美虽然依旧与感性相连，但已经具有了超感性的精神倾向，这种精神倾向体现在人对自由的追求里。那些具有精神追求的文学艺术家的人生大多是此类。

再次，立足于善的人生也可以说成为伦理人生。中国的儒家尤其追求这种人生境界。仁义礼智信，忠孝廉毅和等，忠孝之道在中国人的人生中常常成为人生的目标。孝是最具中国特色的伦理观念。但善的人生更多是指向内在的善，善向内返归就形成内在的善，内在的善表现为真正的仁与仁爱，表现为良知、良心等，表现为内在的不可抗拒的道德律令。这种内在的善，在中国被称为"内圣"。中外思想史上的许多思想家倡导这种立足于善的人生。这种人生在行为的层面上也要表现：常常要谨守一些道德原则，比如节制节俭、中庸和宁静、缄默与谦逊等。

最后，立足于神的人生。这里的神可以做更加宽泛的理解，这是人生更加超越的存在形式，既摆脱了感性之真的缠绕，也超越了一般意义上的美与善的层次。这个就是基尔凯郭尔所说的宗教的生活方式，这是一种以精神性信仰为核心的人生方式，追求神圣的生命境界。历史上的那些先知们，那些有灵性的智者的生命境界就是以神性为核心的生命境界，不和过多的物性或感性欲望纠缠，在平静的充实里面对精神上的至高者，守护着自己内心中的"一"，甚至在沙漠里、在远离尘嚣之地独自面对自己深沉的灵魂，那时沉思、默想、冥思或祈祷等成了生命存在的主要形式之一。这种看起来有些虚无的生命境界也常常是大众竭力避免的。这就是超验的人生。

诗意的人生和第一种自然也有瓜葛，但更多的是和后三种存在境界相关。在以感性之真为基础的真实的人生里，有些侧面或许是有诗意的，但也因为其感性的缘故，就其整体来看未必能给人带来稳定的充实感、意义感与美好感。与这种实实在在的感性之真相比，在某种意义上可以说，诗意如同一个飞翔着的隐形小鸟，如同一个精神幻影，如同一个精灵，在我们的内在精神整体世界里遨游，并给我们的存在带来意义体验。在我们人生大部分时刻里，那种建立在消费快乐基础上的真实感大多和诗意感相悖逆。诗意的真实是向内的，经常走的是内在超验的心灵路线，是基于最深切的、难以言传的精神性感受。

三　诗意之纯真

诗意的纯真内在于心，常常从生命的简朴与单纯中流露出来。诗意人生属于具有内在真实感的人生，这种内在真实感的最典型体现就是心灵感受中的意义与生机之感。诗意的人生是被美好感笼罩的人生，是被精神性希望激励的人生。从这种诗意人生的角度来看，人生的不圆满主要不是物质与金钱方面的相对匮乏，而是指向心灵感觉中的无意义感——体验不到充实、和谐而饱满的精神性生机，灵魂日渐贫乏与枯萎。诗意之真和物质的丰富，与感官满足程度，甚至和客观化的社会生活关联度不大，高层次的诗意通常使人的存在与内心指向简单的"一"，和具有永恒感、无限感的精神性事物相连。

诗意之真体现在或多或少、或隐或显的与永恒的相遇里。在古希腊柏拉图的学说中，真实与永恒、常在、不变连接在一起。诗意的真实核心也常常是通过永恒、常在与不变感被体验的，其是内向的，是心灵饱满、充实的感受，是永恒常在与不变的精神在人内心中的微妙回荡，并由此激起了生命的精神性火花。这里不需要多少物质，也和感官的兴奋与刺激关联不大，需要的只是一种简朴的美在单纯内心的回旋。一朵花、一颗沙粒都可通向无限，都可成为不朽与永恒的暗示与象征。英国诗人华兹华斯从一个普通的场景——山谷中一个割麦女在歌唱——中就可汲取丰厚的精神养料（《孤独的割麦女》），读者也可以感受到诗人心灵中的那份饱满与悸动，那份和谐、充实与美好之感，那份基于丰富感的澄明。

看，那边地里有位高地姑娘，

单独一人，孤孤单单！

独自收割，独自歌唱；

在此留步或悄悄走过地旁！

她一人收割，一人捆绑，

唱的歌儿哀婉悲伤：

啊，听！那动人的声音

在高山深谷之间回荡。

　　和这首诗有着异曲同工之妙的俄罗斯诗人普希金的《一朵小花》，书页中偶尔跌落的枯萎了的小花引发了诗人无限美好的联想。

　　诗意的真实不是物质的真实，不是感官享乐的真实，也不是逻辑的真实，而是内心的充实与意义感，是存在的精神性生机。要达到这一点，条件之一便是不能割断与永恒感、无限感有形无形的通道，以及和永恒、无限性的静静交感，这是与深层心灵深切体验相关的感觉或感受的真实，经常表现为想象与情感的真实，或心灵中具有饱满感、生机感的精神真实。甚至在某些诗人看来，写诗就是为了永生，人生就是为了体验某些伟大深刻的精神时刻，或者说生命的目的之一就是为了感受某些伟大的精神时刻。

　　诗意之纯真的弱点是缺乏普遍有效性，是不可机械复制，也常常是不稳定的。诗意的持久性、有效性是一个考验。对追求感性之真的现代人而言即使追求所谓的诗意，也是追求可见的、可把握的和感性相连的，而那种和某种神性或神性象征有关的诗意，其精神内核经常好像是飘荡在天空之上的。现代人更喜欢聚集在大地之上的可见之物。但诗意的源泉恰恰是不同于可见物质的精神性本体，对这个精神本体的感悟成了诗意体验的前提与基础。人们之所以常把哲学家柏拉图称为诗人，也就是因为他着眼于和这个精神本体的交流与沟通。在这个意义上，他是诗人哲学家，从这个意义上讲，信仰生命的精神性源泉也就意味着信仰诗意。

诗意体验是一种微妙的精神性感应与交流，也是一种精神感觉的真实，和感觉、想象、情感有关。诗意之纯真基础是精神性理念及其象征，诗意体验常常就是在一场心灵与精神性本体交感中形成的静静的梦或过程。诗意之纯真充满了某种神性意味。诗意的真实充满了单纯的质朴感。诗意很难外在化。诗意的真实被某种微妙的精神感觉所支撑。诗意的神性本质注定了其是反交换、反交易的，本质上是属灵的，虽然并不脱离感性。

诗意之纯真是心灵的最美、最和谐的属性之一，偶然的、分裂的、多变的、闪动的、混乱的性质和其无缘，诗意之纯真是一种稳定的、综合性的、常在的、和谐的体验，最纯粹、最完满的心灵性的显现，是和最初的、未被分裂的和谐沟通的一种方式，是对世界同一性、持久性要素一种稳定的感受。诗意之纯真是一种精神性的价值的显现，也是人不依赖外在的自我依存、自我肯定的精神性倾向的流露，这种肯定的勇气与依据来自我们存在的深处，而不是依赖外界的种种物质性、客体性的因素。

第二节　诗意与人生旅程

人的生命归根结底是有限的：脆弱的躯体配上短暂的时间。生命就是一段短途旅程，或者说是一个烟火般的历程。怎么度过这短暂的人生？功利、快乐是大多数人的选择，也有选择宗教的、伦理的人生，或度过基本上是理性的一生，诗意人生或许更有魅力。诗意人生遵循的是完整和谐的机制，遵循的是对生命中显露出来的充实感、意义感与美好感的追寻。什么样的旅程才算是富有诗意的，这似乎很难用实证主义实验的、考据的方式去验证，很难用抽象的理论解释清楚，存在的直觉与体验更为重要。

一　循环·生命四季

生命是一个循环，像自然四季一样转换。每一个季节都有自己特别的美。生命的尘土象征，概括地说明了生命的脆弱。生命只是一个短暂的循环。尽管如此，人生依旧可以如夏花之绚烂，如秋叶之静美。生命本来就像花朵一样在有限的时间之内、脆弱之中开放。人的一生犹如大自然中的四季，平缓而自然地转换着，悄悄地经历着不同的生命面貌，每一种生命面貌都是上天赋予人的宝贵礼物。诗意人生意味着自然地、充实地、有意义地过好各个阶段的生命角色，也有人把生命四季用一天的意象来描述，这就如同一天中的早晨、中午、傍晚与黄昏。印度诗人泰戈尔说：

"如同一天分为正常的四个部分，即早晨、中午、下午和黄昏，人生也被划分为四个阶段，这种方法依据的是人的天性。"①。

这里早晨与童年，中午与青年、中年与傍晚和黄昏与老年相对。

关于童年，俄罗斯伟大作家托尔斯泰写过《童年》这部小说，在书中他写道：

"幸福的，幸福的，一去不返的童年时代啊！怎能不爱惜，不珍重对童年的回忆呢？这些回忆使我精神舒爽，心情振奋，是我的无上乐趣的泉源。"

童年可理解为一般意义上的人生早晨，时间性较靠前，常常被理解为懵懂无知的童年。法国作家马塞尔·普鲁斯特在《追忆似水年华》中也用意识流的手法写到了童年，由"马德兰点心"触发而引发的梦幻般的回忆，充满了温馨感，充满了关爱。这是另一种童年，幸福的、富有诗意的童年。儿童代表着另一种天堂，甚至人长大变老之后，一直还有一种回归童年的愿望。为什么童年被那么多人怀念？笔者想可能由以下几个因素造成的。童年的诗意和人的回

---

① ［印］泰戈尔：《泰戈尔论人生》，上海人民出版社2014年版，第123页。

忆息息相关。童话世界是一个美丽的世界，代表着一种基于纯洁的、稚嫩的美。一种单纯的、纯净的幻想。童年还代表着轻盈的梦想。人只要有那份单纯、明净的幻想而且相信那份幻想，那他就是幸福的。正因为有这份幻想的支撑，童年也是无忧无虑的，没有忧虑、没有哀愁，这是人们一直寻求的心灵状态，也是富有诗意的澄明生存状态。

青春是中午。中午的温暖或炎热象征着青春的活力、勇气与热情。在青春的活力、勇气与热情的推动下，青春经常上演充满戏剧性的场面，并拉开一幕幕动人的景象。青春的这种戏剧性常常具体表现为爱、激情、欢愉、痛苦与烦恼等。青春男女性别中的诗意，常常表现为：男人是崇高的，崇高的元素在男人身上聚合更为合适；女人是优美的，优美的元素在女人身上聚合更为恰当。这种具有鲜明特色的阴阳交流会碰撞出绚烂的诗性火花。与之相反，青春期性别的错位很容易导致诗意的流失。诗意流失的一个现代典型：女汉子与"伪娘"的出现。

老年通常不再适合表现与感官相连的激情，不再适合做外在化事情的追随者，老年的诗意同样也体现在内在化与超验感方面。在古代的印度第四个行期和老年对称，这是四个行期的最后时期，与其说它是宗教式的，不如说是富有诗意的。英国人类学家麦克斯·缪勒在《宗教的起源与发展》这本书的第七章"哲学与宗教"里也曾详尽地介绍了这一点。第四个行期属于所谓的遁世期。大约到75岁以后，就进入了遁世期。从此完全弃绝人寰，住在森林里，身穿树皮衣或兽皮衣，仅靠野果和植物的根、茎为生，每天做五次祭祀。他把自己感官的感受能力限制到最低程度，摒绝一切爱和恨的冲动，既不关心自己的生死，更无喜怒哀乐之情。其渐渐放弃食物，只喝白水；最后甚至连白水也不再喝。这是对人世彻底冷漠，只待最后解脱的阶段。经过后世的发展，它更成为专心追求对于最高本体梵的亲证，以实现梵我合一为目标的最后人生阶段。印度教传统认为遁世期是人生的极致。此时人摆脱一切世俗执着，过出家人式的生活。对众生与万物一视同仁，追求解脱。老年的超然与平静可以显露更多的诗意，这和"解脱"后的放下、看淡与"纯思"有关，没有解脱的心境以及没有思想、不懂沉思的老年肯定是缺乏诗意的。古罗马哲学家西塞罗写过一篇著名的文章《论老年》。他在这篇文章中谈到了关于老年要注意的几点，而这几点都和"思"有关。在他看来，老年的智慧就是接受自然，他说：

"我的智慧仅在于我视自然为最好的向导，把它奉如神明，遵循不息。人生必有终点，如同树上的果实、田间的谷物，到了成熟季节就要枯萎、坠落。智慧的人应该平静地接受这种境界。对自然宣战，不是如同巨怪对诸神宣战吗？"①

超然、淡泊与平静的老年则是最好的、最富诗意感的老年，他说："然而，平静、纯洁、高雅地度过一生，也可以得到愉快、安适的晚年。我们知道柏拉图的晚年就是如此。"②

老年的诗意也体现在对死亡的那份淡然态度上。英国作家毛姆也写过一篇《人到老年》的文章，其所阐发的也大体上是上面所说的意思。"诗意人类"也意味着处理好人生各个转换的节点，并使其区别于其他日子，这种特殊的区别仪式赋予其有益的意义模式。人生节点上的某些时刻也应该多些美的成分。这些人生节点，如果一种文化能处理得很好的话，那么在那种文化里生活着的人们一定能感受到更多的生命意义与精神性韵味，也一定不会轻易地被空虚感重重包围。

二　生命夜与昼

就像白天与夜晚的交替，人生也是光明与阴影的交织。生命之夜意味着人生无时无刻不在或深或淡的阴影包围中。人生的阴影来

---

① 丁来先主编：《沉静之美》，国防大学出版社 1999 年版，第 336 页。
② 同上书，第 339 页。

自佛教所说的生命"无常"之中，体现在由这种无常造就的种种苦痛、烦恼、忧伤、忧郁与苦难之中。佛教说的人生"苦海无边"，就是对人生阴影最简略的概括。人生的确被有形无形的阴影侵蚀，用哲学化的术语来讲，就是饱受各种非存在的侵蚀。佛教认为人生有包括"生老病死"、求不得、怨憎会、爱别离等在内"八苦"，还有种种世俗欲求带来的扰乱、烦恼与迷惑。生老病死之苦，伤离别苦等一直被原始佛教所强调。这些是作为人的不可逃避的命运，而不是现代人特有的。

对重重苦难与痛苦的超越是人生内在超越的重要部分，这也是人生的精神性光源。通过这种精神上的超越，痛苦与苦难可以成为对人生有益的重要部分，重重苦难甚至可帮助人们达到精神上具有神圣感的深度，甚至可以说只有经历重重磨难才可达到精神上的神圣。西方文化尤其注重痛苦对人的心灵与精神的贡献。基督教文化信仰的神—主耶稣就是痛苦、悲伤与忧郁的化身。在但丁的《神曲》中有天堂、地狱与炼狱之别，人需要通过精神上的炼狱才可达到天堂之境。相对来说中国文化不太看重痛苦的精神价值，你看中国的那些大佛大多是喜笑颜开的。中国文化被称为乐感文化，更重视人生快乐的一面。

在现代人身上体现最明显的人生的阴影是精神性质的（俄罗斯哲学家别尔嘉耶夫在《精神与实在》这本书第五章中专门论述了"恶与痛苦是精神问题"），包括以下两个方面。

无意义感造成精神上的苦痛或苦难，这是在现代人身上体现最明显的是精神上的暗夜。无意义感几乎折磨过每一个现代人。没有内心的充实感，被种种有形无形的空虚包裹，没有生命方向，没有被希望激励的状态，被重重有形无形的焦虑笼罩。一度的信仰与希望变成了怀疑与绝望：没有精神上通向更广大世界的感觉，怀疑盘踞在现代人的心坎上，而怀疑常常会成为无意义的杀手。无意义感也会削弱人的存在的精神生机感，并能轻易地让人在无所事事的厌倦中虚度生命。

　　欲望满足或得不到满足之苦带来的空虚与厌倦。现代人的欲望远远超过以往，欲望的性质不再是自然性的，而是属于超限度的。这种超限度的欲望会给人带来重重忧烦。哲学家叔本华早就强调了欲望与空虚、厌倦间的必然联系，他甚至认为生命的本质就是痛苦。现代人追求欲望满足或得不到满足而引发的痛苦比之过去更为严重，也更加容易陷入欲望得到满足或得不到满足带来的无聊与厌倦之中。存在主义者喜欢谈论的"烦""恶心"等也是对这种生命暗夜与阴影的描述。

　　人生的光明与希望来自超越性倾向、愿望与能力方面。意义体验是内在心灵的明灯，也是人生之"昼"的重要体现，人生的光亮来自存在的意义感。人生需要克服内心的种种分散与分裂倾向，让自己的存在更本真、更单纯、更和谐，或许还有更宁静。这些方向能够增加自己生命的意义感。获得意义的途径是更多地和自然与神圣之维沟通与接触。和具有精神色彩的大自然经常沟通是平息我们存在焦虑与怀疑的重要方式之一，也是找到良好的生命感觉的途径。

　　超越欲望的束缚。现代社会超限度的欲望使人存在于内心的分裂、分散之中，并最终导致空虚的来临。这些超限度的欲望包括各种纸醉金迷、奢侈挥霍、野心勃勃，沉湎于感性之维带来的欲望满足之中。这是发达的现代社会最常见的欲望形式。欲望的满足或许能够带来短暂的快乐，但这种感性的快乐是不稳定的，没有持久感。过于执迷于感性欲望，最终会带来精神方面的空虚。能让人感受到持久的快乐通常是内在的快乐，这种快乐来自精神方向，来自与更广大世界接触后的隐秘的喜悦，欲望本身就其本质来看是感性的、利己主义的，因而感性的利己主义方式不可能克服欲望的种种危害。

　　诗性之路追求的是精神上的澄明，走的是内在化与超验化的道路，其和感性欲望之路相反。诗意地寻求方向能让人的生命摆脱生命之夜达到存在的黎明。

三　完美感·戏剧

人生的基调体现在人生的整体的戏剧里，体现在这出戏的起承转合之中。从更大的眼光来看，大自然里就普遍存在着种种迷人的节奏与戏剧，大自然的历史就是一部宏大壮丽的戏剧史。我们的人生戏剧事实上也是以自然的戏剧为样本的。我们的人生也应充满一些能给人带来美好的戏剧感：正是这些戏剧让我们觉得生命值得一过，让我们觉得最终生命的死亡与消失也不会太让人沮丧。我们的人生如果要具有美的意义的话，也必须依据自然的深层样式而生活，好的人生及其经验不会有悖于深层的自然韵律。效法自然的表现之一就是使我们的生命旅程变得有一种节奏感，并使其具有同样迷人的节奏与戏剧性，最后过上总体具有内在感、超验感的生活。

关于人生，古往今来的哲人们曾用不同的形象比喻之：人生是旅行，人生是战场，人生是一面镜子，人生是航海，人生如同一声叹息，人生是一个玩笑，人生是赌博，人生是过眼云烟，人生如白驹过隙，人生如朝露，等等。但有两个比喻或许更准确地把握了人生的实质。从古希腊起就有关于人生是大舞台的说法。近代英国哲学培根也曾重复过这种观念。人生如同上演的戏剧的比喻或许是恰当的。

完美的人生是"多"与"一"的统一，据此人，既可入乎其内又可出乎其外。在人生的舞台上，或许可扮演多重角色，这可增加生命的内在丰富性。你的人生具有广泛性与广阔感，同时是多侧面的、多角色的、多境界的、多种风格的、多色彩的、多声部的、多转换的、多对话的。关键还在于：在这种人生的杂多之中，你的内心里始终有个"一"的存在，这个"一"就是一颗内在的超验之心。这是人生精神光辉与精神深度的展现。

黎巴嫩诗人纪伯伦在《完美》中写道：

兄弟，你问我：人，什么时候才能变得完美？

请听我的回答：

一个人渐臻完美的时候，会感到自己是广阔无垠的宇宙，是浩渺无边的大海，是始终在燃烧的烈火，是永远璀璨夺目的光焰，是时而呼啸、时而静穆的大风，是裹挟着电闪、雷鸣、滂沱大雨的云彩，是浅吟悄唱或如泣如诉的溪流，是春天繁花满枝、秋天卸妆的树木，是高耸的峰峦，是深沉的山谷，是有时丰硕富庶、有时荒芜萧索的田园。

倘若这个人感觉到这一切，那他已走完了完美道路的一半。如果他要达到完美道路的尽头，他还应当在内省的时候感到自己是依恋慈母的儿童，是对子嗣负有责任的长者，是正在希望和爱情中彷徨的青年，是正在同过去和未来进行搏斗的中年人，是幽居茅舍的隐士，是身陷囹圄的罪人，是埋头于书稿的学者，是黑夜白昼均无所见的愚人，是置身在信念的鲜花和孤寂的蒺藜之间的修女，是一个正受着利爪和獠牙的撕咬、软弱而怀有需求的娼妓，是满怀痛苦、逆来顺受的穷汉，是贪得无厌却又谦恭备至的富翁，是好在暮霭和朝霞之中徘徊的诗人。

倘若这个人有了上述的体验，明白了这全部的事理，那他就达到了完美，会成为上帝的一个影子。

这是纪伯伦的《完美》，诠释了他心目中的人生的完美戏剧。

有一种说法，人生如梦。这个梦也可以从不同视角加以解读。从短暂的意义上，人生就像一场梦，从包围着人生的种种物质的虚幻性方面，从人生机遇的无常与不可捉摸方面，人生也如梦境。梦的最大特点就是它的非现实性、超现实性，以及由此而来的介于真实与虚幻之间的幻境感。

各种人生戏剧之中就包含着这个梦。但人生富有诗意之梦常常关乎纯粹的精神面，不仅指向未来，更和原初与往昔相关，对往昔的追寻常常成了诗意的一个标志。人们常常在爱之中、在怀念初始之中延续梦的纯粹性。在哲学上有一个概念叫"初始的真实"，这种初始的真实与初始的经验密切联系在一起。初始的岁月或地方，往昔的生命时光，人生初始的种种经历等，其常常以诗意的面目出现在人们的记忆里，笼罩在过往岁月中那些仿佛被雾气遮盖似的地方与岁月，那些我们经历过又远去的初始时光……总能触及人们难以理解的精神深层，总能在人们的内心、情感深处留下难以言说的依恋，人生的初始代表生命的起点，而往昔则代表经历过的远去的岁月，总体代表着生命根须似的过去。

四　乡愁·还乡

在人生的旅程中，人们怀着多重的"乡愁"，又有着多重的"还乡"或回归故乡之路。在中国有一首有名的歌曲《故乡的云》，歌词如下：

> 天边飘过故乡的云，它不停地向我召唤。
> 当身边的微风轻轻吹起，有个声音在对我呼唤：
> 归来吧，归来哟，浪迹天涯的游子；
> 归来吧，归来哟，别再四处漂泊。
> 踏着沉重的脚步，归乡路是那么的漫长。
> 当身边的微风轻轻吹起，吹来故乡泥土的芬芳。
> 归来吧，归来哟，浪迹天涯的游子；
> 归来吧，归来哟，我已厌倦漂泊。
> 我已是满怀疲惫，眼里是酸楚的泪，
> 那故乡的风和故乡的云，为我抹去创痕。
> 我曾经豪情万丈，归来却空空的行囊，
> 那故乡的风和故乡的云，为我抚平创伤。

在中外文学艺术史上，吟咏故乡的作品不计其数。其实从更为本体的角度看，每个人都是游子，都会在生命旅程中面向"故乡"而在，都常怀着难以言传的"乡愁"，都有着深切的"还乡"情结与愿望，可以说这已经成了人的精神本性的一部分，而故乡也成了人们深层精神与心灵的寄托，成了人们的存在的精神支柱。海德格尔也经常在其著述里谈论"还乡"。乡愁与还乡似乎也成了人生中的精神动力与精神希望之一。

故乡有几个不同的层次，在此基础上，返归或返乡之路也就有所不同。三重故乡说是印度诗人泰戈尔的说法。人生一直伴随着困惑与变动，人也一直不断地返归原初。可以说人怀着乡愁的返乡冲动一直深藏在人类心灵的深处。诗意体验就是一种返乡或者说还乡，常常也是一种对"乡"的回望。这个乡就是故乡。泰戈尔认为人有三个故乡：地球、回忆世界、精神世界。这三个故乡紧密联系在一起，也有人把这种故乡称为家园。

第一个故乡是地理上的，这和泰戈尔所说的地球有关。地球上各地都有人的房屋，寒冷的冰山、炎热的沙漠，难以攀登的高山，还有一望无际的平原。事实上，人的住地是共同的，不属于某个民族，而属于全人类。地理上的故乡还可以再具体一点，具体到地球的某一个有特色的角落。从另外一个角度说，人类个体诞生于地球这片尘土，人类个体最后也会回归于这片尘土，并在这片尘土中消散。

第二个故乡是回忆世界。人们用从往昔获得的先人的故事，建造时光之巢。这个时光之巢是用回忆堆砌而成，巢里装着的不是某个民族的故事，而是全人类的故事。人类在回忆世界相聚。

回忆世界的内容也很丰富。美好的、富有诗意的传统社会也是这种回忆的一部分。那是人类历史上的黄金时代、黄金般的生命阶段。也可以是对母亲的回忆。中国有一首抒情歌曲《梨花又开放》就是描述对故乡的思念与回忆，抒发一种包含淡淡悲伤的情感：

忘不了故乡，年年梨花放，

染白了山冈，我的小村庄。

妈妈坐在梨树下，纺车嗡嗡响，

我爬上梨树枝，闻那梨花香。

摇摇洁白的树枝，花雨漫天飞扬，

落在妈妈头上，飘在纺车上。

给我幸福的故乡，永生难忘，

……

　　第三个故乡是精神世界。这也可称为内在的心灵世界，是所有人心灵的大陆。是每个人心灵交流的场所。广博的心灵不是某个人的，不是某个群体与民族的，而是世界的，是全人类的。

　　这里我们把泰戈尔所说的精神世界的故乡又细分为两个层面：一个是美学的伦理意义上的，一个是宗教意义上。这样人的内心世界实际就有了四重故乡。

　　伦理意义上的精神世界和人自我拯救精神有关。和人的自我塑造的努力有关。这种自我拯救与精神塑造，包括道德的建设。美好的道德也可以成为人精神故乡的一部分，或者说也能给人带来回归故乡时的那种感觉。这也是美学的或道德意义上的家的感觉，借助于人们的想象，这片精神故乡能给人们的心灵带来温暖感、充实感。这个就不是单纯的物理、地理或社会文化含义了。这更多地和感觉、情感与想象相连，有时某一特殊的文化或自然环境可满足人们这种灵魂归属的需要。这也就成了故乡，也因此具有了道德的、美学的意义。

　　最能给人带来故乡感的是宗教意义上的精神世界，这是神性世界的另一种说法。这个故乡和人们最深切的灵魂息息相关，和人们最深切的终极关怀息息相关。这是灵魂意义上的归属感觉，和我们心灵之中的渴求无限与永恒感的需求联系在一起。这重故乡最具有内在超越的精神性，带有无限的气息永恒感，和人的存在的本体需求融于一体。宗教意义上的故乡也最能展现并满足人类深沉的精神之梦，这个最深切的心灵之梦体现在人们的信仰上。这种精神性的信仰是一种伟大的感情，是我们灵魂活力的支柱，也是我们精神希望的灯塔。

每一重故乡都能唤起我们的"乡愁"，每一条返归或返乡之路都能展现萦绕在人们内心挥之不去的、内在精神渴求，这种渴求是人们内在的超验性精神情怀的显现。

五 循环·静美回归

在古老的印度，人生被分为四个阶段。在古印度他们把人生的这个早晨理解为梵行期。这个阶段直到 25 岁，是独身时期。住在老师家中，遵循梵行，侍奉祭火，学习吠陀，听取教诲，每天三次沐浴，早晚敬拜太阳、圣火、天神，听从老师的一切吩咐，承担乞食等。但古印度的中午时期被称为"家居期"，这一时期也被称为世俗时期，这是居家过日子的时期。我们常常把人生的下午比作中年，但在古印度却把其称为"林栖期"。用一般的眼光来看，林栖期似乎也具有很多老年应该具有的特征。

泰戈尔是这样描述的：

"家居期一结束，就是把家庭责任交到儿子手中，走上更宽阔的大路的时候了。应当在空旷的原野上，尽情地呼吸新鲜空气，把目光投向辽阔的天空，投向明媚的阳光，全身洋溢喜悦之情。一个方向的旅程结束了。"①

这是一种静美的回归。

这种静美回归在中国传统文化里体现为"天人合一"思想。

人在生命旅程即将终结之时，更需要深切地体验人与自然的同

---

① [印]泰戈尔：《泰戈尔论人生》，上海人民出版社 2014 年版，第 124 页。

源之理：人出自自然又将回归于所来之处。归天是必然的也是自然的。人在生命循环的终点之处，同时也就是新的精神生命的诞生之时。安然地、平静地融化在大自然永恒的川流不息里，这是生命的理想归宿。天人合一在中外思想史上都曾出现过。把这种思想作为人生原则的，中西方也都有例子。天人合一也是中国思想史的一个重要的命题。这种思想和天人相分离、相对立，但天人合一在中国各学说家里含义是不同的，在儒家那里天是道德观念，与原则的本原有关，天是道德的依据与起源。道家的天是大自然的意思，人应该应和自然之道，天人合一的内涵在道家的一些说法与观点里表现得更加明显。"天地与我并生，而万物与我为一。"（《庄子·齐物论》）

有中国学者认为天人合一论是中国文化对人类的最大贡献，认为中国人讲究人与大自然的合一、和平相处，不像西方人那样讲征服与被征服。这似乎也成了一种流行的说法。但说西方人或西方文化的本质是征服自然，东方人则是天人合一，这种看法未免有自恋之嫌。近代以来对各个层次的自然的深入发现似乎是西方人的事。人与自然和谐相处的理念也成了他们的人生目的之一，尤其是近些年来他们倡导的回归自然、保护自然的理念，更成为一种新的席卷世界的文化浪潮。

西方的天人合一的思想本来就和中国的不同，虽然在表面上看似乎相差不大。

这种不同的核心在于，西方的天（自然）是神的天（自然），天是具有神性的，是充满灵魂的。与天合一就是与神合一，而天人合一的交感是人与神的精神性的沟通与交流，敬畏天也是敬畏自然背后的神性。自然之所以被视为家园也是因为自然是神性的载体。

第三节　生命处境及诗性化

人存在着，真实地存在着，在人短暂的一生中会经历不同的生命处境，在这些处境之中，我们会有丰富的、复杂的体验，体验的每一个侧面都连接着真实的生命，又通向富有精神性的"灵韵"方向，这些看起来层次丰富的感受与体验都能从某一个侧面转化为生命的诗性。在如下的几种人生处境里转化是可能的，这些带有形而上色彩的生命境遇往往也最能唤起我们深切的感受，这些处境的性质并不单一，但都能激起我们富有灵韵的精神感受。我们说的生命处境包括孤独、爱之梦、创造欲望与死亡等。

一 孤独

孤独是人生旅程中人需要面对的最重要的也是最真实的处境之一。

孤独或孤独感是一种既能连接生命真实又和诗意的生命相通的体验，孤独对人来说比爱更深层，似乎也比爱更真实，没有什么感觉比孤独更能彰显人的局限性本性：我们孤零零地降生，然后孤零零地死去，孤零零地踏上人的生命与死亡的旅程。活在人世的期间也充满了孤独的感觉。正因为如此，热衷于展现真实的许多现代小说才喜欢表达孤独的主题，最典型的比如卡夫卡的《变形记》。

> 我独自游荡，像一朵孤云
> 高高地飞越峡谷和山巅；
> 　　　［英］华兹华斯《我独自游荡，像一朵孤云》

孤独来自我们生命的深处，我们的生命本来就被一种无法摆脱的虚无所缠绕。我们的生命在根子里是虚空的，我们生命没有坚实的内核，或者说生命的核心就充满了虚空。我们是有限者与短暂者，是一个短暂的、有时间限度的生物。虚无无时无刻不在侵袭我们，虚无正是来自这份时间的短暂性。孤独也起源于此。

孤独是真实的人生中让人沮丧与绝望的侧面。对于一般人而言，孤独与空虚联系在一起，也和被虚无的吞噬有关。因此孤独就备显其在人生中的真实感。孤独之中的空虚也常常意味着人生失去了价值，当人孤独的时候，似乎所有的意义都失去了，或者说孤独常常意味着与价值、与意义的隔绝。

填补空虚与克服孤独的方式大体上有两种：一种是外在性的克服与经验化的处理方式。另一种是内在化、超验性的克服方式，这也属于诗意的克服。

一种外在化的克服主要包括物质的方式与社会交往的方式。借助与物质的纠缠克服孤独是现代人常用的方式。但常常是物质越丰富的社会人，也就越孤独。孤独感通常不是因为物质匮乏引发的，人不会因为缺钱而感到孤独。孤独本质上是一种精神性的体验，是对虚无的领悟，是被一种虚无吞噬的经验，在这种经验里人没有精神上坚实的依靠感。人处在孤独之中时，常常有一种无助的感觉，而物质不可能帮助人们从根本上摆脱这一点。

还有人际交往的方式。这是最常见的，所以一般人通常都会在人际关系中寻求肯定，寻求价值感，寻求意义。可以说，中国文化在某种程度上就是一种在人群中寻求肯定的文化。"衣锦还乡""荣归故里"等成语也说明了这一点。当今的中国人也是如此。中国人对官位、权力的迷恋异乎寻常，而社会群体存在于人际关系里，人与人之间往来与利益的平衡是社会群体的特点，如果我们不遵循这种群体的社交原则，就会遭到某种形式的惩罚。物质利益也是社会群体关注的一个核心，在这个群体里流行某种公共的雷同化经验与倾向，人们交流的也常常是世俗性的感受与想法。但人在社会群体里几乎不可能是真实的，也几乎不可能不装腔作势，通常的情况是真实的欲望被掩饰、深层的灵魂被掩埋。这种基于世俗的公共性的感觉与体验的沟通与交流缺乏真正的个性与内在性，缺乏内在的诗性。还有其他的经验性或经验化的克服。这种克服和外在化的克服有许多相同之处。都是在世俗的经验世界通过世俗的方式寻找克服孤单感的途径。

　　另外一种更富有诗意的克服孤独的方式属于内在性、超验性的处理方式。诗意感或诗意体验本来就和孤独有一种或明显、或隐秘的连接。内在意味着向内返归，通过精神性的想象，通过某种感觉与感情的蓄积，或通过冥想与沉思，使本来外在的生活简单化、内化，并在某种安宁之中体会存在。这种向内返归与内化本质上是个体的，并和诗意体验相通。在某种意义上讲，诗意就是内在的个体化沟通体验，这种体验通向深邃的普遍，其不属于群体的雷同化体验类型。感觉万物皆备于我，这是孤独者能享有的内在快乐。孤独中的诗意是独自与绝对、无限或永恒（或其象征形式）交流、沟通的倾向与过程。在这个意义上，所有真正的精神性孤独都是诗意的、审美的，也必然伴随着智慧上的某种提升，还常常造就了内在精神与超验精神发达的人的命运。叔本华在《人生的智慧》第五章"建议与格言"第二部分"我们对自己的态度"第九节特别论及了人的孤独，其中也有不少精彩的句子。

　　他说："一个人在大自然的级别中，所处的位置越高，那他就越孤独……完全真正的内心平和与感觉宁静，这是在这个尘世间仅次于健康的至高无上的恩物，也只有在一个人孤身独处的时候才可觅到；而要长期保持这一心境，则只有深居简出才行，……优异突出的人与其他人之间的共通之处只存在于人性中最丑陋、最低级，也即最庸俗、最渺小的成分。……尊贵的气质、情感才能孕育出对孤独的喜爱。无赖都是喜欢社交的。我们其实只有两种选择，要么孤独，要么庸俗。……孤独是精神卓越之士注定的命运。"①

　　孤独者是内在感较强的人，是具有内在丰富感的人，这些人的内在的精神性支点稳固而持久，精神的内聚力也强。具有诗意倾向的人通常也是不合群的。越具有内在感的人对外物、对社会、对他人的依赖性也越少，而依赖性越少也就越能承担那份孤独的处境，

---

　　① ［德］叔本华：《人生的智慧》，韦启昌译，中央编译出版社 2011 年版。

并独自面对生命深处的精神，与之沟通、交流与对话。

孤独之中还能体验精神的丰富与充实，还能感受宁静之中的旷远，还能与更为广大的世界进行默默的交流，并产生丰硕的思想果实。这种孤独是富有诗性的，也是甜美的，这种孤独和内在的空虚有着根本的不同，也不会在孤独之中被虚无吞没，这种孤独在某些特殊的人身上体现得更加明显，这些特殊的人具体包括：1）富有创造力的天才及其热衷于种种精神创造者。这些人可以通过种种创造活动来克服自身与人类的分离感。2）富有智慧的智者或准智者。通过思想活动、沉思等来克服自身的孤独处境。3）虔诚地面对上帝的圣者或坚定的信仰者。这些人通过祷告等方式克服自身与世界的分离。4）还有那些仁爱者、博爱者。通过对这个世界宽阔的爱克服心中的孤独之感。5）普通人中那些具有上述倾向者。

超验性倾向与内在倾向是一致的，只是超验的内在常常更为深厚，也更为深沉，更具有宗教的意味。通过种种宗教性的内省与静修方式，人可以克服精神上的孤单感，自足性越强，对外界的依赖也越少。对于内在感丰富的人而言，孤独可以是精神充实或精神生机的酵母。孤独甚至可以说甜美的。英国18世纪的诗人威廉·柯珀是那个时代最受欢迎的诗人之一，他通过描绘日常生活和英国乡村场景，改变了18世纪自然诗的方向。他在《隐居》一文中大肆渲染其隐居中孤独的甜美。

比他稍早的古典主义诗人蒲伯还专门写了一首《孤独颂》，对人生的孤独处境也不无赞美与迷恋的口气。

> 让我就这样活着，无人见，无人知，
> 让我就这样死去，无人吊唁；
> 悄然离开人世，不留一块碑石，
> 也无人知晓我在何处长眠。

二　爱

爱也是人的生命处境之一，也是人生诗意的一个核心。世界上的文明宗教几乎都在倡导爱。许多哲学家以爱为题撰写著作。早在古希腊，柏拉图就喜欢在对话中谈论爱。俄罗斯哲学家索洛维约夫写过《爱的意义》，德国哲学家舍勒写了《爱的秩序》等。人类之爱具有精神上的特殊性，和动物式的性已经拉开了很大的距离，人类真正的爱已带有内在的超验色彩。俄罗斯作家托尔斯泰在《战争与和平》中甚至说：

> 爱情不是一种尘世的情感，
> 乃是一种天上的感情。

爱对人来说既真实又虚幻。但无论如何都是重要的，富有诗意的爱情含有神性色彩、神性元素，对人的内在心灵也尤为重要。富有诗意的爱也是人克服孤独的一种最自然、最美妙的方式，这种爱里有内在美妙的想象，有神圣的阳光照耀，迥异于单纯的欲爱。单纯的欲爱缺乏心灵方面的持久性，欲爱可能使人陷入更加孤独之境。对我们短暂、复杂而又多变的人生来说，诗意体验常常展现在爱及其所营造的梦幻感上。爱之梦是最真实的梦，从另外一个角度看，爱也是最虚幻的。爱之特性也最能体现人之为人的特点。

爱有两个基本的类型：外在的爱与内在的爱。外在的爱常常是经验之爱，欲爱就是其中的一种。这是建立在肉体的兴奋与刺激的基础之上的爱。欲爱很难达到克服孤独的目的，欲望往往连接着空虚，叔本华的经典命题说明了这一点。这一命题是：欲望的实质是痛苦，欲望的满足带来空虚。内在的爱与精神体验有关，其至高之处接近圣爱，即带有神圣色彩的爱，这种爱充满灵的体验，蕴含着某种神圣性。这是爱的两个极端方向。能给人的心灵带来充实、美好与意义感的爱，能让心灵充满自由与澄明体验的爱大多是精神之爱，这种内在的精神之爱越接近圣爱这个方向，对物欲或感性欲望之类的外在性方面摆脱也就越充分，也越充满诗意感。

充满诗意的爱属于内在的爱。充满诗意的爱还是扩展与上升之爱，并和诗意的超验性相一致。扩展之爱也大体属于超验性质的爱。这种爱就像一个石子丢在平静的湖面上，泛起阵阵涟漪，不断地向外扩展。从一个爱的中心出发，向外泛出，被爱者眼睛的光辉照亮了她整个身体，然后她的家人、整个社会、周围的大自然，甚至银河系、宇宙都充满了爱的光彩。在这份爱的扩展中显现出爱的纯粹性、心灵性。在所有人类的生命感受中，或许爱之体验是最深切的，也是最富有诗意的，也最能给人带来充实感与意义感。

上升之爱也具有内在的超验的性质，属于价值之爱。现代德国哲学家马克斯·舍勒说："爱是价值王国的缩影。"舍勒的《爱的秩序》就是专门探讨爱的价值问题的著作。他认为爱不是一种情感或情绪状态，爱是一种意向性运动，是一种价值提升运动，并逐步摆脱、消解爱中的物性与欲望的因素，向着纯精神、纯理念的方向上升。在爱之中更高的价值不断地被敞开、被解蔽，将全新而优越的价值注入存在，可以说爱创造了存在。爱充满了创造性力量，爱是精神之母。接着他的思路，或许我们应该说是内在的爱创造了存在的诗意，或内在的爱创造了诗意的存在。爱是精神之母，是存在诗意的一个具体展现。

爱的标志之一就是爱者有一种提升自身的热望，这种热望包括精神创造的热望，试图创造出种种英雄般的、带有梦幻色彩的伟绩，试图产生伟大的行动，并以此接近永恒。这种内在的、带有超验色彩的爱能给人的心灵带来持久的满足。这种爱笼罩着精神与价值的梦。音乐家李斯特就写过一首钢琴曲就叫《爱之梦》，音乐旋律中的那份神秘更能表达爱情的实质。充满内在感的爱情就是一场富有诗意的梦，而男女之爱常常是最精美、脆弱而又短暂的。

据说男女爱情的流行与光大源于早期的那些抒情诗人们。早期的普罗旺斯的行吟诗人就把男女爱情当作其生命中最美的人生之梦，所有的生活行为——包括诗歌——都是围绕着这个中心梦旋转的。

> 爱情似火非火，似冰非冰；
>
> 爱情似得非得，似失非失；
>
> 爱情似病非病，似死非死；
>
> 爱情似虚非虚，似实非实；
>
> 爱情似狂非狂，似痴非痴；
>
> 爱情是一切，又什么都不是。
>
> 　　　　　　　　　〔英〕托·米德尔顿：《布鲁特》

爱有两种类型，欲爱与充满精神感的爱。在真实的人生中被普遍认可的真实的爱，常常是下坠之爱，这种爱与上升之爱形成对照。下坠之爱解构精神性价值，不能促进爱的创造性及发挥精神酵母的作用。相对来说这种爱诗性感缺乏、这种所谓的下坠之爱也包括两种：外在的爱与经验之爱。

外在的爱和物质因素和社会关系有关。俄罗斯哲学家索洛维耶夫在一系列爱的阐述中特别反对将爱社会化或公开化。这种公开化、社会化的爱较少涉及内在体验与内心感受，从当代的现实社会的实际情形来看，这种爱大多建立在理性算计、物质协作与物质交换基础上。现代社会的所谓爱大多属于这一种，内在的、富有灵性的爱是较少的。现在甚至连婚前协议之类的东西都很流行。

外在的爱也属于经验之爱，经验之爱也包括日常生活中那种世俗的关心与体贴，送礼物表达情意等。欲爱是经验之爱最典型的类型，欲望的满足是欲爱的核心。欲爱意味着爱的对象主要是唤起自己欲望的对象，或者说是满足自己欲望的对象，一旦欲望消减或某一方丧失了这种唤起力，那种爱就会消失。所以欲爱是缺乏持久性的，也缺少内在感、心灵性，并因此缺少了诗意特质。欲爱里经常还渗透着种种厉害的算计。外在的、经验的爱通常缺少内在的精神气息，使爱失去神圣性，并失去了任何神秘感，这种爱因为其外在性，也就不能使人的存在变为诗意的存在。

三　死亡

能在没有太多惧怕或没有太多焦虑之中静静而又充实地走向死亡，这是死亡之诗意的关键。这对人类的思想与内心是一个重要的坎儿，也是必须迈过的一个精神围栏。在终究会到来的死亡面前，过多的惧怕或过多的挣扎都会在某种程度上远离诗性。在思想史上，许多哲学家都曾思考过这个问题，许多诗人也都曾讴歌过死亡，甚至以自己生命的消失证实他们对死亡的无所畏惧与向往。

法国作家斯达尔夫人说："异教徒神化了生命，基督徒神化了死亡。"不仅基督教，好多宗教都神化或美化了死亡，把其看成摆脱尘世走向彼岸的转折点，随死亡而来的就是肉身的解脱，就是灵魂的皈依并得到上帝祝福后的安宁，一句话，是旧生命的结束，是新生命的开始。可以说大部分充满浪漫精神的诗人也都有神化死亡的倾向，把其看成肉体重负的最终离去，甚至把其看成大自然的恩惠，看成自由与美经过等待之后的最终降临。捷克诗人塞夫尔特说：

> 我一生都在渴望
> 自由，
> 终于找到了
> 通向自由的大门

这就是死亡！

死亡是人生中最真实的事情，充满了绝对的、铁的必然性。所以没有什么比死亡更真实了。如果没有想象的参与，纯真实的死亡谈不上什么诗意，如灯灭一般，能量耗尽，肉体僵硬、腐烂、渐渐消失、不再有活力。死亡远离光明与温暖，和地狱潮湿的阴风联系在一起。

死亡的诗意，透过内心的想象与情感信仰，透过文化中的那些优美的仪式得以实现。

> 坠落的花朵把芳香付与微风；
> 再见吧生命，再见吧阳光，
> 这是最后的诀别：
> 我，我正像这花朵一样死去，
> 而我那奄奄一息的灵魂，
> 却像一阵优美而哀怨的秋声向四方流逸。
>
> ［法］拉马丁：《沉思集·秋》

死亡可以是富有诗意的，也可以是美的。死亡是安息之母，它可以解除人生的种种痛苦与劳顿，种种悲惨与忧烦。

泰戈尔的诗："生如夏花之绚烂，死如秋叶之静美。"死亡的诗意体现在那份静美里，体现在那种安宁的气息里。

在好的文化中，一般都会有好的死亡仪式——死亡中的诗意和某种精神仪式有关。对人的死亡的尊重就是对人的灵魂的尊重，而对内在的心灵与灵魂尊重，才会导致诗意的发生。那种基于精神性的仪式让死亡的恐怖面目带上了某种庄严的色彩，也带上了一种安慰人心灵的唯美意味。死亡既真实又富有精神的内在性。

死亡也可以是艺术。美国自白派诗人普拉斯说：

> 死去是一种艺术，
>
> 和其他事情一样。
>
> 我尤善此道。

　　和死亡有关的艺术表达。墓穴建筑在早期艺术中占据着重要的位置，古埃及的金字塔等也属于对死亡的精神性想象的传达。为君主们修建的墓穴也暗示着一种哲理：死亡是另一种生命的延续。其实，死亡是生命整体的一个不可缺少的部分。死亡与生命相互映照，就像阴影与光亮相互映照一样，生命照亮了死亡，死亡同样也可以照亮生命，死亡一直是生命的一个时时相伴的背景与伙伴。死亡的艺术就是以某种新颖的方式照亮生命的艺术。一个民族理想的关于死亡的仪式应该使人更加意识到生命的可贵，并可照亮生命的价值。

　　还有一种关于死的说法，好像既现实又带有诗意。英国顶尖医学专家理查德·史密斯有一个结论：患癌而死是最好的死法。因为你会有时间向亲友道别、反思过往、留下遗言，甚至重新回到某些特别的地方追忆过去，你还能听喜欢的音乐、读美妙的诗篇、向你的上帝祷告……我承认，这种死亡的方式听上去太过浪漫，但却是可以实现的。所以，让我们远离那些野心太大的肿瘤学家，停止浪费金钱治愈癌症吧！

四　创造

　　创造也是人的生命处境之一；人类的文化历史上有各种各样的创造。创造精神最能展现人类的优越性一面。但人类创造出的精神性产品，似乎更多的和人性相关，尤其是进入后现代世界，几乎所有的精神产品创造都更加关注人性的一面，与此同时，能创造出超乎人性的、具有很强的神性色彩的精神性成果的情形却越来越少。真正能给人带来诗意体验的作品大多是具有神性意味的。创造出超乎人自身狭隘的感性需求的神性，这是创造出诗意作品的关键，也是创造行为本身具有宗教性的关键，或者说是高层次诗意的关键。深邃的神性给人性带来了美好的感知，给人类世界带来了美好的想象与自我感觉。所谓的神性其实并不玄虚，有许多不同的途径可以触及它，也可以说神性是人性之中最纯粹、最美好的部分，蕴含在人性的基础与深邃的方向里。这种神性常常通过我们的创造性的精神努力显现出来。

关于创造，波兰美学家瓦迪斯瓦夫·塔塔尔凯维奇说："大体而言，凡是人类的作为，只要处于主动状态而非被动的地位，一概是'创造性'所指的对象，换句话说，一个人只要他不止于陈述、重复和模仿，而提供出一些本来属于他自身的东西来，那么他就是在创造。照这样看来，一个人从事创造，不一定要对这个世界采取行动，或进行思考，因为当他睁眼观看这个世界的时刻，单是他观看的方式，就已经含有创造的成分了。……我们的眼睛和心灵感觉整合成为一朵特殊的花或一块特殊的石头，但是，它们也同时将现象联系在一起，创造出诸如世界和上帝等伟大的观念。"①

这里的关键在于内心的想象。创造欲望和想象力的活跃有关，想象的活跃和人内心的虚静状态又有很深的联系。但单纯的内心的虚静只是为了排除纷扰，排除掉的只是和创作无关的杂念与世俗之念，真正的创造需要创造者的心具有动的一面，这种动是一种想象的放射，也是心力的集中——集中于他正在观看、想象或体验着的事物。这一点和各类宗教静修不同。

各类宗教的静修是为了心的沉静，甚至是为了心的愿望的死灭，想象是不活跃的，也不应该伴随着此起彼伏的情感活动，所谓的狂心若歇便是菩提，就是这个意思。《楞严经》中说："狂性自歇，歇即菩提。"（《楞严经》是一部对中国佛教之禅、净、律、密、教都有

①　［波］瓦迪斯瓦夫·塔塔尔凯维奇：《西方六大美学观念史》，刘文潭译，上海译文出版社 2006 年版，第 267—268 页。

广泛影响的大乘经典，共有十卷。）

创造中的虚静与此不同，这种虚静是动静合一的，在这种静中包含着两个方面。创造者要维护想象力的活跃与充沛，并始终伴随着情感的动力，所谓的冷酷的、不动声色的生命状态实际上是很少的，更何况冷酷本身也是一种情感状态。失去想象力与情感的为静而静的所谓虚静肯定不是好的创造状态，那是宗教式的禅修，追求的是单纯的静心或心的死灭。

现在西方的神学也处在种种演变之中，以使其符合这个多变的时代。有一种神学就叫创造神学。在创造神学看来，人生的诗性意义不是被动地等待，而是在创造时喷发出来的。神性也产生于种种精神性创造行为中。

"我们乐于把我们自己看成是自然地、不可避免地和注定地来自永恒。我们所有的宗教和大多数哲学都是试图避开我们的偶然性的尝试。但现代生物学的理解要求我们将生命的进步在本质上看作是混乱的和无目的的。只有通过英勇的选择，存在的意义在此才会出现。'古代的约已成碎片；人类终于明白在宇宙这无情巨物中他是孤立的，仅仅由于机缘而出现。天上的王国或地下的黑暗，这正是要我们去选择的。'"[1]

在现实的存在中，创造神性的方式也很多，沉思、祈祷、爱等都可通往神性的道路。

---

① ［英］大卫·弗格森：《宇宙与创造主：创造神学引论》，刘光耀译，上海三联出版社 2007 年版，第 55 页。

第三部分

"诗意人类"的
方式及观念世界

第七章　心灵的改变及澄明

　　科学至上的思潮已经吞并了当代文化的方方面面，也统治了人们对世界的理解，包括心灵。当代人热衷于谈论作为生物学现象或化学现象的心灵。我们这里则依据现象学的本质直观方法，把心灵看作一个难以言传的整体。体验诗意的心灵是具有许多层次的整体的心灵，和我们这个时代理解的生物的智能化心灵有很大的差异。整体的心灵不是建立在物理、化学等基础上的科学所能完全把握的，这种心灵也不把逻辑、证据与数字当绝对真理，也淡化事实对精神的作用。心灵是一本充满奥秘之书，尽管其和人们的内在感受，和人们的想象、情感与感觉须臾不离，对心灵的非科学化的理解与领悟可促使人们成为充满主观性、个体性与奥秘感的存在。

　　"只有个体将自己的心灵从所有外在关系或所有客观关系中解放出来，他才能获得完全的独立性；他作为一个自由的个体，纯然生活在自己的各种意识状态中，这是在超越所有形状并且不受任何对象束缚的倾向中取得的成就；这种倾向之所以获得了独立的地位，主要是浪漫主义的发展结果。在此运动中，人们似乎取得了完全超脱的生活方式，内在精神的无限性以及完全的独立性。"①

---

① ［德］鲁道夫·奥伊肯：《新人生哲学要义》，张源、贾安伦译，中国城市出版社2002年版，第73页。

第一节　心灵的层次

心灵被称为小宇宙，这意味着其具有整体性，具有中心感，具有现代科学所不能把握的深奥的一面，像大宇宙一样，小宇宙也具有深邃的精神性根基。这是对心灵的偏内的精神性理解的方向，还有与之相反偏外的生物学、化学式的理解方向。在偏外的理解中，心灵被理解或描述为一种生物性的器官，或行为—反应链中的一个环节，以及客观的自然社会事物的意识内容。在偏内的精神性理解中，心灵是人的精神性整体的体现，能够产生种种高级意识，具有超越一般生物特性的内在性与超越性，心灵（或灵魂，或高级意识）具有微妙的、神秘的精神把握力，能够与存在的诸多高级层面——比如神圣领域——进行有效的交流与沟通，并能给人带来难以言传的充实的而又深邃的意义感。

一　器官·行为

从哲学角度说，这个层面是依循机械唯物主义的思想观点来解释心灵的。所谓的心灵无非就是物质的一种精细的表现。生物物质代表着心灵的基础质料，心灵只是这种物质的属性或副现象。自达尔文物种起源理论诞生以来，随着生物科学与现代科学心理学的发展，人们的心灵（心或灵魂等）突然地、迅疾地被以各种世俗化、科学化的方式理解或命名，似乎在人的心中没有超越生物性的事情，甚至没有什么超越物质性的事情。心灵的基础是生物物质性的，心灵中所有的事情也都是第二性的物质的反映，这里没有任何超自然的方向、道路与要素，没有什么不可以用刺激—反应的行为解释清楚的。心灵的内容也不会先于人类所创造的语言。

其实这种把心灵还原为低层次物质的思想很早就已经存在了。古罗马诗人卢克莱修在《物性论》认为：灵魂如同物质一样是自然。

在纯生物学意义上的，心是大脑的一部分，是这块松果体的一种功能。心灵本质上属于生物性质的大脑一部分或功能。

"有些种类的有机系统已经进化为神经系统，而这些神经系统又进化为我们称之为'心灵'，即人类的和动物的心灵的东西，本书的讨论就是从这一点进入对物理学、化学、生物学的描述。"[1]

在这种生物学意义上的心灵就是意指其中枢神经系统的功能，这种意义上的心灵是人这个生物机器的一部分，心灵是这个生物机器的一种具有特殊功能的器官。脑皮质由 1000 亿个神经细胞组成，灰质约有 140 亿个神经元，每个神经元与其他神经元的连接多达 1 万条。这些神经元以高度复杂的方式联系在一起从而支配人的一切生命活动：语言、运动、听觉、视觉、情感表达，并调节消化、呼吸、循环、泌尿、生殖、运动等中枢！这样心或心灵也就成了大脑神经中枢控制的一部分。

还有一种关于心灵的看法：认为心灵是行为的一环。这是行为主义心理学的观点。行为主义轻视任何把心灵神秘化的倾向，反对从神秘的精神源头寻找心灵解释的方法，顶多把其看成行为链条中的一个环节。

美国行为主义心理学家约·沃森在《行为主义》一书中就直接地说：无人知晓灵魂或超自然这些概念是怎样产生的，也许它源于人的天生的惰性。行为主义一般认为心理学不应该研究意识，只应该研究行为，并有把行为与意识完全对立起来的倾向。在研究方法上，行为主义主张采用客观的实验方法，而不使用内省法。所谓行为就是有机体用以适应环境变化的各种身体反应的组合。这些反应不外是肌肉收缩和腺体分泌，它们有的表现在身体外部，有的隐藏在身体内部，强度有大有小。心灵现象只是行为的一种机能。

最新的对心灵的看法是人工智能说。

---

① ［美］约翰·塞尔：《心灵、语言和社会》，李步楼译，上海译文出版社 2001 年版，第 40 页。

心灵似乎只是复杂一些的、本质上是技术性控制中心，这和一般的精密机械并无太大的差别。

"心灵只是被装进大脑中的计算机程序，或许也是被装进别的种类的计算机中的计算机程序。例如，感到痛苦只是被装进了痛苦的计算机程序。"①

二 理性·意识

这个时代流行把本来层次丰富的心灵理性化。理性本来只是心灵的成分，现在却成为心灵与意识的代表，成为心灵的核心内涵，其实理性层面代表的只是心灵秩序的、逻辑的一面，代表着其所反映的事物的符合规律性的内容，代表着人们习惯了的世界的符合秩序存在的方式与方向。和人类的短暂文明史相对应，理性的通常有以下几层意思。

1）指道理或常理，规律有时则意味着理性。

2）指理智。

3）指判断、分析、推理等思维形式。

这种理性含义都是对世界秩序与规律性一面的反映，或基于人们对世界的正常的习惯意识，或正常的思维与行为。反之就会被称为反理性或非理性，而非理性是指人身上所存在的反习惯的或非正常状态，包括行为与思想，按照通常的说法，任意妄为、犯神经、受无意识支配等都属于所谓的非理性。事实上，人的心灵深处具有远非理性所能把握的深邃的一面。

也有把心灵理解为意识的（或精神）。关于人类的这种意识或精神，唯物主义思想流派的观点最有代表性。在偏唯物主义者们看来。代表着心灵的意识是没有多少自主性的，或者说没有看起来那么独立。物质是本原是第一性的，物质决定着意识（或精神），意识（或

---

① ［美］约翰·塞尔：《心灵、语言和社会》，李步楼译，上海译文出版社 2001 年版，第 46 页。

精神）只是对物质的一种反映。意识（或精神）是依赖于物质的，没有任何本原的价值与意义，意识（或精神）似乎只是物质派生的副现象。在这里虽然有所谓的个体意识（或精神），但其没有多少独立性。

从唯物主义的观点来看，意识（或精神）包括以下几个层次的含义：（一）意识（或精神）基础的物质性。这和前面我们提到的关于心灵的器官性与行为性有类似的地方。唯物主义者认为人的心灵是中枢神经的一种机能，包括认识、记忆、分析、归纳、判断、演绎、推理、情感、思想、观念、理论等，这些神经系统对外界事物进行具有主动性、选择性的反应。这种意识（或心灵）是在动物心理活动的基础上，通过人类种族的生产经验、思想知识和情感体验积累下来的。意识是主观与客观的统一体，意识既是主观的也是客观的。（二）作为社会存在反映的社会意识（或社会精神）。在马克思主义看来，任何社会意识都是社会存在的反映，这个社会存在的核心包括生产方式、生产关系、经济基础等，其决定了社会意识的性质及内容。这里社会意识是指一个社会中包括以往历史过程在内的所有人的意识的总和。（三）作为个体生活反映的个体意识（或个体精神）。个体意识是指在一个社会的历史过程中某个人的意识，个体意识不能等同社会意识与群体意识，在唯物主义者那里，个体意识的独特性与创造性往往不被推崇与尊重，被推崇的是泯灭个体差别的社会意识或社会集体意识。（四）介于个体与社会之间的群体意识（群体精神）是指在一个社会的历史过程中某些人的意识，比如某个阶层或阶级意识。群体意识（阶层、阶级意识等）和社会意识也有很大的差异。

从意识形态的理论视角来看，意识是很难做到所谓的客观的，意识并不是真理的化身，意识总是某种利益的折射与展现，尤其是统治阶级总是把自己的意识打扮成全人类的意识，因而可以说意识的基本功能之一就是欺骗性与伪装性。

三　潜意识·原型

心灵的这个层面随着现代精神分析学的兴起而被充分挖掘。这个层面也代表着心灵的某种深度，代表人类心灵中的人类自身很难控制的盲目的、神秘的力量，如果说理性代表了人类心灵明晰与秩序的一面，那么潜意识就代表了人心灵中混沌与无秩序的一面，这是人的心灵中和理性、理智不相协调甚至作对的力量。潜意识在人的心灵之中是一股黑暗的、潜在的心理流。

关于潜意识的思想在早期的唯意志主义的哲学里已经有了萌芽，这种非理性的潜意识的思想含义尤其显露于叔本华的意志学说里。某种盲目的意志成了世界的本原，决定着世界的发展，也成了在人的心理背后支配着人的心灵的原初的、盲目的力量。精神分析学说或深层心理学说把哲学上的那种不受意识支配的内容转化为一种现代的心理学说，这是存在于人的一般意识下的一种潜在的能量与力量，以弗洛伊德为代表的精神分析学说就持这种看法。在这种精神分析学派看来，人的心灵的能量与动力更多隐藏在潜意识里，潜意识世界和人们熟知的意识世界不一样。这部分内心，人们不易觉察。

这种心的潜意识经常表现为情感性很强的信念与愿望，以及某种持久的意向性。相对于我们心的意识而言，它们就成为心的潜意识。关于心的潜意识，有人从宇宙的演化史视角，把它分得很细。在人最深层的内心里几乎沉淀了星际史。人心也成了活的星际精神史的"活化石"。

可以说，在这里，人的潜意识几乎包含了整个的宇宙史，几乎包含了整个宇宙从萌芽到大发展的意识史与精神史：

10 次元——星际万物集体潜意识
9 次元——星际生命集体潜意识

8次元——星际生物集体潜意识

7次元——星际人格集体潜意识

6次元——地球人格集体潜意识

5次元——个人转生潜意识

4次元——个人做梦潜意识

3次元——个人表面思想意识

这种蕴藏在人的心灵中的潜意识，也有人称为"原型意识"。关于"原型意识"，瑞士心理学家荣格的说法最为著名，他提出了所谓的原型意识或叫集体潜意识。其实，根据我们上面所列的内容，这种集体潜意识也只是人类的潜意识或原型意识，是一个种族经历成千上万年积累（积淀）在意识深处的东西，它在人们的意识里留下古老的痕迹，并常常决定着人的意识。这里有一个种族或一个种类的生物的、社会的、文化的进化历史，以及进化中的种种挣扎与保留。这种所谓的集体无意识，简单地说，就是一种代代相传的无数同类经验在某一种族全体成员心理上的沉淀物，而之所以能代代相传，正因为有着相应的社会结构作为这种集体无意识的支柱。

这种集体无意识或集体潜意识，也被称为集体原型意识。包括荣格在内的有些哲学家或心理学家把这种意识的深度方面称为灵魂。但笔者这里把灵魂主要归入心灵的整体力量或中心奥秘，其是心灵支撑性的基础精神力量，就像大宇宙中的宇宙精神充满奥秘一样，人的心灵——小宇宙——也同样有着难以探究的基础与起源，人类的心灵中心经常与大宇宙绝对、无限与永恒的那面沟通交流，并带领心灵在广阔的精神天空遨游与飞翔。

四　中心与根基·灵魂

心灵这个小宇宙具有科学无法探究的神秘基础，就像大宇宙的起源与基础力量，人们无法探究一样。心灵具有深邃的中心方向，具有自己神秘的灵性根基，具有整体中散发出来的超物性、超理性的飞翔着的力量，这个中心方向、灵性根基与整体性中散发出来的飞翔着的精神力量经常被称为灵魂（或深层精神）。

灵魂（或深层精神）是人的心灵中心，是人意识的根基与整体性功能。作为中心与根基的灵魂与精神通往信仰、无限与永恒的一面，这也是人心中高端的充满奥秘的一面，是人心中面向天空的精神力量。心灵的这一层面经常和人的信仰天赋相对应，代表着心灵的高度、深度与神性要素。人的心灵有着现代科学不能把握的更深邃的部分，这个部分经常被描述为"神性"方向或内容。这是人的心灵中接近上帝（或道、梵等）的方面与倾向。前面已经说过，所谓的上帝代表的是内在与超越的方面，代表着纯粹、完美、向上、和谐等精神方面。一般意义上的有限精神是和人相对的精神，指人的品格、良心、思想、感情等。杜维明在谈到新儒家思想时也曾说了人的四个层次的全面发展，即心知、灵觉、神明与身体四个层次。心知与灵觉的一部分应该属于精神层面，而另一部分和灵觉与神明相关的就属于我们下面要讲到的灵魂层面。一般意义上的精神属于有限精神，是和人本身相关的精神，是人自身突出的精神气息与部分。

在有信仰的文化里，灵魂（或深层精神）部分与神圣领域相对应，灵魂之所以叫灵魂是因为其分享了上帝（或道、梵等）的本性，灵魂意味着和某种绝对、永恒与无限相连接，是人心之中对永恒与无限的认识潜力及倾向，人类有灵魂就意味着人心之中具有与神性、永恒与无限进行沟通的部分。但关于灵魂的学说角度众多，科学的、哲学的、宗教的等。我们这里主要是从诗意的、美的角度来看的，即富有诗意的灵魂观念意味着什么？

在具有浪漫倾向的哲学家、宗教家或诗人看来，灵魂意味着分享神性，这意味着寻求绝对、永恒与无限，并能与之发生沟通和交流，而不是以某种方式与之隔绝。

被称为中期柏拉图主义者的菲洛在谈到这一点时说：

"啊，心灵，如果你正在寻求上帝，就从你自身中走出来，去努力地寻求；否则，如果你还滞留在肉体的重重阻碍中，被其产生的似曾相识的认识所蒙蔽，那么，你便徒有一个寻求者的外表，你的寻求就并不是在寻求上帝。当然，当你寻求时你是否能够与上帝相遇这是无法确定的，他对很多心灵来说都不曾显现自己，这些心灵的热情的寻求好像总是没有结果。但单就这种寻求本身就足以使我们分享那美好的事物，因为事实总是这样的：即对高尚事物的努力追求，尽管可能不会达到目标，但在所追寻的路途中还是会有很多欢喜。"①

灵魂（深层精神）在人心灵的深处与底部，也在心灵的高处飞翔。灵魂是人类精神充满光辉，充满深邃感与辽阔感的部分。当我们说到内在心灵或心灵性时，通常意指灵魂，即意指心之中的最"灵"的部分，甚至具有圣灵的性质。灵魂是精神的深层部分，是心灵性存在的核心，心灵深处的中心方向就是灵魂，灵魂代表的是心灵的深度。这一点似乎与精神分析有相似之点。精神分析学家荣格似乎就把灵魂与集体潜意识相连，他也曾写过《寻找灵魂的现代人》一书。我们这里所说的灵魂和他所说的不同的地方在于：灵魂还代表了心灵的高度，代表了心灵飞翔的一面，代表的是人心之中面向信仰、无限与永恒的精神侧面。美国诗人爱默生说：世界上唯一有价值的东西就是一个充满活力的灵魂。

> 人的灵魂比天空辽阔
>
> 比海洋深邃，甚至
>
> 比那无底的深渊还深
>
> 　　　［英］哈·柯尔律治：《献给莎士比亚》

---

① ［英］安德鲁·洛思：《神学的灵泉》，孙毅等译，中国致公出版社2001年版，第41页。

英国诗人亚·史密斯在《霍顿》一诗中说：

> 人的灵魂犹如运行的地球，
> 这一半是黑夜时另一半则是白昼；
> 黑夜的一半万籁俱寂，繁星闪烁，
> 白昼的一半则歌乐声声，行云悠悠。

不少诗人与哲学家都认为：人的灵魂不是单面之维，其介于光明与黑暗之间，或者说是从黑暗向光明的过渡，灵魂是上帝与魔鬼争斗的重要场所之一，但我们认为人们经常谈论的所谓灵魂更加亲近光明与上帝，即更加亲近纯真、纯善、纯美的方向，就像肉体更加亲近魔鬼一样。

第二节　心灵的完整性

心灵是有着自己奥秘的小宇宙，有自己的完整性及面貌。完整性意味着非分裂、非局部、非片面。体验诗意的心灵不是被割裂的心灵，不是片面化的、扭曲的心灵，从诗意体验的角度来看，单纯的感性、单纯的理性或单纯的神性都是有局限的。诗意之心贵在整一，贵在保持了心灵的完整性，贵在保持着一种未被分割、分裂的原初。这颗心不会单纯地走貌似科学或客观的路径，也不会深陷于单纯的欲望的泥沼中，更不会走扭曲人性的宗教方向。诗意体验就是保持和谐中的完整性与统一感，和物质、物欲及社会层面的经济活动无紧密的关联。

一　感性·超感性

心灵中的所谓感性，其根基是欲望。在这种欲望里，甚至有着整个地球的历史与经历，也就是物理的、化学的、植物的层面上的根基。人的欲望的最底层，是一种自然物理的特性，欲望的基本特征就是趋向性，追求的是物理的、化学的、植物的、动物性的满足，一句话物质性的满足，这种满足可从其物理的、化学的、植物的、动物的特性变化上体现出来。

人的心灵中存在着植物性的根基，比如也存在着趋向性——单向性特征。人的心灵中存有动物的根基——情绪性。但人的感觉欲望已经有了和文化结合在一起的新特点。人的心灵已经呈现出特别的特殊性。但无论如何，这种物质性的根基属性不会消失。这种以欲望为基础的感性欲望在人富有诗意的心灵中已转化为情性，而人类的情感已经具有超感性的特征，甚至成为心灵体验的一个核心。

美国哲学家约翰·塞尔在谈道意识的八个特征中的两个时，谈道情绪或情感："意识的另一个重要特征，在我看来就是我们所有意识状态是以这种或那种情绪对我们呈现的。"①"意识状态总是在某种程度上令人愉快或令人不快的。"②

情感是意识体验的核心，也是心灵的核心状态。在心灵中真正的重要部分是情感，而不是理智，尤其就诗意的体验而言，或许更是如此。诗意的充实感、澄明感、美好感及意义感等，都是通过情感体验实现的，没有情感，一切所谓的诗意就无从谈起。情感的原则也是诗意的最高原则之一，但诗意体验中的情感具有内在的性质，属于文化性情感，而不是单纯的欲望性情感。诗意体验也大多属于文化性体验，而不是欲望体验。

诗意之心或体验是超感性的，是基于心灵的内在完整性，心灵的经验只能被内在心灵所感受、所体会，而不能被单纯的感官所感知，诗意的心灵遵循心灵主义的路向：就是信仰人身上的非现代科

---

① ［美］约翰·塞尔：《心灵、语言和社会》，李步楼译，上海译文出版社 2001 年版，第 74 页。

② 同上书，第 77 页。

学所能完全把握的深邃的部分，承认其之实在性及其显现。按照思想史的一般说法，人类是由魂、肉体、灵体三者所构成。魂是使人类之所以为人的非物质元素，蕴藏在心灵的深处，和神性与上帝的元素有着很深的牵连。肉体是一种粗糙的物质质料，是粗杂之物质，只是容纳魂的容器而已。那么通常所说的灵魂中的"灵魂"占据何位？

灵魂存在于人生命的整体倾向里，存在于人类存在的中心之处，其介于肉体与神性之间使两者连接，是兼具物质与非物质的性质，通常心灵主义者都对宗教抱有热忱，有着或隐或现的神秘主义倾向。诗意体验与内在心灵联系较紧而和人的肉体联系较少。

俄罗斯诗人普希金在《致凯恩》一诗中说：

> 我记得那美妙的一瞬：
> 我的眼前出现了你，
> 犹如昙花一现的幻影；
> 犹如纯洁之美的精灵。

这是诗人富有诗意的感觉。在哲学上也有所谓的唯感觉派，认为我们的认识来源于感觉。感觉是诗意的来源与基础，感觉是其他一切心理现象的源头和胚芽，其他心理现象是在感觉的基础上发展起来的。在心理学上，把感觉分为欲望与感知两部分。欲望是人作为动物体的一种需要，这种欲望又分为心理欲与行为欲两种。感知是动物意义上的，而诗意体验需更高成分的参与。

诗意体验是感觉与超感觉的融合，属于内在的精神性感觉，是一种富有深度的精神性的通感。诗意体验中的感觉在某种意义上已经超乎感觉了。例如，黄昏就是我的故乡，女人像一朵莲花开放等，这是感觉与超感觉的融合，印象主义、象征主义的感觉大多如此。诗意体验中的印象主义和心灵的感觉相关，而不是单纯的感官经验。

爱伦坡说：女人的美是我们进入故乡的帆船。这是印象主义的，也是象征主义的。

象征主义与感觉的联系也很紧密。在古代，人们的感觉里就充满了象征性，随着人类理性的发展，这种象征性慢慢地减弱了。对整体的现代人而言，感觉中的象征性几乎趋于消失，尤其在没有信仰的国家里，这种情况更为显著。诗人还保留了这颗古老的种子。在诗意之中这种象征感也会重现。这是古老感觉的一部分，也是诗人接近神性、呼唤神性的（海德格尔曾明确阐明这一点）一种方式。

俄罗斯诗人伊万诺夫的《爱情》：

> 我们是被雷电击燃的两棵树，
> 夜半松林中的两朵火焰；
> ……
> 我们是射出同一道目光的双眼，
> 一个幻想的两只翅膀。

这种感觉性和想象、情感与形象紧密交融在一起，被一个无形的、超感觉的精神方向所引导。这份看来朦胧、漂浮的感受是人生活的重要内容之一。感觉中伴随着想象与幻想，而想象的实质就是突破或超越现实的种种局限与限制，让内心自由地、流畅地飞翔，穿过崇山峻岭，穿过地狱天堂。心灵的这种自由体现在联想的宽广度上，遵循着自由联想的路径，让各种形象随着感觉与体验自由组合。诗意中的感觉性与具有价值意味的情感性是一对孪生姊妹，在感觉与想象中，人的心灵常常带上一层情感的色调，快乐的、忧伤的或忧郁的等。诗意中的感觉性也意味着一种形象性，常常伴随着或明或暗的形象，就像在晴朗或阴雨的天空中飘过的朵朵云彩，在我们内心的世界里总会有一些影像飞过。作为诗人，他们常常也习惯于用古老的大地上或天空中的形象去表达，去思想，去感受。

二　秩序理性

法国哲学家帕斯卡尔说"心灵有它自己的依据"，存在着一种心的秩序、心的逻辑，心灵具有的自主的法则。和动物相比，人心灵之中有更多秩序理性，有着更多属于心的自己的逻辑，有着更多自立自主的方向。但这种理性倾向是潜存着的，甚至不表现为理性形式，或者说是一种特殊表现中的理性，一种看起来似乎是非理性的体验，理性在这里是"了无痕迹，无迹可求"的，尤其是诗意体验中的心灵，是融汇性的、完整的心灵，将理性融汇于感觉、想象、感情与形象之中了，是一种不脱离感觉、情感、想象与形象的理性。

诗意之中的理性是一种基于心灵的价值理性、意义理性，不是各种形式的工具理性。

诗意之理性是内在的价值之理性与意义理性。内在的价值理性与意义理性是和我们内心的感觉与体验联系在一起的，是和内在想象一起展翅飞翔的，是和或明或暗的形象结为伙伴的。诗意中的理性不以上面所说的那种工具理性的形式表现出来，而是以富有韵味、富有意义的形式出现，这种理性里有着或隐或显的秩序，不过表面看来反而接近一般人所说的非理性形式。诗意之中的理性恰恰存在于它的反习惯、反正常之倾向中，意味着一种活的思想，一种对世界、对人生的勇敢探求。

情中之理——诗意中的所谓理性从来都不会脱离内心的情绪，即不会脱离让人感觉充实的，让人产生意义感的精神性的情绪或情感。

感觉之理——诗意中的理性与内心的感觉须臾不离。

想象之理——诗意中的理性和想象融合在一起。

形象之理——诗意体验中的理性和形象结伴，携手前行。

诗意中的理性是内在灵魂音乐的组成部分，在那种音乐般的绵延之中流动着具有普遍的智慧，流动着一种洞察或洞悉，即对事物常在的精神本体的洞悉，对自然、对生命、对内心的一份领悟。这种理性常常符合天地之大理，而不太符合人间之小理。

三　深邃之神性

人的心灵充满了奥秘，深藏着现代科学不能说明的一面。这种奥秘最典型地体现在心灵对无限的憧憬与渴求之中，这是人心中通往信仰、无限、绝对、永恒的一面。所谓的神性就是对人心中的超感官、超人为理性的深邃、奥秘的一面的描述，所谓的神性蕴藏在人的内在心灵看不见的深处，作为人的根基性的精神力量存在。这种神性也可以称为佛性、梵性、道或宇宙深邃之精神等。神性，是神的特性，这种特性是人不能完全具备的。人可以在某种程度上分享或沾有这种神性色彩。诗意就是这种分享或沾有的精神形式之一。诗意体验是一种包含着神性的体验。在诗意这种心灵的直觉里总是或多或少地蕴含着神性深邃、奥秘的一面，或者说总有着一根神性之根深深地扎在那儿，就如同土地下面深埋着的根须。诗意之中的神性意味着一种精神上的敞亮，一种灵魂深处的澄明，意味着有一扇通向无限、通向永恒的或明或暗的窗口，或者说诗意为我们打开了一扇门，让我们有机会领略通往无限、通往永恒的精神风景，这种风景看起来或许只是几朵蒲公英的静静开放，或几滴微雨静静划过我们的额头。

随着时代与文化背景的不同，随着人们的经历、学识与才能的不同，其领悟神性的方式也有所不同。有的人是通过人与人之间的爱来感受这种神性的，有的人则是通过接近大自然获得这份领悟，有的则通过创造或欣赏伟大的艺术产生这种体验。所谓的超验主义本质上就是和神性的一种沟通。超验主义是由美国诗人爱默生发起的一次思想与文化运动，当时大部分作家都受到了这个运动的影响，超验主义者们认为人类感官只能感觉到物质的现实世界。对于超验主义者们来说，真正的精神性生命是感官无法触及的，只有通过直觉才能对它有所理解和领会。他们深信各种形式的生命体——上帝、自然和人类——都通过一种共同的灵魂，或者说超灵魂，在精神方面联合在一起。深层的诗意和我们的以物质为基础的世俗经验联系较少，而和我们的超验情怀联系较多。这里的"验"就是指我们的种种世俗性经验，包括日常的物欲经验、科学的理性经验、商业经验等，也指人类以外在感官或以头脑为基础的种种经验。超验即意味着超出外在感官的羁绊，也不受人类头脑中条条框框的约束。

超验主义和哲学中先验主义、唯心主义先验论联系较紧。古希腊哲学家柏拉图认为，在现实世界之外，有一个超越经验、超越时空、永恒存在的理念世界；人们的经验是无法认识理念世界的；人们关于理念世界的知识是先天地存在于人的心灵之中的，通过后天的学习，可以把它们回忆起来。先验主义也与德国哲学家康德有关，他在《纯粹理性批判》中说：凡一切知识不与对象，而唯与吾人之认知对象之方法相关，且此种认知方法又限于其先天的可能者，我名此种知识为先验的，此一类概念之体系，可以名为先验哲学。爱默生认为人类先天具有某种精神直觉，并凭借这种直觉认识真理。

心灵中的神性之所以深邃是因为其与无限的相通。神性意味着对时间空间的突破，这种突破是我们人力无法企及的。神性代表着无限，代表着超越时间空间的种种限制与羁绊，意味着不受时间空间的约束，有一种没有界限设定的无穷宽广的力量。在这里，时间空间的种种羁绊与局限消失了，消失在无尽的深处。这一点是人性做不到的，这也是人性的最大弱点之一。人所能触及的范围是很小的。在诗意的感受或感觉中人性的狭窄被突破，在人性之中注入了神性。在那份诗意的感受中，或明或暗的神性之光在我们的内心闪烁、沉浮、迁移或飘荡。陈子昂的《登幽州台歌》。念天地之悠悠，独怆然而涕下的诗句也包含了对无限的向往。

　　心灵中的神性之所以深邃是因为其与永恒相连。永恒代表着超越时间的限制与羁绊。在富有永恒感的世界里，没有时间，时间消失了，时间的种种缺陷与羁绊也不见了踪迹，或者说这些侵蚀着我们的时间消失在永恒感的深处。神性意味着一种绝对的持久感。在诗意的体验里，神性意味着能够让人类心灵感受一种持久、充实的精神元素或气息。没有持久因素的任何感受都是缺乏诗意的。文学作品中富有诗意的爱情，都是具有永恒色彩的爱情。这种永恒感或许和我们的集体无意识有关。

　　心灵中的神性之所以深邃是因为其奥秘般的呈现。在诗意这种感觉与体验里似乎总是蕴含着谜一样的东西。触发诗意的感受的形象也可以很简单：一朵小花、一颗沙粒都能让我们感受到那份充实。英国早期浪漫主义诗人威廉·布莱克（1757—1827）出版过两部诗集，一部叫《纯真之歌》，另一部叫《经验之歌》。他在《天真的预兆》中说：

> 一粒沙里见世界，
> 一朵花里见天国；
> 手掌里盛住无限，
> 一刹那便是永恒。

　　他还写过一首爱情的诗篇同样有名，这首诗名为《爱之秘密》。

> 千万别试图说出你的爱，
> 爱永远不能被说出来；
> 因为你不能听到或看见，
> 那吹拂的微风。
> 我曾经说出我的爱，我曾经这样，
> 我向她倾诉了我的衷肠；

她浑身战抖，如陷冰窟，充满恐惧，

啊！她离我而去！

她刚离开我，

就来了一个过客，

他轻叹一声，便将她带走，

你听不到，也看不见。

他还有一句诗同样具有这种神秘主义色彩："在荒原的尽头，手指可以触天。"

僵死的理性或与现代的和科学技术有关的意识试图破坏奥秘，试图驱除笼罩在事物之上的魅力，这些现代科学常常以精确的名义否定自己不能把握的东西，因此其与神性常常离得很远，神性常常以反理性的面目出现，也常常以反常识的形象站立在众人的目光之中。神性意味着某种精神奥秘，在诗意之中始终伴随着一种奥秘感，连接着一份神秘的情愫。在印度诗人泰戈尔的诗里也同样笼罩着这么一份神秘的气息。

神性所体现的不是一般的秘密，而是人类存在与内心的难以言传、难以把握的奥秘，是对我们人类整体存在而言的奥秘，带有很多现代理性与科学所不能解释的因素与倾向。这种奥秘有时表现出某种神圣性，并带上了某种圣洁的气息。没有比圣洁感更能展现奥秘了，也没比这种体现圣洁感的奥秘更能展现人类心灵中的神性色彩了。

四　经验之溪流

诗性经验通过心灵被感受到，这种经验是不可拆分的，这种经验浑然而完整，像一条静静流淌着的溪流，或者也可以说像是在浓雾中闪烁的星星之光，充满了朦胧的宽阔感、意义感。这种经验充满了和谐与透明性，这种和谐与透明来自我们人类诸种经验的综合。

诗意之溪流也代表着心灵的一种未被分割的浑然性与原初的完整感。诗意的经验溪流是一片未被分解的澄明世界。心灵的这种未被分割的完整性意味着：我们能够分析出来的几个要素——感觉、欲望性、理性、情感、神性——完全融解于透明清澈的经验的溪流之中。

在诗意的溪流里，汇集了感觉欲望、理性与神性，是它们的有机交融与统一，也是我们的感觉天赋、理性天赋与宗教天赋完美融合的一种展露与显现。诗意不是一种很容易暴露的体验，也不是事物的简单表象，它存在于事物的深处或者说存在于靠近灵魂中心的某种隐蔽处，或者也可以说存在于我们心灵的深处，它不在我们意识的表面，发现它需要心灵的眼睛，有了这双内在的眼睛才能观看与感受，而这种心灵的眼睛不是时时随意就能睁开的，需要适合的心境（比如寂然感、静然感等）。神秘经验的一个核心就是对寂静的追求。

为了达到这一点，我们就必须改变或突破正常的生活意识、正常的思考方式。这种正常的基于习惯的意识常常构成诗意获得的一种障碍。突破这种障碍是需要勇气的，需要一种基于信仰的精神性的勇气，突破这种种习俗性的禁锢，也需要一种心灵的坚韧与忍耐的力量。在诗意的综合性的直觉中，一切肉体上的、精神上的片面性终归于消失，涓涓细流汇成充实的大海，在那种静静的精神性的海洋里，那种微妙的、和谐完美的感受与体验涌入心头，扩充了整个存在，并将这种感受向着周围的世界发散。在完美的诗意体验里，体验者的心灵产生一种精神上的纯洁感。纯洁、充实、有意义、恬静、和谐，与万物融于一体，这就是诗意体验所能达到的境界。

最高层次的诗意体验是宗教意义上的，也就是说体验者有一种和永恒连接的感受，和无限相通的意念，或者用西方的语言来说就是分享了上帝的种种属性。在这种体验里，体验者被一种神秘的、精神性的光辉所笼罩，体验到莫名的充实与美好，或者和自然融于一体，或者被上帝的灵性所充溢。

第三节　心灵的改变

一　心灵与意识的改变

诗意发生的关键还在于我们心灵与意识的改变。意识的改变需要某种机遇下的"顿悟"，但更重要的是"渐悟"，这就意味着通过某种精神上的静修来改变我们的意识方式，让意识慢慢进入"宁静""空寂""浑然""合一"等状态，最后使我们的心灵达到一种澄明与自由，在"觉悟""觉解"的情境下，我们心灵中的生物的、社会的、理性的、潜意识的等其他层面的心理干扰减少，我们体验到在平日习惯状态下体验不到的充实、意义、空旷、宁静、美好、和谐、合一、内在快乐等等。在我们的生命中经常有心灵状态与意识的改变。

俄罗斯诗人普希金的著名诗篇《致凯恩》中有这么几句：

> 如今灵魂已经苏醒：
> 在我面前又出现了你，
> 如同昙花一现的幻影，
> 如同纯洁之美的精灵。

> 我的心狂喜地跳动，
> 心中的一切重新复活，
> 有了神明，有了灵感，
> 有了生命，有了眼泪，也有了爱情。

进入不同于现实的诗意之境，那是心灵与意识发生改变的结果。诗意是内在感觉与经验的改变，是打量世界的眼光的改变，或者也可叫意识的改变。意识改变就是人以某种方式改变正常意识，降低有限的短暂性事物在人心中的位置，让人的意识与具有无限感、具有永恒根基的事物发生联系或连接。心灵与意识的改变是诗意体验的基础，也是其重要的结果之一，也是心灵修炼的目的。这里需要改变的是正常意识，包括日常的清醒意识、工作中的理性意识、活在人群中的世俗意识等，也包括正常意识的自然性、现实理性、清醒特征、分裂性等。

心灵改变的总方向是：从正常意识的自然性、现实理性、清醒特征等中解脱出来，改变我们原有的意识方式，即使人的意识从底层的意识欲望里、从工作的理性思考中、从群体的世俗感觉里脱离出来，使意识具有超自然、超现实、超一般理性的方向，让一份以"空""静"为核心的灵性深居其中，并在"空""静"状态中让意识面向绝对、无限与永恒的方向，增添心灵与意识中的永恒要素，打破意识在平日里的那份滞重、那份所谓的清醒，让自己存在于有感觉的、充实的体验里。这是让意识澄明化的过程，这过程事实上就是诗意体验。

在佛教中经常说放下与倒空，其实放下与倒空的是有限的短暂之物，还有就是正常的意识与心理状态。这种意识与心灵内部发生的改变有强度的区别。美国心理学家大卫·艾尔金斯曾把神圣意识分为三个层面，受到他的这一说法的启发，在这里我们把意识改变中体验到的诗意也依据价值等级做区分。这些指标和舍勒的思想也有不少近似之处。舍勒曾根据心灵满足的程度、不可分性等做了价值意识等级的排序。

我们将这种意识的改变分成三个不同的层次，和前面讲到的诗意的递进阶梯相对应。

一般触动的层面：因心灵被触动引发的心境改变，就像湖面丢下一颗石子后一层层波纹慢慢地浮泛开来。这在我们的生命中是最常见的。我们的那颗心是经常被触动的，而且不需要那么多的外在东西：几颗雨滴，几片落叶，一抹夕阳的余晖，一条河流的蜿蜒曲线，一个女人清澈的、纯净的眼神等，都可唤起我们内心的触动，都可让我们感受到那份不同于物欲消费的充实与意义感。我们的心灵就会因为那种或许是瞬间的直观而发生改变。

深度层面：这个层面一般的正常人也会有，但很少出现，这需要内心的不断努力。深怀理想的思想家、宗教先知们、富有诗意感的艺术家与诗人等，他们可以通过他们独有的内心的"祈祷"不断地被"心灵之光""灵感"光顾，当他们被某种富有内在精神感的"圣灵""自由""美"等打动时，深度触动的情境就会出现，意识就会发生改变，而且他们可以长久地与那种正常意识、清醒的现实意识等保持距离，并经常性地被自然景象或生命中神奇的一面所触动，从而引发富有深度的精神性体验，这种体验甚至以巅峰的形式出现，从而引发内心感觉的变化，在我们每个人的生命经历中都会有这类高峰感受。孔子在齐闻韶乐三月不知肉味，这也可算作巅峰体验。这是物我两忘之人生境界。现代人本主义心理学家探索过这种巅峰体验。

与永恒相遇的层面：这个层面对哪怕是职业的宗教家、艺术家与诗人等也是很难出现的。只是在生命的某些特定时刻，由于多年内心的祈祷与呼唤，终于迎来了与永恒精神本体的刹那交集，"我看到了神"，那刻他们会说。他们因这种神秘的领悟而引发意识与内心生命的改变。释迦牟尼当太子时出城游览，观看了人的生老病死诸现象，遂对人世间的无常有了突然的领悟，产生了出家之志，终在菩提树下悟出了"三明""四谛""十二因缘"的道理，并修炼成佛。在宗教世界里寻求灵魂的上升之途，也是这种神秘改变的体现：包括柏拉图的灵魂上升之途，以及基督教的灵魂上升之途，等等。在东方也有自己的灵魂上升的道路，比如印度人通过瑜伽的练习达成灵魂的上升。

从某个大视角来看，这些意识的改变也都属于诗意性质的。诗意体验是一种美好而持久的精神感觉，哪些东西能给我们的心灵带来持久而美好的感觉呢？心灵中的神性。中国的道教、印度的瑜伽与佛教的冥思等也都是心灵修炼的楷模，也是获得生命诗意感的一个来源，换句话说，为获得诗意体验而做的心灵静修与改变同东方的宗教静修坚持了大体同一的方向。通过这种心灵的修炼，人们可将我们在世俗生活中获得的那些滞重的经验与意识的条框清空，并达到一种无意识、无经验的自由的心灵境界。因为在我们东方的宗教看来，我们世俗经验的核心与实质就是自我（或自私自利）、贪婪与幻觉（经常是物欲激发出来的），这些是获得诗意体验的一个障碍。

二　简化·单纯

简化与单纯，这是中国道家的修行与改变意识之路。"守一""守朴"等就是这个思路最言简意赅的说明。所谓的"一"就代表简化，心灵的简化导致单纯，单纯的心灵也是质朴的。心灵的简化即驱除繁杂，恢复其原初性、原貌性，换句话说是指恢复心灵具有原初感的自然状态，和自然天真或单纯朴素较为接近，也有未被种种思想观念与文化工具污染之意。要维持这种质朴性，当然需要人们做出巨大的努力，当然也需要精神上修炼。

从某个角度看，现代人的心灵污染指数是很高的，绝对不亚于环境污染。在古代、在古老的心灵里，要做到纯朴相对容易得多。现代社会基于功用的"现代"观念与知识形式摧毁了许许多多质朴的心灵，这等于摧毁了诗意发生的根基。心灵的质朴是诗意发生的重要条件之一，也是我们心灵修炼的重要内容之一。但在现代社会要守住这份纯朴常常更需要精神方面极大的坚韧性。

我们来看两首日本的俳句：

一把伞——只是一把——

掠过：

一场暮雪。

那株白牡丹：

在月下，一天晚上

它崩溃，倒了下去。

　　这里诗句是单纯的，心灵是简化的，诗意却是浓厚的。从这种单纯与简化之中，我们体会到了某种难以言说的生命真意。在中国道家哲学中有"守一"之说，守一又可分守真一与守玄一两种，不管是哪种"一"，都意味着坚守万物原初的情形，也就意味着心灵的某种简化与单纯，可以说，"守一"就是为了守住心灵最原初的质朴与未分散、未分裂的完整性。

　　在道教教义中有所谓抱朴之说。朴，指一种本真，抱朴即抱守一种本真，不为物欲所诱惑，不为世事所困扰。道教所说的返璞归真也是这个意思。返归于我们起初的纯朴、天真的本性，弃绝种种非纯朴、种种和人为相关的复杂，包括求"圣"或求"智"的种种倾向都是这种人为复杂的一部分。抱朴就是守住心灵的这份质朴或淳厚。之所以要守住心灵的质朴，是因为质朴是一种混沌未分的状态，是道之初的状态。人心处在心灵之初里就意味着没有被分裂，就意味着基本的整一，完整的、未分裂的整一之心也最容易体验感受到生命的充实与圆满。

　　在现代社会的背景下，简化与单纯尤为重要。现代社会各个方面的诱惑甚多，这造就了现代人的分散、分裂与双重性特征；人在各个层面、各个方向上都变得越来越复杂。世界的世俗性欲求与观念对人冲击得愈益强烈，世界行进的步伐也越来越快，信仰愈益衰落，这些都导致了现代人的不单纯，而且相反的一面还在不断滋长，现代人老是为自己取得的那些来自科学技术的成就而自负。人或许越来越聪明，但也越来越不能忘却自我，基于这个自我，人老是有盘算，老是有算计，老是被外界不由自主地诱惑。

　　简化自己心的方向，"放下"那些不必要的欲求与思虑，让心被

"一"所统摄，一以贯之。单纯就是一，一就是单纯，这意味着心灵的一种浑然无分，这种心灵不复杂，没有多重的分裂性，观念也不烦琐，没有被种种现代思想或物欲倾向弄得支离破碎、疲惫不堪。更没有现代人所特有的算计、花招儿与装模作样，算计有时也演变为阴谋诡计。只有这样的心才能对一朵花、一颗沙粒、一滴雨珠产生无限的深情，才会把黄昏的光线视为知己，才会把心向着遥远的高原与山谷。一句话才会在内心里涌起诗意或者说产生诗意体验。

三 空寂·空灵

　　放空自己被填满的内心，这是东方佛家的修行与改变意识遵循的路径。心灵与意识改变的体现就是觉悟，而觉悟就意味着意识到"空"的根性，然后倒空种种妄念与杂念。空与空无感、空旷感或空灵感联系在一起，那种让人觉得太实、太滞重、太满的东西常常与诗意离得较远。中国的山水画所传达的意境是这种诗意的一个典型，其也是以空灵见长的。在那种缥缈悠远的意境里，诗意更多的是一种空白，在那份看似无的空白之处飘荡着一种超凡脱俗之气息，飘荡着通向无限的韵味。诗意是一种返回心灵起点的运动，在那种空白之中，我们心中灵的元素才得以彰显，我们内心由此才变得透明。

　　诗意的精神性真谛是通向悠远与无限，这同时也是人的心灵性真谛，其和我们的世俗性经验关联不大，尤其是高层次诗意体验更是如此。诗意的体验在更多时候意味着清空我们在人世间的那些世俗性的经验。执着于人生中的种种世俗性的经验就很难有空灵之感，也就很难产生诗意感。在中国的文化情境中，我们经常感受到：读一些带有佛味的诗歌，聆听带有佛味的音乐或观赏带有佛味的绘画作品常常能产生诗意感。佛教的核心教义与思想之一就是关于"空"与"性空"的思考，即认为万事万物的本性是空的，万事万物都是因缘而聚。

　　在佛教《般若经》中也有几个重要命题，包括"诸法性空""性空幻有"等。在佛教中也有专门的般若学。般若即空观，这代表着佛的一种智慧，或者说这就是智慧，有了这种空观才算是明，否则就是无明。用佛教的空观来看，我们置身于其中的世界是不实在的，是幻景，如果不能对这个本质上是空的世界进行否定就不能领悟佛的真理。般若（或智慧，或明）就是借助于思想修行（常常是冥思）看破滚滚红尘的虚假与空洞。佛教中的"四谛""四法印"说也是基于其空的思想。

禅宗中所谓的"勤拂拭"就是打扫之意，也是清空的意思，即清空我们的看起来很实在、很实存的经验。神秀的偈子本来已经够有佛味了："身是菩提树，心如明镜台，时时勤拂拭，莫使有尘埃。"慧能闻后，觉得这还不够彻底，也写了一个"无相偈"。

> 菩提本无树，
> 明镜亦非台，
> 本来无一物，
> 何处惹尘埃。

禅味很浓，也就是说，空寂、空灵的气息很浓，同时感觉诗意也很浓。有一种远离滚滚人间的空灵气息蕴藏其中。人在这种心灵状态中就达到了自由的境界，并打开通向无限、通向永恒的无数扇窗户，让那份神秘的气息流泻进来。中国古代的"水中花，镜中月"的比喻也从某个侧面表达了空灵的内涵。

诗意不是一种理性世界观，是人类心灵中带有感性色彩的心灵体验，在其核心与深处需要空灵的支撑。为了达到那种诗意的空灵，也需人们习惯意识、正常意识的改变，甚至要来一次必要的清空，清空我们心灵中那些滞重的杂念与经验，清空那些条条框框与藩篱，这些东西囚禁了我们的心，影响了我们心灵的飞翔。在某种意义上也可以说，清空就意味着解脱各种束缚与羁绊，清空就是破除以自我的欲望为核心以及执着于这种欲望而产生的各种幻觉。我们平时之所以体验不到诗意这种既纯真而又深刻的精神性经验，就是因为我们的心被这种世俗性的经验所填满，没有灵动的空间。

没有比空灵感更能体现诗意的了。空灵的前提是将我们在人世间获得的那些经验倒尽，把充塞于内心的种种人类的世俗性杂念给清除出去，把心打扫干净。

四　旷远·宁静

实际上中西方各类宗教——基督教、道家与佛家等——都追求"静"，这也是它们共同的修炼与改变意识的方式，即让内心与意识处在静的状态，这种静不是死寂，而是旷远中的宁静或宁静中的旷远，这也是诗意最直观的表现。或许在内心的宁静的深处有着更多超人性的、神性的奥秘。可以说，没有心灵中的这种旷远感，没有灵魂中的这种宁静感就没有所谓的诗意。英国诗人华兹华斯在诗作《这是美好的黄昏》中写了这么一句："神圣的时刻恬静得犹如修女。"人们在那种似乎是无尽的恬静的时刻总是能感受到某种难以言说的精神真意。生命中的那些恬静的时刻似乎总比那些躁动时刻更富有诗意感。

世界上几乎所有重要的宗教与人生哲学，都倡导静修，都强调静的生命根基与静的精神根基。东方的印度与中国的佛家自不必说，中国的道家把静的重要推到极端。先哲老子说：

"静为躁君。"（《道德经·二十六章》）

"致虚极，守静笃。万物并作，吾以观复。夫物芸芸，各复归其根，归根曰静，是谓复命。"（《道德经·十六章》）

和各种各样的动相比，静是根、静是人的存在的根基之一。他认为人生命的根是静，而归根是人生命的深邃倾向。当我们的生命朝着归根之途行进时，我们的内心感觉也是不同的，是宁静中带着淡淡的欣喜，这份宁静与淡淡的欣喜用我们的话说就是富于诗意的。宁静感与诗意联系较为紧密。宁静感的反面是躁动、妄动。因为躁动与妄动在最深刻的意义上，违背了我们的根性。中国三国时期的诸葛亮在《诫子书》中说："静以修身，俭以养德。非淡泊无以明志，非宁静无以致远。"

这里宁静以致远给人以诗意般的感受。在那份宁静中，诗意被凸显出来。在那些描绘宁静的诗歌、小说、音乐、绘画里，诗意的气息总是非常的浓郁，并经常触动我们那颗渴望旷远、无限与永恒的充满奥秘的心。

在多种多样的宁静存在中，大自然之中的宁静尤其迷人，它经常能扣动文学家、艺术家的心。很多的诗人、作家、艺术家赞美了大自然之中的宁静。中国的诗人陶渊明在《饮酒》（之五）中描绘的境界已使得该作品几乎成为旷世名篇：

> 结庐在人境，而无车马喧。
> 问君何能尔？心远地自偏。
> 采菊东篱下，悠然见南山。
> 山气日夕佳，飞鸟相与还。
> 此中有真意，欲辨已忘言。

还有宋代诗人柳宗元的《江雪》也是：

> 千山鸟飞绝，万径人踪灭。
> 孤舟蓑笠翁，独钓寒江雪。

在《柴可夫斯基传》中有这么两段对音乐家的描写：

> 他惊呼："仁慈的主啊，我又陶醉在大自然的怀抱里了。在

每一片叶子里，在每一朵花里，我都能看见并且捕捉到了某种无法接近的美，这是种闲适的安谧的美，它使我恢复了对生活的强烈的爱。"①

……

我们注意到一个很有趣的事实：这位伟大的听众尤其爱听自然界的寂静。"夜晚，我经常在阳台上踱来踱去，聆听夜的绝对寂静，从中得到享受。你也许会奇怪：没有声音听什么呢？假如你是音乐家，你大概也能在夜的寂静中听到大地隐约发出的低沉而浑厚的音符在穿过夜幕飞向冥冥太空。"②

我们生活中的宁静，也可靠我们心灵的感觉来获得，这包括冥想与沉思。

沉思意味着什么？沉思意味着一种深沉的思考，对某个中心意象或意念进行深入的、专注的、忘我的思考，沉思常常伴随着某种孤独，伴随着一个寂静的气氛，对于哲人似的思考者而言，沉思伴随着与至高者的对话与交流，沉思在早期的东方宗教信仰中占据着很重要的位置，沉思有时很像冥想，并与静静的祷告有很多相似性，它也是许多东方宗教的静修方式之一，用沉思的方式可以使人进入某种物我两忘的境界，也可以洞悉事物的最初的本质。在沉思之中，心保持"一"的指向状态，心不妄动，也不躁动。这种心的状态就是一种诗意状态。能让我们的存在变得宁静与旷远的还有冥想。

五　浑然·合一

我们常常以无意识的方式渴望放弃我们有限性的、个别的存在

---

①　VIadimir VoIKoff：《彼得·柴可夫斯基》，冷杉译，辽宁大学出版社 2000 年版，第 39 页。

②　同上书，第 40 页。

形式，由此返回最初的、无差别的源头里，这种表面上的"放弃"常常给人带来深切的生命体验，这是一种在浑然之中的融入，这是与更大、更高、更深邃、更绝对也更永恒的世界的合一，那个世界有无限的气息。高层次的诗意体验常常表现为"浑然状态下的合一"。对那个源头的称谓有多种，在中国的道家里被称为道，在印度教里被称为"梵"，在基督教里被称为"上帝"（西方的基督教属于超验型宗教，所以他们更注重浑然"合一"方式）。人的生命的奇迹与悖论之一就在于：我们渴望自我的某种形式的消融，憧憬自我的某种形式的自弃，以便到达某种无差别的统一与混沌。

存在的诗意典型地表现在合一里。这种浑然之中的合一在意识与心灵的层面上体现得更为明显，伴随着心灵与意识的某种迷失。但为什么会出现这种悖论式的生命处境与渴望？人类说到底还是太弱小、太受局限了，人类的心灵经常向更大、更纯粹的世界寻求依托。合一的本质就是这么一种依托与交付，把自己交付出去忘却这个充满欲望的受局限的小我——这个小我常常是自私自利的或贪嗔痴的——并与大我融汇在一起，让小我与大我在某种精神性的体验中合一，让这个小我融汇在更高、更大、更深邃的世界里，并达到物我两忘之境。

人们可以通过种种方式达到合一状态，爱的方式也是其中之一。爱的本质是将自己的心交付或卷入被爱对象之中。人与人之间的爱，尤其是男女之爱，目的就是达到精神与肉体上的合一。人毕竟是有局限的，男人或女人不可能长久稳定地满足他（或她）的这种融入需要，所以这种所谓的爱经常给人们带来失望，甚至带来空虚。

最常见的是与自然的合一。在大自然怀抱里，人的心灵与意识发生了改变，自我的意识渐渐融于深厚的大自然川流不息的精神里。卢梭的散文《生活在大自然的怀抱里》真实地记录了他在大自然之中的陶醉，并与大自然形成了一种亲密无间的、充满感情的精神性关系。

中国的"天一合一"的传统也代表了对这种浑然的合一状态的渴望与描述。"天人合一"的思想最早是由庄子阐述，后被汉代思想家、阴阳家董仲舒发展为天人合一的哲学思想体系，并由此构建了中华传统文化的重要思想之一。在对自然之爱中达到物我浑一，物我两忘。此外还有与社会的合一。即与社会融于一体。投身于某个社会群体，或投身于某项社会事业，比如参加革命事业等，这些都是与社会合一的方式。

信仰的方式也是在浑然中达到合一的常见形式。在东方的宗教中，与信仰对象连接的主要方式是信仰者的内心修炼，通过心念的专一、集中与宁静等——比如沉思等——连接信仰对象，达到和所信仰对象合一的目的。在西方的信仰文化中，那些象征性的仪式得到了重视。比如基督教中的吃饼、喝葡萄汁的象征行为，就代表与耶稣同体，饼代表耶稣的身体，葡萄汁代表耶稣的宝血。还有通过祷告，达成与上帝的沟通与交流。

任何一种真正的信仰都是富有诗意的，基于信仰的内心感情是诗意的重要支柱之一。信仰是一个人生命、生活与精神的方向与指导性力量，是一个人信赖与仰慕的精神性对象，也是一个人的心灵信任之所在。这种信仰常常也会成为一个人生命、生活与精神的重要支柱。通过信仰一个人可以获得和一种伟大的精神性力量的稳定连接，也可以说是一种合一。这种基于信仰的内心感情是使人获得诗意体验的重要基础之一。存在主义哲学家克尔凯郭尔在《恐惧与战颤》的序跋中说：信仰是一个人心中的最高的感情。

此外创造性行为也可以让人的心灵与意识发生改变。各种精神创造都通向这条道路，艺术创造方式表现得更明显也更本质。艺术创造的本质是打破一种界限。人在种种创造状态里也会克服人作为人的种种局限，向外伸展，并达到与更广大世界的沟通与交流，并在其中与更为宽阔的世界合一。

第八章　艺术与生活的融合

　　"诗意人类"意味着艺术与生活的融合。在这种趋势中，每个人在某种程度上都可以是艺术家，应该说都可以是富有诗意的艺术家，只要他的生活在自然的航向上航行，并和自然有某种程度的精神性交流，只要他的生活具有内在的超验色彩，并捕捉到了一些神圣的精神之光——比如在爱情甚至婚姻中——那么他就是富有诗意的准艺术家。这里所谓的艺术主要不是指向形式方面，而更多意味着"灵韵"的营造与谱写，即精神性韵味、气氛与气息的创造。很明显，这种艺术与生活的融合不同于所谓的日常生活审美化。随着美的含义感性方向与内容的不断扩展，现在似乎越是感性世俗的事物就越"美"，就当代社会生活的实际情形来看，这种意义上的被"审美化"在某种程度上很容易演变成被"俗化"或被"世俗化"。

第一节　艺术及诗性方向

一　艺术家与艺术品

　　时至今日，艺术与艺术品的观念和艺术家的联系越来越紧密，艺术品是具有艺术家身份的人的创造。所以首先要简单讨论一下艺术家的内涵。艺术家是什么或者说艺术家意味着什么？在传统理论中与艺术家相对的是生活在常规常态之中的常人。艺术家通常意味着和一般的常人有所不同，艺术家属于超越常态与常人的类型。

"虽然我深信每个人生来都是艺术家，但是只有极少数人实现了他们的潜力。……我对学生的态度和禅宗师父对他们的门徒态度之间的相似。……禅宗师父给那些寻找悟性的人提供了一个'空案'，学生必须不用师父的帮助，而排除杂念全神贯注于这个问题，从而得到解答。我指导我的学生消除顾虑，自由发挥，换句话说排除他们头脑中可能有的任何困惑的思想。艺术家的稀少不是因为他们是特殊的天才，而是因为其他人不会或不愿意冲破他们头脑中的各种障碍，……"①

"在这一点上，为了帮助读者和我自己，我将从铃木的《禅宗与日本佛教》一书中引证几节。在三十三页上他写道，'禅宗无视保守主义、形式主义、公式主义，即任何约束和限制的东西。禅宗象征着绝对自由。这意味着禅宗来自人的最深的根源，在那里贮积着无限的可能性。禅宗把手指伸进去攫取永不枯竭的创造力。'……'禅宗不是哲学、宗教、科学或艺术，而是一种体验'，这句箴言恰到好处。用'体验'这个词，所有外部影响就都被抵制了。再一次看清了我指导艺术学生的思想和禅宗教育方法之间的相似。没有一种来自于书本、老师或其他外部影响的观念会永远帮助你进入创造的领域。只有当人们走自己的路，只有当人们尽其所能地排除理智的支配，体验才变成创造。"②

大艺术家身上或大艺术家的体验深处都包含着两个看起来互相矛盾的方面。一是看上去狂乱、疯癫的异类一面。那些在艺术领域耀眼的艺术家看起来总有一种特异色彩，或者说具有异类特质，他们身上似乎存有一种普通人很难具有的神秘气质。从远处看，他们光彩夺目，具有一种非同凡响的品质，身上具有一种奇异的精神元

---

① 〔澳〕德西迪里厄斯·奥班恩：《艺术的涵义》，孙浩良、林丽亚译，学林出版社1985年版，第75—76页。

② 同上书，第79页。

素。艺术家带有先天的色彩，在他们的精神世界里，在他们的感情与体验的深处，常常具有和普通人不一样的心理特征：更内在，常常也更超验。这种内在与超验经常表现为：把自己幽闭在自己的世界里，一种时常是动荡的内心，一种莫名的痛苦或激情，一种具有持久力的激情等。了解艺术史的人都知道，那些一流的诗人（或作家）、画家、音乐家等，他们的生活与存在是充满内在冲突的，这种内在的冲突经常把他们带向精神的边缘，甚至陷入崩溃的深渊。生命的神奇之处在于，他们的这种狂乱换来了他们作品的非凡的品质。一个想成为艺术家的人，他将面临一种困境或抉择：要普通的正常生活还是要艺术上的、独特与非同寻常？只有打破各种约束与条条框框，他们才能具有敏锐的、富有创造感的直觉，通过这种自由的直觉与体验，他们才能直接地洞察周遭生活，把握其深刻的、独到的一面。精神直觉对艺术家来说是最为重要的。事实上，对一流的思想家与理论家也是一样。

大艺术家身上还有另一个面，向上超越的与向深处走的一面，及其所导致的宁静的、空灵的、神秘的一面。在他们的内心有对安宁的、普遍的、持久的追求：伟大的艺术家的内心几乎都有虔敬的朝圣者的一面，有一种或隐或显的宗教热忱：对基于永恒、绝对与无限的安宁充满了渴望。这个神秘方向不是连接着感性的疯狂，而是通向具有旷远感的宁静，这份宁静感也不是存在或内心的死寂，而是艺术家存在之根的自然呈现，艺术家幻想的深处通向憧憬中的无限，与一种精神上的绝对相连，并因此回荡着无穷无尽的韵味。而艺术家身上的这个方向和诗意有更多的关联。在艺术中常常也都存在着人类精神的这两种倾向，感性生命冲动的与内在超验的两个看似悖论的方面。基于无限、永恒与绝对感的和谐的宁静感的一面和诗意紧密关联。

艺术家摇摆于平常的中心轴之间。平常的中心轴意味着被普通的生活准则所束缚，意味着朴素的、清醒的理性生活意识，循规蹈矩、墨守成规、条条框框等。艺术家的突破与改变造就了两个方向的艺术家，内在向上的与偏重感性生命冲动的。内在向上的艺术家更具有思想家或智者的气息，喜欢追求生命背后更加玄奥的精神的一面。

艺术品的概念与艺术的观念相连。英国的美学家克莱夫·贝尔在《艺术》这本书中说：

"要么承认一切视觉艺术品中有某种共性，要么只能在谈到'艺术品'时含糊其辞。当人们说到'艺术'时，总要以心理上的分类来区分'艺术品'与其他物品。那么这种分类法的正当理由是什么呢？同一类别的艺术品，其共同的而又独特的性质又是什么呢？无论这种性质是什么，无疑它常常是与艺术品的其他性质相关的；而其他性质都是偶然存在的，唯独这个性质才是艺术品最基本的性质。艺术品中必定存在着某种性质：离开它，艺术品就不能作为艺术品而存在；有了它，任何作品至少不会一点价值没有。……在各个不同的作品中，线条、色彩以某种特殊的方式组成，某种形式或形式间的关系，激起我们的审美感情。这种线、色的关系和组合，这些审美的感人的形式，我称之为有意味的形式。'有意味的形式'就是一切视觉艺术的共同性质。"①

艺术品的这个共同的性质究竟是什么呢？他认为就是通过形式流露出的意味。

海德格尔也专门写过关于艺术的专著《艺术作品的本源》，他也是反复追问艺术之所以成为艺术的核心属性有哪些？他强调艺术作品中的大地属性、无蔽的澄明、真理意识等。事实上，这些都通向存在的无限性方面，也就是他反复提到的"神性"，没有神性的参与，人性不可能去蔽的，也不可能是澄明的，艺术作品也不可能是澄明的。

---

① ［英］克莱夫·贝尔：《艺术》，周金环、冯钟元译，中国文联出版公司1984年版，第4页。

"艺术的本质就是诗。但诗的本质却是真理的赠予。"①

阿多诺在《美学理论》中认为：

"从意义复合体的角度来界定一件作品的总体性曾是习以为常的惯例。"②

"艺术作品是意义的复合体，即使它们否定意义。"③

但阿多诺认为意义目的明显也会产生"意义过剩"或者用我们的话来说就是目的过剩。或许正是因为对这种意义过剩的反感与反动，到了现代艺术品这里，一切都发生了变化。现代艺术处处反传统，当然也包括反意义、去目的性、反主题——尤其是反崇高的道德主题。无意义成了现代艺术品的一个明显特征。法国著名现代画家马塞尔·杜尚把便盆命名为"喷泉"，这就是把意义彻底解构了。他是饱受争议的艺术家，有人称他为 20 世纪实验艺术的先锋，是现代艺术的守护神，也有人说他是高雅艺术的嘲弄者与毁灭者，是艺术花篮中的一条毒蛇，因为他确实解构与破坏了传统艺术品的观念。在现代艺术品中所谓的解构主义被体现得更加明显。

二　艺术的观念

最早的艺术观念和工艺或工艺性有联系，艺术表示某种技巧，也即制作某种对象所需之技巧，其含义包括手艺与技术等内容。对于古代人与古代思想家而言，单凭灵感与幻想，没有工艺性技巧的加入，那根本就不算艺术，所以早期诗歌是不被算作艺术的，因为它出自缪斯所赋予的灵感，而不是一种和工艺结合在一起的技巧。

"由于那些将美术和工艺关联在一起的因素，感动古代人与经院哲学家的力量，要大过于将它们分离开来的因素，因此，他们从未

---

① 熊伟：《存在主义哲学资料选辑》，商务印书馆 1997 年版，第 454 页。
② ［德］阿多诺：《美学理论》，王柯平译，四川人民出版社 1998 年版，第 264 页。
③ 同上书，第 267 页。

将艺术区分为美术和工艺，不过他们也另有其着眼点，他们按照他们的创作是单靠劳心，还是同时尚需劳力来加以区分。前一类艺术，古代人名之为自由的艺术，而后一类艺术，则被称为粗俗的艺术。中世纪的人，还给后者加上了一个'机械的艺术'的绰号。这两类艺术不只是截然有别，而且所获之评价也大不相同，自由的艺术与粗俗的艺术所处的地位，真不啻天渊之别。"①

20世纪中叶之后，那些古老的艺术观念又有复活的趋势，关于艺术的观念似乎又返回了原点。艺术的工艺性与技巧性的一面再一次被强调。更多的机械性装置被运用。与此同时，关于艺术的范围产生了争议。

后来关于艺术的观念、思想与看法向着各个方向衍化，这些不同方向的思想与观点肯定要发生碰撞，并产生关于艺术观念的争议与交锋。大体上来说关于艺术的观念，有这么几个典型的看法。

1）艺术的显著特征在于它产生美。

2）艺术的显著特征在于它再现或再造现实。

3）艺术的显著特征便是形式之创造。

4）艺术的显著特征便是表现。

5）艺术的显著特征在于其产生美感经验。

6）艺术的显著特征在于它产生激动。②

由此观之，我们可以从几个不同的角度与层面来理解透视艺术，可以从稍稍外在的方面——比如从社会、政治与形式等层面——去研究或领悟，也可以从更内在的精神韵味或精神层面去做这种理解。诗意方向属于更内在的、更深层的精神性方面，而艺术中的诗意观念与艺术的深层效果密切相关。德国现象学、美学家莫里茨·盖格尔在《艺术的意味》中说：

①　［波］瓦迪斯瓦夫·塔塔尔凯维奇：《西方六大美学观念史》，刘文谭译，上海译文出版社2006年版，第16页。

②　同上书，第31—36页。

"在艺术的发展过程中，这方面只有两种目的有必要被当作艺术最突出的目的而指出来，这就是宗教和装饰。……在今天，人们主要是由于艺术给人们带来的那些直接效果而去探索艺术的。但是，这些艺术效果可以分为两种类型，它们在精神意味方面是大不相同的。其中，一种艺术效果类型是当我提出有关伦勃朗、民间歌曲，以及交响乐的例子时我所想到的那种艺术效果，它是艺术对深层自我施加的影响，是艺术的深层效果。另一种艺术效果则是艺术对表层自我所施加的影响，它是纯粹的快乐效果或者纯粹的激动效果。只有艺术的深层效果才专门是艺术效果。"①

关于艺术的这种深层效果，人们的理解却有很大的不同。什么是艺术真正意义上的深层效果？这牵涉到对深层自我与表层自我的认识。深层的自我牵涉自我的精神深层，一般来说最后都会通向宗教性的方向：解脱有限性的束缚（包括日常生活与深刻的终极痛苦等），获得具有无限感的存在形式，这种具有无限感的存在形式包括种种与自然的和谐共鸣、心灵的旷远、空寂与安宁等。道家与佛家在宗教的意义上从不同角度阐明了这一点。艺术只是以其特有的方式达到了这一目的，即以其能给人带来感性体验的方式达到这一目的。

富有诗意的艺术观念也与社会大众及社会团体的精神性感受有关，即富有诗意的艺术更有益于社会民众、社会团体的意义感的形成，而不是使之走向相反的怀疑、空虚与焦虑方向。英国艺术理论家 H. 里德在《艺术的真谛》"艺术与人本主义"这一节中认为：

"艺术家要想创造出伟大的作品，就必须求助于社会团体感受（community-feeling）。迄今，表现社会团体感受的最高形式一直是宗教的：对于那些否认艺术与宗教的有必然联系的艺术家来说，就得找出一种社会团体感受的等价形式，以期确保非宗教艺术的历史

---

① ［德］莫里茨·盖格尔：《艺术的意味》，艾彦译，华夏出版社 1999 年版，第 140—142 页。

连续性。"①

另外，艺术的技艺方面也将持续发展，这种发展同日新月异的新技术结合在一起，这种结合导致艺术的机械化、信息化、智能化、现实化。在《艺术的未来》这本小书中有一篇文章的标题就是"智能系统的美学"，作者说：

"尽管未来的艺术可能从众多的方向中选取一个方向，但是依我看来，随着信息技术在我们社会的稳步发展，我们自己与我们的计算机环境之间的审美关系将会日益受到人们的思考与重视……站在新的历史的高度做一番全面的研究，将使我们对艺术获得一个全新的概念。"②

"伴随着我上面所述的信息控制技术的产生，艺术世界必然受到刺激，其结构势必发生变化。……艺术的世俗化将持续下去。依我看来，传统意义上的艺术家和艺术训练将会逐步被淘汰。……你以为机器只能产生毫无创造性的、枯燥乏味的、完美的机械产品吗？给我时间和要求，我将为你制造出比任何能工巧匠做得都好的手工艺品。"③

束之高阁的艺术已经过时，艺术与生活融合是一种趋势，艺术应该让人们能够分享其精神并获得深层的精神共鸣。能供人们分享，表现团体的有意义的感受与感觉，这也是"诗意人类"的观念基础与重要追求之一。

三　艺术及诗性方向

艺术与生活感觉的融合不是要把艺术的疯狂带向生活，也不是把种种形式要素带向生活，这种融合指向精神性韵味方面，即营造

① [英] H. 里德：《艺术的真谛》，王柯平译，辽宁人民出版社 1987 年版，第 58 页。
② 同上书，第 65 页。
③ [英] 汤因比等：《艺术的未来》，王治河译，广西师范大学出版社 2002 年版，第 84—85 页。

生活的精神"灵韵"。前面已经引用了海德格尔的名言：艺术的本质就是诗。这里的诗就相当于诗意，也就是说艺术的本质是诗意。事实上，在不少思想家与诗人眼中，所谓的艺术就意味着诗意，整个文化都和艺术中的这种诗意追求具有紧密的相关性。在这里文化的美好的有精神意义的一面被强调，文化的观念也和艺术的观念紧密联系在一起。文化的艺术化或诗意化是这些人所看重的。根据我们前面所述，诗意的本质是一种内在的超越的方式，其核心处弥漫着自然的气息、神圣的气息以及自在、质朴的自由的气息。

"由于现代科学的开端已经把消除世界的魔力并使人们觉醒当作它的目标，所以人们把奇迹当作自然现象来解释，并且使异常的东西和那个由有条有理的法则构成的宇宙一致起来。……人们已经把审美现象贬低到日常生活的领域中来了：他们已经把那些并不重要的肤浅的侧面指出来，并且认为这些侧面就是审美现象的本质。而且，当这种审美现象所具有的特殊本性首先被剥夺了之后，这里又出现了一件令人惊讶的事，即任何一个思想家在解释审美现象的过程中都会遇到困难，而且这些因循守旧的人又由于依然信仰那些奇迹而受到人们的嘲笑。"①

艺术是不能简单还原或简约的。艺术有其神秘的难以言说的一面。在《艺术的涵义》这本书中，艺术家兼哲学家德西迪里厄斯·奥班恩说：

"那些不能被理解或者甚至不能完全描述的东西，就是作品的精神价值。……西方世界确立的宗教权力产生了一种恐惧，在很大程度上削弱了创造者的想象力。20 世纪，那些宗教被唯物主义哲学取代了。这次变换迫使艺术降到地球上，以表现人代替了表现上帝；人的形象日益变得重要。这种转变在东方人心目中未曾发生。在西方，人是造化的顶峰的观念是合理的，这一点越来越

---

① [德] 莫里茨·盖格尔：《艺术的意味》，艾彦译，华夏出版社 1999 年版，第 21 页。

鲜明了。在东方人的思想中绝没有这样的迹象，东方艺术中（直到第二次世界大战时期），人还尽可能保持无足轻重的地位，东方人的人是宇宙的一部分并同宇宙浑然一体的观念，把人缩小到与宏大的宇宙成对照的尺度。"①

他并不是反对宗教情怀与宗教精神，而是反对基于人性禁锢与压抑的宗教，那种给人带来恐惧与战栗的宗教。给人的精神带来自由、充实与澄明感的宗教情愫，他是不反对的。所以东方人的宗教意识成了他心目中富有诗意的类型。其实他心中的这种意识在西方世界也是广为流行的。人与大自然的这种精神性关系，人融汇在大自然的宽阔、深邃的怀抱里的那种精神感觉，在浪漫主义的思想中处处都得到了体现。

这里艺术和生活的融合意味着帮助人们找到生活的感觉，找到某种灵性韵味，找到一种精神性气氛，指向某种更为宽阔的价值与意义，找到诗意，而诗意，其核心就是自然的气息、神圣的气息，以及人自在、质朴的自由气息。艺术与生活感觉的融合就意味着艺术帮助人们感受自然的气息，感受某种神圣气息以及自在、质朴的自由气息。这实际上就意味着一种精神的内在感与超越，超越以狭隘的人为中心的生命倾向，超越现实的种种约束，并指向某种精神性韵味。现代艺术指向的是人性的分裂，否定艺术审美的、宗教的功能。

艺术与生活感觉的融合也意味着艺术帮助人们理解与感悟生命的和谐之中散发出的种种价值光辉，富有诗意的艺术通常也指向自然预定的和谐或和谐价值，使人成为更宽阔世界的一个有机组成部分，这就实现了多种价值观念的完美融合，尤其是实现了审美的、神圣价值的方面。诗意的和谐价值是对人类最重要、最有益的多重价值观念（伦理、理性、审美与神圣等）的融合。

---

① ［澳］德西迪里厄斯·奥班恩：《艺术的涵义》，孙浩良、林丽亚译，学林出版社1985年版，第70页。

　　和谐是有许多层次的。和谐的背后蕴含着什么？这一点中国的思想家没有给出方向。我们可以参考德国哲学家莱布尼茨的预定（或前定）和谐论。他所说的和谐主要不是指向人，更不是指向人际关系的方面，他的和谐思想和上帝的设计与创造有关，和他的神学思想有关。他认为这个世界就像一个巨大的音乐交响，乐队的每一个乐师各自演奏作曲家事先谱写好的旋律，整个乐队奏出和谐的音乐。他还用这种预定和谐思想说明人的身心关系，将身心比作两个制造得极为精密的时钟，各走各的并保持和谐，因而可以说，这个世界本质上是多层次精神的融合，是世界的精神整体中散发出来的音响、气息与韵味。

　　当艺术以动人的艺术方式着力于展现背后更大的精神性源泉时，展现世界背后的那份难言的神秘性，展现其整体中透露出的那种莫名的韵味时，诗意也就将得以显露，尤其是通过大自然的各种各样的具体形象来达到这种展现目的时，诗性就会更加浓厚地显露出来。通过人及其现实的有限世界很难达到诗意的那份高度与层次。按照莱布尼茨的说法，我们看起来微妙复杂的人心和大自然之间也有一种预定的和谐与感应关系，当这种和谐与感应达到微妙的境地时，我们的内心就会产生旷远的、空灵的、宁静的、澄明的、充实的、美好的、有意义的体验与感觉。

第二节　诗意与再现艺术

一　乡村牧歌与城市

　　诗意的核心内涵与具有精神意味的深厚的自然气息相连，而牧歌风格通常能最好地营造这种感觉。在中国的文化背景中，牧歌更多和大自然意象相关，特别是和草原、蓝天、牛、羊等有关。草原是牧歌最好的活动之地。因此，牧歌最早的原意是和草原放牧时的歌唱有关，和草原之上牧民的情感抒发有关。这种歌唱与抒发就构成了一种民歌，是民歌的一种类别，最早流行于蒙古族、藏族、哈萨克族等，内容主要是歌唱与放牧有关的自然生活，包括放牧的周围的自然环境等。和这种自然生活有关的有爱情、宽阔的草场、蓝蓝的天空、牛羊、牧童的短笛等，后来被引申为自由自在的、有心灵归属感的、田园般的生活。在西方的文化世界里牧歌风格的形成和古罗马诗人维吉尔有关，他写过一首长诗《牧歌》，描写了基于大自然的田园生活的美。在西方的文化背景里"牧歌"还有一个特别的含义，和牧羊人的象征有关，有首歌曲就叫《孤独的牧羊人》，这是和他们的信仰传统有关的。

有一个诗人说人类建造了城市而乡村则是上帝创造的。这里有一个文化的大背景。人成了地球的主宰，建造了越来越多的城市，而城市是有点儿异化的，城市是以人为中心的，这个人还不是灵魂的人，而是自然的人，城市和自然人概念关联较多，和人们的欲望有更多的牵连，城市代表的是人原初的完整性的分散与分裂，代表着动荡的刺激、感性欲望的流动等，以水泥钢筋为表象的城市很难满足人心灵的皈依感。

"乡村牧歌的概念关注的是在城市势不可挡的发展的社会文化背景下，乡村所具有的某些意义和价值。它是关于人们在多大程度上根据自己声称的'乡村性'或'城市性'来斟酌自己的身份和使自己的生活风格有意义，尤其是'乡村'如何成为更自然、完整和和谐的生活方式的宝库。人类学家和他们对乡村共同体及共产主义的描述也以这样的方式受到了'乡村'概念的影响。"①

现代化的越来越大的城市让人丧失自然。人不再具有原初的淳朴，不再具有精神的宁静，这一切都源自人远离真正意义上的土地，不再具有大地感；城市让人失去完整性。人的完整包括几个层面：感性的、精神的、神圣的，对应人的感性天赋、理性天赋和信仰天

---

① ［英］奈杰尔·拉波特：《社会文化人类学的关键概念》，鲍文妍等译，华夏出版社 2009 年版，第 301 页。

赋。城市破坏了人内在的和谐感。诗意价值是一种和谐价值，但这种和谐不是理论的或宣示意义上的，而是与每个人深切的体验紧密联系在一起的，或者也可以说诗意就是建立在和谐基础上的体验，是体验中的圆满、充实与意义感。

艺术家是一个敏感的群体。艺术家是一个富有灵魂的群体。基于此在世界各地艺术领域里都掀起了反城市化，甚至反对人类文明的浪潮。这种反对是对人的分裂的厌恶，是对人缺少宁静中的完整感到失落后的表现，这些艺术家们怀着对诗意完整、和谐的渴望。与大自然更为亲近的乡村就成了这些艺术家的理想生存之地。

哲学家、文学家卢梭《生活在大自然的怀抱里》、诗人梭罗的《瓦尔登湖》等作品都说明了这一点。中国的陶潜是因为厌恶官场政治而离开的，寻找他心中悠然自在的桃花源。西方的一些思想家是因为厌恶以科学技术与城市为核心的现代文明——这些建立在理性基础上的文明分割了人的完整性。他们寻找并亲近能使灵魂单纯、整一与和谐的大自然。在简单中、在质朴里、在宁静的氛围笼罩下才具有灵魂的气息，才具有单纯中的那份整一感。

古今中外，具有田园风格的诗歌是普遍的，中国的田园诗传统尤其久远。田园风格的小说大多是抒情性小说。这个小说的传统可能也和田园诗传统有牵连。小说对田园的描绘通常更加细致全面。意大利作家皮兰德娄的短篇小说《西西里岛的柠檬》就描写了都市对淳朴人性的伤害。

人类发展的趋势是明显的：在人的世界里，人为性人造物的增加似乎是不可避免的，伴随着这一点，人类也渐渐逃离最初的精神纯真。城市的进程似乎也不可避免，也是难以抗拒的，具有一种单向的性质。因此，哀婉的情绪由此而生，也就产生了艺术中各种挽歌体形式。德裔美国学者 E. 潘诺夫斯基在《视觉艺术的含义》第七章中也专门谈了视觉艺术中的挽歌体传统：《阿尔卡迪也有死神》普桑与挽歌体传统。普桑的阿尔卡迪题材的画面与死亡主题有关。温情的尚古主义也是这种哀婉的体现。

"人类的遭遇和神化的完美仙境是不协调的。这种不协调，一旦为人所感觉，就必须加以解决。它是在悲哀和薄雾般的平静中、混合中得到解决的，维吉尔个人对诗歌所做的最大贡献也许就在于此……我们看到的再也不是赤裸裸的现实，而是罩上了一层或是由希望或是由回顾的情感构成的温柔而绚丽的雾霭。"①

二　风景画

"诗意人类"意味着让更多的客体——物质自然变成风景，变成有生命、有精神韵味的自然。艺术家的风景画在艺术与生活的融合中可起到引领作用。当作为一种生命、一种精神象征的自然被再现于绘画时，这种生命性与精神性就被艺术家满怀深情的心灵与眼睛凝固了。在再现性艺术的种种类别中，风景画是人的心灵与自然交融的结果，也是最富有诗意的品种之一。风景画在最直观的层面上展现了原貌的自然，其既是大自然又是人的眼睛与心灵，也代表了人的精神愿望。在风景画里，自然的广阔、深邃与无限，自然的永恒面目被展现了出来，同时又包含了人渴望自由、无限与永恒中的那份孤独与伤感。

诗人里尔克曾专门写过几位风景画家的评传，他在《艺术家画像》导论中说：

"另一些人则不想放弃失落的自然，而是追随它，设法有意识地和全力以赴地再度接近它，像童年时代那样，虽然并不十分了解它。大家明白这些后者是艺术家，即诗人或画家，作曲家或建筑师，从根本上来说，他们是些孤独的人，这些人，当他们转向自然的时候，与过时的事物相比，他们更喜欢永恒的事物，与暂时有根据的事物相比，他们更喜欢具有深刻感的规律性的东西，这些人，由于他们

---

① ［美］E. 潘诺夫斯基：《视觉艺术的含义》，傅志强译，辽宁人民出版社 1987 年版，第 347—348 页。

无法说服自然来关心他们，所以他们认为自己的任务便是把握自然，使自己千方百计深入到自然的伟大联系中去。与这些个别的孤独的人一起，整个人类接近了自然。这不是艺术最后的，但或许是最独特的价值，这种艺术是一种媒介，在这种媒介里，人与风景、形象，与世界走到一起来了。"①

自然风景有自己的精神基础：按照基督教的思想，自然是上帝创造的，自然虽然是被造物，也体现了神性，风景是自然的一部分，尤其在自然神论或泛神论或万物有神论者眼里，自然风景成了神性的折射与写照。泛神论这个词来源于古希腊，希腊文"pan en hen"的意思是"一切都在一之中"。这就让自然成为真正的主角，而不再是背景或布景。风景画家们真诚地、虔诚地探索自然的内在生命。

风景画起初只是作为人物画的背景。从 15 世纪开始，风景画走上了独立的道路，成为独立的画种，但在艺术上真正达到成熟要到 17 世纪的荷兰。维米尔、霍贝玛对风景画的发展起了推动作用，包括海景、夜景与街景等。同时意大利的画家还描绘了心中恬淡的田园风景。到了 18 世纪，浪漫主义兴起，风景画有了快速的发展。对大自然的热爱是浪漫主义的特征之一，在诗歌中，英国有华兹华斯，他被称为自然诗人，讴歌大自然的神圣，这种倾向也延伸至绘画领域，出现了康斯泰勃尔和透纳的风景画，他们使风景画得到决定性的发展。到了 19 世纪，法国出现了现实主义的风景画家米勒和柯罗，以及后来的法国的印象主义画家莫奈。

泰奥多尔·卢梭是法国巴比松画派的领袖人物。他具有诗人的气质，他的画表现了晨光暮色的幽密的梦境，表现大自然深层的灵韵。他能够凭借其细微的同时，又富有穿透力的感觉，捕捉自然背后的内在的生命以及超自然的精神韵味。在他的《橡树》《有船夫的风景》等画中，我们看见了画家内在的精神世界，体会到了画家内

①［奥］赖纳·马利亚·里尔克：《艺术家画像》，张黎译，花城出版社 1999 年版，第 7—8 页。

心富有诗意的情感，在那份情感里，既有离开人群之后的孤独，又有远离尘嚣之后的宁静，他说："我愿永远这样地生活在寂静之中。"从他的画中我们既看到了画家的憧憬、渴望与内在生命，也看到了自然那种深邃的丰富性。本来安于宁静与孤独就是风景画家的天性，在那份天性里，蕴藏着对自然的向往，蕴含着与自然共生共鸣的态度。《橡树》《河边的风景》《风景》等，背景都是辽阔的天空、广阔的草地和明亮的天光。

另一位巴比松画派的领袖人物是米勒，他的代表画作不是纯自然风景，而是将自然的乡村生活、自然风景与质朴的人物融于一体。关于他的代表作《晚祷》，评论家保罗·格塞尔评论说：

"田野的中央。一个年轻的农人和他的妻子刚刚结束他们一天的劳动。手推车上装着几袋土豆。黄昏的薄暮悄悄降落大地。天边有一个村庄，教堂的塔尖和农舍的屋顶在渐渐浓重的暗色中依稀可辨。突然，老远的晚祷钟声在宁静的空气中徐徐飘来。万籁俱寂，在场的两个人站着，沉浸在宗教的默想之中。男的，光着头，两只做累了的大手捧着帽子，笨拙地站着；女的，虔诚地合着双手，两人都低着头。他们的外形多么寒酸粗俗！瞧着他们，你会以为他们俩和粘住他们的木屐的土地是浑然一片。然而，在黄昏的寂静之中，他们的衬着夕阳余晖的黑色剪影，主宰着景色。大自然世界渐渐融化在夜晚的越来越深的阴影中，不再以其无边无际压倒他们。他们不再是两个穷苦、孤独的人，而是以祈祷充满宇宙的两个灵魂。"①

19世纪俄罗斯的风景画也很出名，代表人物是伊萨克·伊里奇·列维坦等风景画家。列维坦被称为俄罗斯抒情风景画大师，契诃夫称他是俄罗斯伟大的独树一帜的天才。列维坦的主要风景画作如下：《索柯尔尼基的秋日》《暮色》《晚钟》《深渊旁》《清风》《金

---

① ［美］亨利·托马斯、达纳·李·托马斯：《大画家传》，李明毅、唐伯祥译，四川人民出版社1983年版，第226—227页。

色的秋天》《雾蒙蒙的秋天》《桦树林》《墓地上空》《弗拉基米尔路》
《河上的夏日黄昏》《乡村的月夜》《寂静》《夕阳的余晖》《夏日的傍
晚》《暮色中的草垛》等。对秋天、黄昏、夏日的傍晚与暮色、教堂
的钟声、河流、孤零零的路等有着浓厚的兴趣，这些被描绘的对象
背后都笼罩着深深的寂静。他对寂静的主题或基调深为迷恋。诗意
和寂静的、空灵的感觉本来就紧密相连，和自然的那份原初的原始
性相连，在那份寂静与空灵里蕴含着通向无限、永恒与统一的隐秘
之路。

三　城市与生态雕塑

现代雕塑在艺术与生活的融合中也能发挥重要的作用。雕塑中
的精神蕴含会潜移默化地影响一个城市居民的内在的精神风貌，
或许正因为如此，才有人把城市雕塑称为"城市灵魂"。雕塑对一
个城市精神方面的塑造也很重要。城市雕塑不仅是一个城市文明
与文化的标志，更是艺术与生活融合的一个重要的中介与象征。
最典型的是美国纽约的自由女神像，它是精神的写照，暗示着生
命的深层追求。

"诗意人类"意味着种种具有精神性内涵（比如自然意识与神圣
意识等）的艺术与生活有了更多的交融，有了更为自然的相互渗透。
生态雕塑就是这么一种艺术类别。生态雕塑近年来和世界各地的城
市生活有了更多的融合。因为生态危机已经深入当代人的生活与感
受，大气的、水体的污染越来越严重，还有土地的沙化、海洋的危
机、绿色植被的缩减、动物物种的濒危等。随着生态危机的加重，
人们具有了新的生态理念，这种新的理念同环境伦理等融合在一起，
并成为新时代人们生活的一个重要显现与追求之一，成为新时代精
神的展现。

生态雕塑也成了城市环境的一部分。生态理念也影响了人们的
雕塑艺术意识。在许多具有理想的诗人、艺术家看来，一些城市雕

塑是资本、金钱与世俗的体现，是人精神异化的展现。而原来的城市雕塑主要以展现文化精神为主，最典型的有美国纽约的"自由女神像"。它是美国独立日时，法国送给美国的礼物。这个自由女神像不仅是美国独立的象征，更是美国文化与精神的象征。但现代城市雕塑，也可以叫公共雕塑，其生态倾向变得越发明显。这是体现人与自然共生共在的绿色理念。

不少雕塑家从大自然之中汲取创造的养料。把自然形象引入商业频繁、技术密集、人群拥挤的都市，以期给人带来心灵的安慰。随着现代主义雕塑运动的兴起，从英国的现代雕塑家亨利·摩尔开始，雕塑开始兴起了回到自然的潮流，不少雕塑家开始从自然中获取灵感。带来了和时代倾向吻合的环境雕塑或生态雕塑。

这种雕塑从人造的架上空间走向自然环境。除了人体之外，他喜欢从贝壳、树根等生物形象中寻找雕塑的对象，他的作品常常有力地表现了动物的活力与生机。他把那些雕塑安放在蓝天白云之下，放在土地之上，结果那些作品似乎就像自身在生长一样，并和大自然的那种深邃的气息融合在一起。生态雕塑的材料不再以石头、金属为主，人们开始用麻、棕、绒、布、棉、纸等软性的纤维材料做雕塑，甚至利用各种废弃物、垃圾作为雕塑的材料。再一个就是雕塑依托自然环境。在形态上是融入自然、融入大地的。从内容上，也指向大自然的形象，植物、动物等都成了展现的对象。

这种生态雕塑有时也是一个城市文化的象征性雕塑。丹麦哥本哈根的小美人鱼铜雕像，铜像高约 1.5 米，基石直径约 1.9 米，位于哥本哈根市中心东北部的长堤公园。这个人身鱼尾的美人鱼坐在一块巨大的花岗岩上，有时会觉得她恬静娴雅、悠然自得，但有时也会觉得她神情忧郁并正在苦思冥想。雕像是丹麦雕刻家爱德华·艾瑞克森根据安徒生的童话故事《海的女儿》雕塑的。

后现代主义和现代主义有密切的关联，是现代主义内部的一种反叛——对现代主义纯理性的逆袭，终日面对理性的、冷漠的设计风格人们感受到了压抑，而对于具有人性色彩的、情感意味较浓的风格有着深层的渴求，生态雕塑就是这种情感回归的一部分。现代主义与后现代主义在风格上更是两个极端，但在诸多方面互有异同。

第三节　诗意与表现性艺术

一　人格完成与流动之诗

在孔子心中，诗与乐是一体的。人格的完成、存在的境界都和音乐相关，所以他才提出"成于乐"的思想。音乐与生活的合一与会合是孔子关于人的完善的重要思路之一。为什么孔子这么重视音乐呢？这是由音乐的特性决定的。音乐——尤其是古典音乐或古典色彩强的音乐——其音乐精神是富有诗意的，这种带有诗性的精神被着力显现。这体现在两个方向上，一个是自然方向，在不少古典音乐中自然的精髓与气息被表现。那些具有诗意情怀的音乐家们常常用音响展现他们心灵中浮现的风景与田园。以《四季》为题的音乐作品就很多。还有关于星空，关于大地与森林，关于春天，关于田园，关于牧草与河流，关于乡村，关于土地与树，关于午后的细雨，关于雪，等等。在音乐中的自然意象是被精神化了的，甚至是被神性化了的。音乐中的自然是精神的某种象征。音乐的诗意体现在它对自然深邃一面的传达上。

富有诗意的音乐精神更体现在另一个方向上，音乐的核心处弥漫着难以言传的神圣的气息，可以说高层次的音乐作品无不带有神圣色彩与味道，并因此打动了人的内在心灵。音乐滋养灵魂的功能和音乐中的神圣要素，或音乐的神圣维度相互联系在一起。这种音乐中富有诗意的神圣性不是单面的，不是被割裂的，其通常与自然气息以及人的自由感融合在一起。这种音乐有助于心灵的安详、宁静及宁静中的充实。这种音乐富有灵魂感。灵魂追求单纯性（所谓的"守一""守道"等）、持久感（或永恒性）以及通向无限与远方的自由气息与氛围，用后现代的文化标准来看，其也呈现出守旧与保守的特点等。

古典音乐本来就与灵魂更为接近，具有滋养灵魂的功能（与这种追求神圣方向与神圣要素的音乐相反的是音乐的感官功能。有助于感官的波动——刺激、兴奋、娱乐等。感官追求多样性、短暂性、新颖性）。好的音乐作品最适宜表达诗性精神。柏拉图就曾把哲学称为灵魂的音乐。音乐尤其适合展现精神或内心的神圣性方向，尤其是在古典音乐里。

音乐与生活的融合是"诗意人类"的重要方式之一。这种融合可以与现代教育结合在一起，可以与公共仪式、公共庆典等融合在一起。西方文化因为要培育公民的宗教精神与完善独立的人格，所以一直重视音乐。孔子对音乐也很着迷，并提出了成于乐的思想。成，就是指人格的最终完成，人格的完整性、人的存在的圆满最终在音乐中得到实现。在孔子看来，归根结底，人格的核心是人的灵魂，而人的灵魂的显现与音乐有关。一个国家政治状况的好与坏也能从其音乐中听出来。著名的宗教改革家马丁·路德也同孔子一样，是一位热诚的音乐爱好者。关于音乐，他说：

"它使人变得更柔和、更温良、更端庄和更理智……'因为我们的天主已经向生活、向本来是一座喧闹穷困的住宅，倾倒了如此高贵的礼物，并把将在那永恒生活中发生的事情赐给了我们，在这种情况下，一切都将变得最完美和最欢乐。但这只是物质上的优美，只是个开端。'我任何时候都喜爱音乐。由于非常情况，必须把音乐保留在学校之中。一个学校里的教师，必须会歌唱，否则我并不看重他。"①

诗意有一个重要方向就是神圣维度。诗意是对神圣精神的呼唤，也是其动人的显露。

---

① 李妲娜：《世界音乐教育集萃》，漓江出版社1991年版，第1页。

格里高利圣咏也叫素歌，公元 6 世纪末罗马教皇格里高利为了统一教会仪式中的音乐将教会的礼仪歌曲、赞美歌曲等收集整理成一本《唱经歌曲》（圣咏）共有三千多首，这被后人称为格里高利圣咏，圣咏的音乐风格是纯粹、庄严、肃穆、超脱的，虔诚而宁静，虽然也含有一种内在的热烈，其很少有多余的变化音与装饰音，旋律简单、简朴，速度舒缓，音域很窄，追求的是接近上帝的声音。

追求神圣精神或者说神圣精神贯穿整个音乐。西方音乐是由格里高利圣咏发展而来的。格里高利圣咏是西方音乐的根基。现在所讲的西方音乐、西方古典音乐、古典音乐基本上是同一个概念，包括了巴洛克、古典、浪漫主义、现代主义等时期。西方音乐的创作原则就是遵循国际化、通式化、普适性，全世界人都能理解，相对而言像中国、日本却重视突出自己的民族性。古典音乐的集大成者，德国音乐家巴赫的音乐主要是宗教性的音乐。西方的古典音乐，特别是文艺复兴之前的古典音乐与宗教的关系密切。但在东方的文化发展过程中，音乐一直没有成为表达宗教情绪或宗教思想，从而成为完善人格的主要工具。

二　现代舞蹈

舞蹈与生活的距离越来越近了，各种现代舞蹈都在贴近生活。但舞蹈精神不会因此消失，舞蹈中的诗性的一面不会消失，而是通过新的舞蹈形式与生活融合在一起。舞蹈精神或舞蹈的诗意是通过那些伟大的舞蹈艺术家的舞蹈实践显现出来的。伟大的艺术家通常都尊重自然，把自然当作自己灵魂的依靠，当作生命与创造的动力和源泉，同时伟大的艺术家都有朝圣者的一面：虔敬地面对自己的终极信仰，虔敬地面对具有永恒、绝对与无限色彩的精神事物。伟大的诗人、音乐家、画家都是如此，伟大的舞蹈家也是如此。

美国的舞蹈家邓肯说：

"我的灵感来自于树木的摇曳、波浪的翻滚、飞雪的飘动，来自于激情与风景之间、温情与微风之间的联想，等等。我始终赋予舞蹈以得自天然的延续性，而大自然的一切就是因为有这种延续性才显得美妙而有活力的。……凡是伟大的艺术大师都懂得，具有真正价值的、无比崇高的典范就是大自然……在我看来，舞蹈的目的是要表现人类灵魂中最崇高也是最内在的各种情感，即那些来自于神祇——太阳神、森林神、酒神、爱神，并活跃于我们心间的情感。舞蹈必须为人生带来和谐之感。"①

"杜丝的精神上升到惊人的高度，可以说，她已成为宇宙运动的一部分。个人不再表现为个人，而是演化为星辰的运动。这就是宗教在舞蹈中的最高表现，……我们必须牢牢记住，舞蹈有两种，神圣的和世俗的。关于世俗的舞蹈，我不想说它是邪恶的，我只想指出，这种舞蹈所表现的不过是肉体的存在与感官的兴奋。至于神圣的舞蹈，它所表现的则是精神要求超越世间万物的崇高的向往。"②

她在多处谈到自然对舞蹈的伟大意义，同时她又反复强调舞蹈的神圣性。在她看来，自然与神圣是舞蹈秘密之所在，这两个侧面也是她论述舞蹈的关键。但这种舞蹈精神也需要生活化场景去显露、去展现。舞蹈与生活的结合是舞蹈获得生命的途径；舞蹈的生活化也是一个趋势，舞蹈与生活的结合或许也更有利于舞蹈精神。舞蹈虽然生活化和生活打成了一片，但舞蹈深处的那份自然与神圣的精神犹在。富有灵魂的优秀的舞蹈依然会表现出诗意特质。现在好多女性在练印度的瑜伽健美身体。其实印度的瑜伽也算是一种舞蹈，是更加自然、更加舒缓、更加沉静的舞蹈。

这种舞蹈的哲学之根在哪里呢？在《瑜伽的基础》中，被誉为印度圣哲的室利·阿罗频多说：

---

① ［美］伊莎多拉·邓肯：《邓肯论舞蹈》，张本楠译，九州出版社 2006 年版，第130—131 页。
② 同上书，第 154—155 页。

"我们这瑜伽，要求将人生全部，奉献于对'神圣真理'之发现与成为一体的企慕，而不为其他。将你的生活划分为二：一分与'神圣者'，一给予某种外表目的与活动，与寻求'真理'无关，这是不可容许的。最微小一点这样底划分，便使人不能在这瑜伽中成就了。"①

"'神圣显示'的方法是平静与和谐，而非由一祸乱似的突起。"②

三　教堂、神殿与陵墓

在艺术与生活的融合中，作为神圣精神象征的教堂与神殿等也可以发挥作用，这也是灵魂化人类的一种方式。随着社会世俗化的演进，现代建筑实用指向也越来越明显，日渐成为人们纯世俗生活的一部分。但在历史上，建筑也曾是表达性的，是人类精神的外泄与流露，甚至是人类单纯感觉的自我表达，但这种纯自我表达式的建筑风格在后来也被理性、简明的实用风格替代了。就现代社会整体的建筑情形来看，一般民居更是以实用为目的。这也和我们整个的生活日渐理性化相关。但那些作为我们深层精神传达的建筑是十分重要的，它可以潜移默化地影响我们的思想感情，影响我们的生命感觉。

艺术与生活的融合也包括这些作为某种精神象征的建筑融汇于我们的生活中。

诗意化的建筑和实用性指向无太大的关系。所谓的实用性通常是指向我们感官的方便性，而建筑的诗意则是和其超越性的指向相关，这类建筑通常具有一种超自然的精神倾向性。超自然的积极向上的精神蕴含在整个建筑之中，并因此具有了一种神圣的气息。陵墓的建造和人们的死亡观念有关，和人们对死亡的态度、对死亡的理解相关。对死亡的理解诗意化意味着把死不是看成生命的终结，

---

① ［印］室利·阿罗频多：《瑜伽的基础》，徐梵澄译，华东师范大学出版社 2005 年版，第 21 页。

② 同上书，第 51 页。

而是把其看成另一种生命的开始。古埃及金字塔对死的诗意化就鲜明地体现了这一点，这里死不再是单纯的、自然残酷的事件，这种建筑的建造也使死变得富有了精神性的气息与韵味，因为其连接着不朽的、永恒的精神。

对死亡与神性的领悟与理解很重要。人如果不了解自己肉体生命的极限很难让精神获得自由。人如果不了解纯粹的绝对神性的一面，人也不可能真正理解自身的有限短暂与残缺。或许就是因为这点，雅斯贝尔斯才说：哲学就是认识死亡，哲学就是走向上帝。其实不仅是哲学，对整个的存在而言，对死亡的认识与态度、对神性的理解与感悟都是异常重要的。不认识生命的终极背景，人就不可能在现实存在中获得超现实的精神上的自由，不认识纯粹的绝对神性，人也不可能对人自身的种种有限性的方面有着深沉、深刻的认识与领悟。

和死亡相关的有陵墓，和神性或上帝相关的有神殿与教堂。

金字塔是最具有代表性的陵墓，其是古埃及奴隶制国王的陵寝。这些统治者在历史上称之为"法老"。古代埃及人对神的虔诚信仰，使其很早就形成了一个根深蒂固的"来世观念"，他们甚至认为人生只不过是一个短暂的居留，而死后才是永久的享受。因而，埃及人把冥世看作尘世生活的延续。受这种"来世观念"的影响，古埃及人活着的时候，就诚心备至、充满信心地为死后做准备。每一个有钱的埃及人都要忙着为自己准备坟墓，并用各种物品去装饰坟墓，以求死后获得永生。

在后来发现的《金字塔铭文》中有这样的话："为他（法老）建造起上天的天梯，以便他可由此上到天上。"金字塔就是这样的天梯。同时，角锥体金字塔形式又表示对太阳神的崇拜，因为古代埃及太阳神"拉"的标志是太阳光芒。金字塔象征的就是刺向青天的太阳光芒。因为，当你站在通往基泽的路上，在金字塔棱线的角度上向西方看去，可以看到金字塔像撒向大地的太阳光芒。《金字塔铭文》中有这样的话："天空把自己的光芒伸向你，以便你可以去到天上，犹如拉的眼睛一样。"后来古代埃及人对方尖碑的崇拜也有这样意义，因为方尖碑也表示太阳的光芒。

"哥特式也在向我们讲述它那个时代的故事。哥特式建筑充满了活力、希望与奔放的情感；它是积极的、振奋人心的和无拘无束的。……'完全被征服，它被超自然的精神力量托起来'……研究宗教史或艺术史的学者如果能深入到这种足以在人类艺术史上建立一个里程碑的汹涌澎湃的生活和激情之中，肯定会获益匪浅。"①

哥特式教堂建筑具有鲜明的特点：形体向上的动势十分强烈，用高耸入云来形容最为合适，旨在制造出灵魂腾越升华的对应物，轻灵的垂直线贯穿全身，顶上都有锋利的直刺苍穹的小尖顶，建筑局部与细节上端都是尖的，整个教堂处处充满了向上的冲力，意在引领人们的心灵摆脱尘世种种羁绊，一心一意地向着天国。这种高、直、尖和具有强烈向上的动势，直接地体现了那个时代特有的一种精神，弃绝虚幻的物欲尘世，向着最神圣的方向与地方靠近，那个神圣的充满光明与阳光之地是非尘世的，是上帝之国。置身于教堂之内，人们就能感受庄严、肃穆与神圣之感，有人把这种耸入云霄的哥特式教堂建筑称为立在空中的圣诗，回荡在天际的音乐。西方著名的大教堂有：法国的夏特大教堂，巴黎圣母院，圣特提恩修道院，德国的科隆大教堂，英国的威斯敏斯特教堂，意大利的米兰大教堂，意大利的圣莫特教堂等。

第四节　诗意与综合性艺术

一　公共仪式与典礼

艺术与生活的融合也体现在公共仪式的打造上。同一般私密生

---

① ［美］冯·O. 沃格特：《宗教与艺术》，金仲、何其敏译，四川人民出版社 1999 年版，第 265 页。

活相比，公共生活是一种人们可以共同分享的生活。公共生活方式在很大程度上延续了文化的种种特性：风俗、习惯与传统。当代文明扩大了私人生活的空间，尤其是扩大了隐秘的私生活的空间，这也使得公共文化经验的分享成了一个问题。当代文明下的公共生活也日渐世俗化，公共生活中的精神方向及其体验（尤其是具有神圣感的方向及其体验）的日益欠缺。但那种精神上的共通性、那种分享分担的精神需要又是不可或缺的。"诗意人类"意味着加强公共文化经验中的内在精神的分享，使那种分享变得更具有"灵韵"，更具有"意味深长"的特质。

公共仪式的打造对建立这种公共生活很重要。这就意味着创造出一些象征性的仪式、气氛，并将有价值的宗教元素融入这种公共生活之中，改造那种公共生活完全世俗的性质。这同时也就意味着那种公共生活会和人类更为深邃的、更为稳固的根基性的精神力量发生了某种关联。这种关联既具有诗性意义，也具有接近宗教的精神意义。这种公共仪式一般具有宗教般的氛围。

当然也包括各种宗教仪式。中国的文化传统缺少严格意义的信仰，但具有宗教性质的仪式种类还是蛮多的。这些具有精神意义的仪式是使我们的存在变得有韵味的方式之一，这也是诗性化人类生活的方式。有祭天仪式、祭地仪式等，还有祭祖仪式、死亡仪式等。

英国哲学家怀特海说："宗教是一种净化人内心的信仰力量……是有关人内在生命的一门艺术和一套理论。"① 在中国祭祖也是具有宗教性质的。"祖先祭祀拥有造成共同体统合的意义。如果那种祖先祭祀能够满足人民死后安心这一要求，那种统合大概也就是来自人民的内心深处。现在处于危机中的国家所要求的就是那种人民的统合。教给生者死后灵魂的归宿，给予民心以终极安宁的鬼神祭祀论

———————————

① ［英］怀特海：《宗教的形成，符号的意义及效果》，周邦宪译，贵州人民出版社2007年版，第2页。

（神道），是由圣人设立的安天下之民的最良之教。"①

关于公共仪式的精神意义，不少人类学家都曾有过论述。

英国著名人类学家维克多·特纳是象征人类学（或符号人类学）的开创者，写过《象征之林》，也写过《仪式过程》一书。作者似乎认为，仪式在人类社会中不存在，是人类社会中带有永恒感的充满象征性的戏剧（他对人类社会中的戏剧敏感，也确实写过《戏剧、田野与隐喻》《从仪式到剧院》两书），这种戏剧从原初的部落社会，到当今的高技术社会。从一种状态到另一种状态之时，一个群体总会出现某些变化，伴随着这些变化的是仪式。那些变化了的状态可以使整个部落卷入战争，也可以是为扭转种种灾难性或种种群体性生命危机等所举行的仪式。②

这一充满象征感的、带有神圣意味的戏剧也体现在人类社会中的各种礼仪上，尤其是和人的生命相关的关键性的过渡礼仪上。对此，法国人类学家阿诺尔德·范热内普曾专门写过一本叫《过渡礼仪》的书。他在书中的观点是：人生中的出生、成人、结婚、怀孕、死亡、季节性转换、地位变化等事件，往往会以过渡礼仪加以标志。在本书的第二章，他专门讨论了地域过渡，在这一节里他讨论了边界线、过渡之禁忌、神圣区域、门槛、过渡之神灵、进入礼仪等环节。③

祭天仪式是更富有诗意的类型。这里有大自然的气息，这里的自然不是物质意义上的自然，而是生命意义上的、精神意义上的自然。有神圣的气息，这种气息是通过宗教仪式过程被领受的。在西方尽管传统意义上的宗教日渐衰落，但在种种宗教传统仪式中，那份绝对的韵味、无限的永恒的感觉依旧存留在人们的内心，常常以

---

① ［日］子安宣帮：《国家与祭祀》，董炳月译，生活·读书·新知三联出版社 2007年版，第 91 页。

② ［英］维克多·特纳：《仪式过程》，黄剑波、柳博赟译，中国人民大学出版社 2006 年版，第 171 页。

③ ［法］阿诺尔德·范热内普：《过渡礼仪》，张举文译，商务印书馆 2010 年版。

灵魂渴求的方式或隐或显地流露出来。解放神学运动还给人们带来了自由气息。在仪式中人如果感受到宗教压抑，那么那种神圣的气息或许还是神圣的，但已经远离能给人的体验带来澄明感的诗意的神圣性。

还有各种庆典也是属于精神性仪式的种类。庆典是各种庆祝礼仪仪式的统称。一般用于重大的场合，其风格一般属于热烈而庄重的，都有一定程度的隆重性。庆典一般用于喜庆的场合，有庆典音乐等。在中国有春节序曲、迎宾曲等。人生成长中的庆典：婚礼庆典、节日庆典。庆典一般也都具有仪式性，但有些仪式没有庆典的性质。

二 栖居—园林化环境

海德格尔提出了诗意地栖居的思想，"栖居"当然也包括了居住的环境。让环境园林化是使存在诗性化的方式之一。现代人的美好的意识感觉日渐和环境的诗意感联系在一起。园林艺术是人类最古老的艺术形式之一，也是和人的生活最息息相关的艺术形式。园林艺术从形式上看是人工与自然的结合，但实质上又和人们的哲学观念紧密联系在一起，不同的哲学观念或文化观念会影响园林的创造。

早期的园林通常以自然为核心，这和当时的自然文化相适应。德国古典哲学家黑格尔在他的美学著作中认为：园林有两种类型，一类是按绘画原则创造的，另一类是按建筑原则创造的，因而必须把其中的绘画原则和建筑的因素分别清楚。前者力图模拟大自然，把大自然风景中令人心旷神怡的部分，用富有艺术的方式结合起来，形成完美的整体，这就是园林艺术；后者则用建筑方式来安排自然事物，人们从自然取来花草树木，就像一个建筑师为了营造宫殿，从自然取来石头、大理石和木材一样，所不同者，花卉树木是有生命的。用建筑方式来安排花草树木、喷泉、水池、道路、雕塑等。

在中国的传统中，园林意境的概念与山水画韵味相连，和道教、佛教思想相连。

东方的园林受佛、道思想影响较大。中国的古典园林受中国道家天人合一的哲学思想以及佛家禅学的影响。日本的园林（以枯山水为代表）也是受到佛教的一个支流——禅宗——的影响。这就使得东方的园林具有悠远、空灵的气质。中国的古典园林还受中国唐宋的山水写意画的影响，这就是说园林与山水写意画一样，核心还是在淡远的、富有韵致的"意境"里。园林艺术的意境同中国山水画的意境，在实质上是相同的。

我们以苏州园林为例。苏州园林最大的特点是借景与对景在中式园林设计中的应用。中国园林讲究"步移景异"，对景物的安排和观赏的位置都有很巧妙的设计，这是区别于西方园林的最主要特征。苏州园林则以小巧、自由、精致、淡雅、写意见长，更注意文化和艺术的和谐统一，因而发展到晚期的皇家园林，在意境、创作思想、建筑技巧、人文内容上，也大量地汲取了私家花园的"写意"手法。

在东方的园林中经常使用"空白"手法写意，这种空白恰恰意味着一种通往无限与永恒的气息与韵味。园林精神方面的本质说到底还是我们在本书里经常提到的诗意的两个方面：自然的气息以及通向无限与永恒所带来的神圣的气息。在东方的园林中——比如日本——常常表现出对世俗的现实世界的淡然，表达出具有东方宗教倾向的枯寂与哀怨的风格。

"这座庭园的空白空间，像寂静一样吸引着观赏者的心灵，使它解除烦琐的缠缚，并作为一种视觉上的向导——透视众生界的一种利器。"①

在人类历史早期，受建筑设计、建筑材料等因素的影响，园林主要以自然为主，园林意境也主要是通过自然来体现的，随着人类

---

① ［日］铃木大拙等：《禅与艺术》，徐进夫译，北方文艺出版社 1988 年版，第 23 页。

文化各个方面的发展，园林意境发生了一些改变：向以建筑为主体的方向转变。

那么东方园林与西方园林的区别究竟在哪里？西方园林确实也有自己的特色。中国的园林讲究意境，体现了更多诗意，贴近大自然，这种讲究空白与空灵感觉的山水画风格是西方园林无法领悟的。就像中国的山水写意画与西方的绘画有很大的差别一样。东方的园林意境也像东方的古典诗歌一样，具有微妙的暗示性与含蓄性。这是一种东方的基于审美静观与空灵观的韵味。从大的方面来说，这是中国文化与西方文化的不同造就了其在园林艺术方面的差异。西方的古代、中世纪、意大利复兴时期的园林，法国古典园林，现代时期都有所不同。有人概括西方园林与东方园林的差异体现在几个方面：人化自然与自然拟人化；形式美与意境美；明晰与含蓄；入世与出世；维理与重情等。随着世界文化交流的加深，园林的交融趋势也变得明显。可以设想，在未来的人们的生活中，在园林艺术与生活的融合中，更多跨文化的艺术风格在园林中也会有明显的体现。本来自然是一体的，近几十年来，返回原貌的自然成为一种文化风气，而这个理念恰恰是西方文化倡导的，这也就是说西方也是重视原本的自然的。而在园林的创造中形式与意境、明晰与含蓄、出世与入世、理与情等也是不可截然分开的园林一体的两个面。

三　艺术与生活的融合

"诗意人类"的方式之一就是让富有诗性的艺术与我们的日常生活融合起来。在这种融合趋势中，每个人在某种程度上都可以是艺术家，应该说都可以是富有诗意的艺术家，只要他的生活在自然的航向上航行，并和有生命的精神的自然有某种程度的精神性交流，只要他的生活具有内在的、超验的色彩，并捕捉到了一些神圣的精神之光——比如在爱情甚至婚姻中——那么他就是富有诗意的准艺术家。这里所谓的艺术主要不是指向形式方面，而更多意味着"灵韵"的营造与谱写,即精神性韵味、气氛与气息的创造。

艺术与生活的融合本质是使生活内在化并带上某种超验色彩,是使生活具有一种精神性韵味与气氛。显而易见,我们这里讲的艺术与生活的融合不同于流行的所谓的日常生活审美化问题,与其甚至在某种程度上是对立的。所谓日常生活的审美化主要还是为种种感性权利辩护,反对以理性或灵魂压制感性幸福,日常生活的审美化更多和趣味的民主化、大众化、市井化联系在了一起,和现代消费联系在一起,也可以说这是为了把审美"俗化"。随着美的含义感性方向与内容的不断扩展,现在似乎越是世俗的事物就越"美",就当代社会生活的实际情形来看,这种意义上的被"审美化"在某种程度上常常也就演变成被"俗化"或被"世俗化"。

"诗意人类"倡导人们将生活更多地内在化甚至超验化。艺术与生活的融合意味着要把生活自然化,与自然有着更多地沟通与交流,让自然元素更多地渗透到我们的生活中来,这里的"自然"不是客体—物质意义上的自然,而是富有精神性生机的自然,是生命—精神意义上的自然,是精神—超验意义上的自然,是能唤起人们心灵感觉的自然,而不是和感性娱乐、感性追逐或现代消费相对应的"自然"。而所谓能唤起人们的心灵感觉则意味着,艺术帮助人们从生活中找回一些带有永恒色彩的精神之光,让本来就卑污的现实生活带上些许自由的气息与神圣色彩。

这不是空想与乌托邦。比如通过公共文化与公共仪式,人们是可以找回旧有的精神性记忆的。通过风景画、城市与生态雕塑,通过与生活相融的舞蹈、音乐、教堂,通过园林等,人们就可在潜移默化之中感受到某种精神性,就可以和生命的原初有几分朴实的沟通,就可以让人们感受到自然富有灵魂性的一面,并在某种程度上医治现代人的焦虑与焦躁,大自然之所以是灵魂向往之地,是因为大自然本身就是富有生命—精神的。富有诗意的艺术促进了我们沉思,让我们的想象力在宁静与澄明之中静悄悄地飞翔,让我们的心灵得以和最深邃的事物交流沟通。

当你在城市的一角听《田园交响曲》时，当你在飞机场候机厅一旁的书店里拿起一本里尔克的诗集，当你的目光掠过你所在城市的那个城市雕塑，当你参加完一场带有神圣色彩的婚礼或葬礼，当你被巨大的风景画迷住，驻足其下专心欣赏之时，当你在无意之中看到练瑜伽的一群女生，你都能感受到艺术与生活融合后的那份诗意。富有诗意的艺术可以静静地、缓慢地安慰并哺育你内在的心灵，你的内心偶尔会兴起或大或小的精神波澜，随着岁月的积累，周围的这些潜在的艺术影响会塑造你的内心，并赋予你或许是难以察觉的精神性生机。

第九章　诗意语言对存在的渗透

——以文字诗歌为例

　　"诗意人类"意味着诗意化语言对人类存在的渗透。德国哲学家海德格尔把语言称为"存在之家"，可见语言对人类存在的重要性。我们可以从人的语言或语言表达里，判断出那里的人们的生活状态及其精神状态：语言最直接地显露出一种存在的风貌。当今人类的存在由于受到科学、工业技术与商业等的影响，各个方面都全面地向理性化方向倾斜，这也包括我们的语言表达。我们的语言表达及语言系统有失去诗意魅力的危机。一方面随着网络文化的兴起，语言变得越来越随意、越来越杂乱，这些语言通常并无多少诗意可言。另一方面我们的语言系统似乎也变得越来越规范、越来越抽象、越来越成为工业化的语言的一部分，这种语言只强调其精确性与实用性。

　　各种类型的工业化语言不能给人的存在带来充实、意义、和谐感与美好感，标准、干枯与僵死是其特点。"诗意人类"需要诗意语言对人类存在的渗透，并在一定程度上恢复语言的诗性魅力。但诗歌语言不同于诗意语言，这尤其需要做出区别，虽然它们之间有不少重叠之处。在某种意义上可以说，诗意状态具有一种前语言的性质。诗意语言表达更接近存在于体验中的原初性，或者说富有诗意的语言是通过语言创造出来的诗意韵味与诗意世界。从现代的基于科学的语言分析哲学的角度来看，用词语去表达一种不可言说的存在或精神状态，这本身就含有悖论。用语言符号描绘无客观对象的、难以描绘的、神秘的存在状态，这是不可思议的，但恰恰是这种看似悖论的处境体现了诗意语言的神秘性、难以言传的特点。

第一节　诗歌语言

人们很容易把诗歌语言混同于诗意语言，其实两者是不同的。诗歌语言属于文学语言，但其又不同于一般文学语言，也不同于一般的文学言语。它比一般的文学语言更精练、更含蓄隽永或更直接，但同诗意语言相比，诗歌语言可以更偏重私人性质，可以只是隐秘的私生活或内心的展现，可以不触及语言共同体的共同认可的不变的东西（比如对某种精神理念的触及等），即可以带有纯私人言语的色彩，一般的私人言语也可以成为诗歌语言，但这种私人言语类的诗歌语言却很难成为诗意语言或富有诗性的语言，虽然诗歌语言与诗意语言有重叠的部分。在传统诗歌中，诗歌语言本身常常就是富有诗意的，但在现代和后现代诗歌语言中，诗歌语言和诗意语言内蕴的分离倾向似乎越来越严重。

一　相似与再现性

在人类的诗歌实践中，再现性质的诗歌语言有着漫长而丰富的历史。诗人与画家有着看世界的同一双眼睛。诗歌与绘画有着对待世界的同一种倾向。再现性诗歌语言着眼于诗歌的绘画式的功能，语言情境与现实世界具有某种相似性。中国古代诗人苏轼在《书摩诘蓝田烟雨诗》中称赞王维的诗画时说："味摩诘之诗，诗中有画；观摩诘之画，画中有诗。"

古希腊的哲人西摩尼得斯说："诗是有声之画，画为沉默（或有声）之诗。"罗马诗论家贺拉斯说"画如此，诗亦然"。德国著名文艺理论家莱辛的名著《拉奥孔》的副标题就是：论画与诗的界限。

提出了与诗画同一说相反的诗画异质说。诗歌与绘画的相通性也被称为诗画同质。从这种同质论可推知诗歌语言的特点之一是新颖的可感性或可视性。

这和种种理性语言有了本质的不同，和人们通常所说的形象性或具象性密切相关。这一特点在中国古代诗词里表现得更加明显。这类诗歌语言之中通常要有可让人体会或咀嚼的"象""意象""境"或"意境"。诗歌的种种诗性在更为深层的方面要通过这种"象"来展现。20世纪初叶，受中国诗歌的影响，英美曾掀起了意象派诗歌运动或意象主义，后来在美国又兴起了深层意象派诗歌。这些诗歌流派都强调诗歌的可感性，体现在语言方面就是强调语言的可感性、透明性或叙事性。再现性诗歌语言，又可分为描写性的与叙述性的。描写性诗歌语言着重展现自然与社会中的种种物象或物象的组合。这种描写性的诗歌语言在中国有着悠久的传统。马致远的《天净沙·秋思》是最典型的，就像现代电影的一组分镜头。

德国美学家莱辛认为，诗不宜于描写。可能这是他对描写的理解过于狭隘造成的。其实诗歌语言同散文或小说的描写有很大的不同，描写性诗歌语言是跳跃性的，这为这种语言的向内返归提供了基础。其中有的属于空间性的跳跃，有的则是时间性的跳跃，有的则是双重性跳跃。

时间类型的跳跃是和暗含着时间性线索诗歌类型相对应的。这种时间的间隔通常都是很隐秘的，营造出不符合现实时间次序的时间感觉。这种类型的诗歌语言更常见，尤其在当代诗歌之中更是多见，这在这种类型的语言跳跃中，诗歌意象之间的空间跳跃跨度非常不符合一般的逻辑习惯，常常感觉像是一个疯子或精神病患者的思维。在现代诗歌中，语言的双重跳跃被经常性地运用，并增添了诗歌语言的阅读魅力。

她来自比道路更遥远的地方，

她触摸草原、花朵的赭石色，

凭借这只用烟书写的手，

她通过寂静战胜时间。

今夜有更多的光

因为雪。

好像有树叶在门前燃烧，

而抱回的柴禾里有水珠滴落。

〔法〕博纳富瓦

　　从另一个角度来看，描写性的诗歌语言，又可以分为"无我之境"与"有我之境"。前者是客观的观照，没有明显的主观渗透，比如 17 世纪日本俳句大师松尾芭蕉的《黄昏》：秋日黄昏，此路无行人。后者则把自己带进了描写的意象或情境，并与其交融在一起，所谓的"物我浑一""物我两忘"说的就是这种情形。如松尾芭蕉的《竹林》：客宿竹林中/棉弓弹出琵琶声/感我寂寞情。

　　美国哲学家弗罗姆在说明他的存在与占有的区别时曾以诗歌为例。他举的例子也能在某种程度上说明无我与有我之别，其中的一首就是松尾芭蕉的俳句：

我凝神观注，

矮篱上

荠菜花开放。

　　再一个是 19 世纪英国的丁尼生的诗：

裂开的墙缝中有一朵花，

我把你从墙上摘下，
连根捧在我的手中。
小花呀——假如我能明白，
你，连同这些根，以及这一切
我就能知道，何为上帝，又何为人。

事实上，松尾芭蕉的俳句也大多属于物我浑一的类型，主观与客观交融。比如他上面写的《竹林》，还有下面的《春雨》：

绵春雨懒洋洋，
故友不来不起床。

描写性诗歌语言的可感性的另一个具体体现形式就是色彩感。所谓诗人和画家有着共同的眼睛，就包括用同样的眼睛去观察色彩斑斓的世界。有些诗人的诗作色彩感很浓；这可能也是众多诗人喜欢描写黄昏的原因。那些喜欢描写黄昏的诗人可能对色彩的层次与丰富性更为敏感，黄昏的背景具有冲击人们视角的强烈的色彩感。

意象派诗歌与意象派运动。从诗歌意象的内在形式来看，到了20世纪初，传统诗歌，尤其是浪漫主义已退化为无病呻吟、多愁善感和伦理说教，庞德等提出要革新诗歌创建了意象派。意象派受到东方的诗歌创作的影响，尤其是受日本俳句和中国古诗的影响。意象派诗歌从模仿日本俳句开始。日本"俳圣"松尾芭蕉（1644—1694）的短诗给他们以极大的影响，如《古池塘》中的"古池塘，青蛙跃入，水清响"。20世纪，以美国诗人庞德、洛威尔、休姆为代表，在法国的象征主义与中国古典诗歌意象的丰富性、含蓄性、形象性下兴起的。

实际上，意象派和象征主义有很大的差异。意象派不去刻意表现表象与思想或感情间的神秘联系，而要让诗意在对表象的描述中直接体现出来，主张用鲜明的形象去表达，不发表议论，也不空洞地抒情，因此意象派的诗歌通常短小、精练、意象鲜明，常常围绕着一个或几个意象来展开。20 世纪六七十年代，在美国诞生了所谓的深层意象派。强调新的感觉与新的想象力。认为诗歌应该对广大的世界与深层的内心开放。来看一首休姆的《码头之上》：

> 静静的码头之上，
> 半夜时分，
> 月亮在高高的桅杆
> 和绳索间缠住了身，
> 挂在那儿，
> 它望上去不可企及，
> 其实只是个球，
> 孩子玩过后忘在那里。

　　再现性诗歌语言可以是叙述性的。语言里隐含一系列的动作或事件。有些诗人为了突出诗歌意象的可视性，或为了唤醒人们新的想象力，他们把小说或戏剧的一些叙事原则，把建筑与雕塑的立体法则等都移用了过来，进行了"跨文体"或"混合性"写作。他们要让自己的诗的意象组合显示出更多戏剧性的效果，或使自己的诗歌意象组合具有那种浮雕般的质地，从而避免那种平面的单一性，并要让其具有与雕塑、建筑一样的立体感、凹凸感。诗人里尔克曾满怀敬意地跟着雕塑家罗丹工作过一段时间，或许他就是为了从中领悟雕塑的秘密，并改进自己的语言吧。笔者曾写过一首诗，名曰《夏日等待》，用的也属于再现性诗歌语言，其更多的是叙事性的，而不是描写性的。

　　再现性诗歌语言也可以是描写与叙述的结合体。

中国唐代诗人李商隐的《乐游原》：

> 向晚意不适，
> 驱车登古原；
> 夕阳无限好，
> 只是近黄昏。

　　这个是先叙述后描写。中国《诗经·卫风》中写美人的，也是把描写与叙述相结合，这个是先描写后叙述："手如柔荑，肤如凝脂，领如蝤蛴，齿如瓠犀。螓首蛾眉，巧笑倩兮，美目盼兮。"

　　有些诗人喜欢用那种通感的手法展现他心中的世界，他们让人类的五官感觉相互移借，并打通它们之间的藩篱，让各种感觉之间自由地通行。这个不能算是单纯的描写，而更多属于表现。法国诗人波德莱尔还写了一首名为《通感》的诗作显示感觉相通的原理。

二　陌生与表现性

　　表现性的诗歌语言——尤其是后期——经常显露出让人陌生的、难以理解的一面。同诗画同质说一样，在诗歌文艺思想史上，也有所谓的诗乐同质说，这种说法强调诗歌语言的音乐特性，而音乐大体上属于表现性艺术，即和我们内在的主观世界有更多的关联性，其很难去模拟可见的现实世界，也很难和我们置身于其中的实在世界有视觉上的相似性。表现性的诗歌语言委婉地、含蓄地、间接地表达我们的内在世界。早期的诗歌表现性语言属于浪漫主义式的，直接的主观表达的意味很浓，是内心思想的直接呈现，是情感的直接表达，整体来看抒情成分较重，常常是直接抒发自己的情感、思想或意绪。

　　19世纪后期，表现性诗歌语言也发生了一些变化，主要是其展现人的主观内心更复杂、更深奥的感触，深邃的内在世界，而这种深邃的、主观的内心和外在世界相比，常常不是那么确定，19世纪后期也成了表现性诗歌语言的一个转折点。后期表现性诗歌语言的一个重要的特点：不确定性或者说多义性。诗歌语言本来和理性语言不同，理性语言要求的是语言的精确性、单义性，不能含混与模糊，如果语义摇摆那就不是理性语言了。表现性诗歌语言则与此相反，他们追求意味的朦胧性或不确定性，而不是精确性与单义性，也不是精练性与清晰性，诗人们追求能够唤起人们想象力的精神性韵味，追求意味的某种不确定性。

中国古代文论家们说的所谓的语言"隐""重旨"等，说的就是这种意味的不确定性。英国美学家克乃夫·贝尔在《艺术》一书中提出了"有意味的形式"的命题，说的其实也是这个意思，虽然他不是专门针对诗歌语言的多义性说的。诗人们为了唤醒人们的想象力，为了营造那种朦胧多义的效果，经常采用一些独特的修辞手法。这些手法包括象征、隐喻、暗示、比喻、双关等。在中国古代诗人中普遍使用的"比""兴"的手法也属于这一类型。象征性语言是后来的诗人们经常使用的语言，尤其是在现代主义诗歌中，象征性语言用得较多。它包含两个部分，即符号与意义，象征就是要在符号与意义之间建立起联系，当然在更多的情况下，这种联系是隐秘的，不是那么确切。有的诗人说，诗歌语言的魅力就在于它的象征性。

象征性诗歌语言，以欧洲（尤其是法国）与俄罗斯的象征主义为代表。象征主义也用意象，也以意象为"客观对应物"，但象征主义把意象当作符号，注重联想、暗示、隐喻，使意象成为一种神秘精神或感情的载体或密码。这不同于意象派。意象派则是从象征符号世界走向现实的实在世界，把注意力放在具有现实感的具体物象上，并让自己的思想、感情与意绪附着于意象中，让读者领会其中的诗歌韵味。我们来看一首法国诗人兰波的诗：《黄昏》。

夏日蓝色的黄昏里，我将走上幽径，

　　不顾麦茎刺肤，漫步地踏青；

感受那沁凉渗入脚心，我梦幻……

　　长风啊，轻拂我的头顶。

我将什么也不说，什么也不动；

　　无边的爱却自灵魂深处泛滥。

好像波西米亚人，我将走向大自然，

　　欢愉啊，恰似跟女人同在一般。

（程抱一　译）

　　象征性语言的魅力既在于它的意味的朦胧与不确定性，也在于它所传达的思想性，以及这种思想显现出来的神秘性，它是诗人存在深度与心灵奥秘的曲折显现。这种象征性的语言在现代主义流派的各种诗歌运动中被广泛地使用。这也是现代主义诗歌运动的语言成就之一。但没有节制地使用象征性语言或意象，就会造成所谓的象征性意象的"爆炸"，这种不懂节制的意象爆炸倾向是一个诗人真正的创作力匮乏的表现，滥用象征意象造成爆炸的结果是：人们不知道诗人语言的真正韵味在哪里。

　　隐喻性诗歌语言也可分为好几种，泰戈尔的诗歌语言大体也可归入此类。泰戈尔的语言属于比较含蓄有韵味的类型，而现代派诗歌相对来说就比较晦涩。我们来看一首自白派象征味很浓的诗歌。这是作者自杀前写的一首诗，表现了作者那刻的心境。

冬天的树

［美］普拉斯

　　潮润的黎明，蓝黑水在进行蓝黑的溶化。

树群在吸雾纸上

看来像植物绘画——

记忆在增长，一圈叠一圈，

一连串的婚礼。

不知道堕胎和怨恨，

比女人们真实，

它们如此不费力地撒种

品尝着不长脚的风

半身浸入历史——

长满了另一世界的翅膀。

在这点它们是利达们。

啊，树叶和甜蜜之母

谁是这些圣母哀悼耶稣的像？

斑鸠们的暗影在唱诗，而无助于解愁。

（郑敏　译）

　　普拉斯作为美国自白派女诗人，所用意象象征味很浓。她早期的诗作曾模仿叶芝、奥登和艾略特，诗风艰涩深奥，着意挣脱逻辑和文法的束缚，以简略的口语和怪诞的象征，坦率地将个人隐私、内心创痛、犯罪心理、自杀情绪甚至性冲动等融入诗歌里，把艺术与疯狂糅合在一起，带有浓厚的表现主义色彩。她醉心于发掘自我与客观世界关系中的混乱，几乎把自白派诗歌那种自我袒露推到了极端。

　　表现性诗歌语言还包括暗示性与比喻性诗歌语言。法国诗人魏尔伦的诗作《夕阳》中描写了色彩感很强的意境，同时也有很强的隐喻性。

　　无力的黎明
　　把夕阳的忧郁
　　　倾洒在
　　田野上面。
　　这忧郁
　　用温柔的歌
　抚慰我的心，心
　在夕阳中遗忘。
　　奇异的梦境
　　仿佛就像
　沙滩上的夕阳。
　　红色的幽灵
　　不停地前行
　前行，就好像
　　那沙滩上面
　　巨大的夕阳。

（小跃　译）

　　跳跃性也是象征性诗歌语言的重要特点之一。在当代，有些诗人似乎很强调诗歌语言的随意性与口语化，因此语言中的空灵意味消退了许多。其实，诗性语言的跳跃性正是显示了诗人的思维不同于常人之处，其语言跳跃的逻辑有时很像一个疯子的呓语。这也是和通常的语言形式不同的地方。理性语言或日常语言是讲究连贯的，正是在这种连贯中显示出语言的逻辑性、可交流性等，而诗性语言追求基于跳跃所造就的想象力，追求非连贯性中的空灵，追求语言的空白点所营造的陌生化。总之追求一种富于美感的跳跃，从而能给读者留下巨大的想象空间。

三 洞察与思想性

诗歌语言可以是对自然、社会、人生或人的内心世界的一种敏锐的洞察，只要洞察得深刻就会有思想闪烁，这种思想闪光可以来自理性判断与思考。借助这种理性语言去把握、去洞察世界背后一般的、普遍的根基，这在诗歌语言中也是常见的。当然我们这里所说的"理性"和当今文化中所说的那种理性不是一回事。诗歌语言中的"理性"不是干枯的概念与判断形式，其和诗性没有脱离，经常以冥想、默想或沉思的形式蕴含在诗的语言里，尤其是在西方的诗歌传统中，诗性语言经常以沉思的冥想的面貌出现。

俄罗斯诗人普希金的《假如生活欺骗了你》：

> 假如生活欺骗了你，
> 不要悲伤，不要心急，
> 忧郁的日子里需要镇静
> 相信吧，快乐的日子将会来临。
> 心儿永远向往着未来
> 现在却常是忧郁。
> 一切都是瞬息，一切都将会过去；
> 而那过去了的，就会化为亲切的怀恋。

最典型的或许就是古罗马时代几位大诗人的诗作，它们既是诗歌作品又是哲学著作，比如鲁克莱修的被称为教育诗的《物性论》、贺拉斯的《诗艺》等。我们来看《物性论》中的一段，其对自然世界的永恒现象进行了富有诗意的思考。

> 苍茫大地兮，为何春花夏穗？
> 秋高气爽兮，为何葡萄累累？

若无种子，万物何以季会？

若无创新，何沉光中而醉？

厚壤载而孕育兮，吐青春于光辉。

若无中而生有，何不骤然而降临？

若无原初之籽，何不择辰而出生？

若生命源于无，何待时而长成？

则婴忽生而行，地忽立其森。

焉闻此谬见兮，自然贵有律。

（郑中　译）

　　许多格言诗也大体属于思想性的诗歌语言。格言诗在世界各国的诗歌中似乎都有，主要是表达对自然、社会与人生的思考或感悟。德国诗人歌德的格言诗比较出名：

你若喜爱自己的价值，

你就得给世界创造价值。

痛苦留给你的一切，请仔细回味，

其一经过去，苦难就变得甘美。

编一个花冠较为简单，

要找一个适合它的头却很难。

四　自白风格与废话

　　整个世界上的多元化、民主化文化趋势也体现在诗歌的语言创造之中。多元化常常也意味着非精英化，意味着语言方面的自由化趋势。伴随着这种自由化，随意性、任意性的诗歌语言无处不在。

这些语言不再追求精神的深邃感，而常常流于语言的游戏与玩耍。这种趋势倒是契合了中国清代文论家钱泳在《履园谭诗》中的说法，他说："口头言语，俱可入诗，用得合拍，变成佳句。"但另一位中国宋代的大文论家严羽却在《沧浪诗话》中提醒说："语忌直，意忌浅，脉忌露，音韵忌散缓，也忌迫促。"

就一般情况而言，世界各国的传统诗歌语言是忌讳散漫的口头语言的（哪怕是历史悠久的民歌）。但随着时代的发展，那些自白式的语言，不断地以新的面目进入诗歌语言之中。

自白风格的诗歌语言是当代诗歌语言中经常用到的类型。这种自白风格的语言最近几十年来慢慢扩大了自己的影响，所谓的自白风格，其实就是以真诚坦白的面目出现的语言风格，或以直接袒露的方式，或用口语化的方式，坦然地呈现内心当下的感觉与想法，甚至揭露自己灵魂深处的东西，哪怕是下意识的、混乱的，自私肮脏的、卑鄙丑恶的东西也在所不惜，很像是宗教中的一种即兴的当下的告解，把最不能对外人诉说的方面诉说出来。这里举一个女诗人的例子，安妮·塞克斯顿，她的诗作敏锐、坦诚，有力度，想象奇诡。

安妮·塞克斯顿悼念普拉斯的诗作《西尔维娅之死》：

> 小偷啊，
> 你凭什么爬进去，
> 自个儿爬进，
> 我盼得那么苦又盼得那么久的死。

她最著名的诗作是《生或死》《我生命的房间》。

这种袒露式的自白风格如果再往前走一步或几步，就很容易导致废话体的出现。废话与自白一样，有的是对内的，也有向外的，向外的那种自白看起来大多是啰唆之语，啰里啰唆的废话体近年来也成为诗歌语言中引人注目的一种类型，最典型的莫过于中国目前很火的所谓的"口水诗""废话体"诗歌语言。

> 天上的白云真白啊
>
> 真的，很白很白
>
> 非常白
>
> 非常非常十分白
>
> 特别白特白
>
> 极其白
>
> 贼白
>
> 简直白死了
>
> 啊

与这种废话体相近有所谓的"羔羊体"和"梨花体"等。

作为一种诗歌语言，其具有文学意义，也有其存在的价值，但它们不属于很有价值的诗歌语言，诗歌语言的价值之根在人的内在精神方面，当然这种啰里啰唆的废话体也不属于富有诗意的语言类型。

第二节　诗意的语言

诗歌语言有两个大的方向：一个方向是展现真实。这类诗歌语言常常具有个性特征（标新立异等），通常把目光瞄准我们真实的内在与外在的分裂的生活。早期追求真实的诗歌语言主要是展现与揭示。当今文化背景下这类诗歌语言更具有颠覆性与叛逆感，这种诗歌语言追求语言本身的前卫性、先锋性，及其新颖或创新，并展现出一副颠覆过去诗歌语言的叛逆姿态，这类诗歌语言通常追求力度、感官的直接刺激，好的作品也可以给人们的心灵以震撼，但其内容通常是世俗的、当下的，常和我们人性底部的粗糙欲望或阴影、或批判目的相关。另一个方向是诗意。诗意本来是难以用语言来描述的，其更适合人们沉思，适合在寂静中用心灵细细地领会。但人们又要去言说这不可言说的，那就造成了一些语言的困境，也形成了诗意语言的一些特点。诗意的语言通常不追求所谓的力度，不追求感官与心灵方面的震撼与刺激，也不过分追求所谓的个性化，其追求的是萦绕于心的韵味。这不仅是诗歌的一个更重要的本原，也是人整个存在追求的，其可让人们领会到一种纯净的精神旨趣。这种倾向常常和我们的内心深处的神性本原联系在一起，诗意语言内容常常涉及的是我们存在的、深处的精神性旋律，涉及具有永恒性的灵魂之维，也常常给人们带来和谐、宁静、澄明的气息，升华人的存在并使我们进入一个美好的精神性体验中。

一　内在描述型

诗歌言语与诗意的语言不同，一般的诗歌语言达不到诗意语言的高度，诗意语言的感觉是内在性的感觉，或者是以内在性为核心的感觉。感觉型诗性语言是诗意语言的一种，这种诗意语言究竟有哪些根本性的特质，它的本质是什么？我们先用一句简单的语句对其进行概括：深层的诗性语言是一种融合性的生动语言，而不是那种局限于片面功能的实用性的语言形式，常常也不是单纯的外在性、再现性语言，真正具有诗意价值的语言体现的是人的完整的、丰富的内心，体现的是人灵魂深处的渴望状态，代表着人的和谐、全面发展的潜力与需要，诗性语言是感觉语言、理性语言与信仰式的语言和谐交融的产物，主要通过那些具有古典气息的、具有创造力的诗人展现出来。

和一般规范的理性语言相比，诗性语言更加接近感性语言或者说感觉语言，只不过，这种感性与感觉是融汇了内在心灵性的感觉，这种感觉语言一方面是最为古老、最为原始的语言形式，是充满原始意味的语言形式，常常色彩感强，景象绮丽，拥有视觉上的绚丽飘逸之美。从中西方诗歌的历史来看，感觉型的诗性语言和本能的、感觉的、观察性的、描绘性的语言的确联系很紧，尤其是我们中国的诗歌语言更加注重诗性语言的可感性。这也形成我们中国古代诗歌重视"意象"的诗歌传统。从诗经、汉乐府、唐诗宋词到元曲等，中国的诗歌传统有一个鲜明的特点：在诗歌中，重视感觉语言（尤其是视觉语言），具体的观察性的语言或描绘性的语言，这种特性具体而综合地体现在重视意象的运用上。中国诗歌传统的这一特点后来也影响了西方诗歌的创作。

另一方面，这种感觉性语言也具有向内返归的，甚至带有超验色彩性质，常常有一种通向内在灵魂的安宁之感，或有一种通向远方、通向无限的旷远之感，不再是单纯的观察性或本能式语言了。那种单纯的外在性、观察性或本能性语言经过诗人的处理可以成为诗歌语言，但很难成为富有诗意的语言，诗意的语言必须被某种内在的精神性光辉照耀，被一种神性光芒照亮，有一种在黑暗中隐隐闪烁的感觉。雪莱在《为诗辩护》中谈到诗人的语言时认为，诗人的语言是和谐声音之重现，没有这重现，就不称其为诗。

中国古代诗歌推崇具象、意象与意境。

"意境者，文之母也……上焉者意与境浑。"（方东树：《昭昧詹言》）

"词以境界为最上。有境界则自成高格，自有名句。"（王国维：《人间词话》）

诗意语言常常和这种境界融于一体。元代马致远的《天净沙·秋思》是一种诗意的语言，是属于内在描述型诗意语言，是将外在的感觉描述与内在心灵融于一体的诗意语言，其似乎也最能体现中国这一诗歌传统的特点。

　　　　枯藤老树昏鸦，

小桥流水人家，

古道西风瘦马。

夕阳西下，

断肠人在天涯。

"无言之境，不可说之味，不知者以为淡易。"（高棣：《唐诗品汇》）内在描述型诗意语言或内在感觉语言是形象化的语言，通常具有具象性特征，并和世界的某一具体形象或表象相联系。

日本的松民芭蕉的俳句：

这条路

无人行

在这个秋日黄昏……

英国诗人斯蒂芬·斯彭德在《言语》的诗中也形象地说：

言语像一条鱼那样上钩了，

我是否把它放回大海去。

在那里，思想会摇动尾和鳍？

内在描述型诗意语言和我们的自然性需求，和我们的种种本能欲望有关，和表达、交流情感的需要有关。这种向外感觉性较为明显的语言是一种活生生的、生动的语言类型。虽然如此，内在描述型诗意语言，依然和心灵的内在性紧密地结合在一起。这种属于感觉型诗意语言，丰富而又形象，生动而具体，并连接着我们活泼、生动的生活与欲望、情感世界等。这种内在描述型语言主要是一种基于我们的生命本能与五官感觉经验的语言，并常常和我们的五官感触联系在一起，从中我们似乎能看到人类的视、听、嗅、味、触等感觉功能，这是属于可感性的语言世界，这类内在描述型感觉语言也经常和我们的本能欲望、情感世界密切联系，这类感觉语言常常从表面上看来甚至属于基于生命本能的情感性的语言。这种最为古老原始的语言形式同我们日渐发达的理性语言有很大的不同。

二 内在感受型

这类诗意语言是向内返归倾向更明显的类型，着重表达向内返归后的感受与体验。这也是一种富有心灵性的诗歌语言。这类语言也有向外的感觉一面，但描述的这一面不是核心所在，重要的是向外的感性、感觉的那一面在体验者心灵之中产生的感受。向外的感性、感觉的一面只是一个基础，其核心还是体验者内心的想象力造就的丰富的澄明。澄明的体验使语言具有一种灵性或灵动之感。

清代文论家况周颐在《蕙风词话》中说："以性灵语咏物，以沉着之笔达出，斯为无上上乘。"他说的性灵语就超出了一般的描述型语言，更注重返归自身、向内挖掘，这就是内在的感受型语言，是一种富有心灵性的语言，或者说是被内在的心灵想象与心灵情感浸染过的语言。这类通过感受的心灵型诗意语言，通常也具有神秘、朦胧、含蓄、隽永、婉约、冲淡等特点。

和种种现代、规范、理性的语言形式不同，诗意语言还是一种向内返归的心灵性的语言。这种语言往往充满了不确定性、多义性或者说暗示性的特点，我们经常用其表达我们内在的隐秘世界，显露我们内在的情思与灵魂。人类的这种充满神秘感的内在的精神奥秘，用理性语言或一般的感觉语言是没法表达的。

诗意语言让我们能和外在的与内在的奥秘世界沟通交流，并充满了种种不确定的神秘色彩。象征性语言、暗示性语言、隐喻等是这类语言最鲜明的体现，其可帮助我们传达人类的那份隐秘的精神情愫，表达我们经常领会但却难以精确把握的那个神秘世界。那个世界和我们人类的心灵世界有一种神秘的感应关系，并对我们的心灵充满了吸引力，那个世界的魅力是理性语言无法抵达的。似乎只能用那种近似于神秘的语言暗示出来。

印度诗人泰戈尔的诗大体上都是富有诗意的，也具有神秘色彩。

"我今晨坐在窗前，世界如一个路人似的，停留了一会，向我点点头又走过去了。"

"忧思在我的心里平静下去，正如暮色降临在寂静的山林中。"

"静静地听，我的心呀，听那世界的低语，这是它对你求爱的表示呀。"

我们来看看英国浪漫主义诗人华兹华斯的作品《孤独的割麦女》：

> 她唱什么，谁能告诉我？
> 忧伤的音符不断流涌，
> 是把遥远的不幸诉说？
> 是把古代的战争吟咏？
> 也许她的歌比较卑谦，
> 只是唱今日平凡的悲欢
> 只是唱自然的哀伤苦痛——
> 昨天经受过，明天又将重逢？
>
> 姑娘唱什么，我猜不着，
> 她的歌如流水永无尽头；
> 只见她一面唱一面干活，
> 弯腰挥镰，操劳不休……
> 我凝神不动，听她歌唱，
> 然后，当我登上了山冈，
> 尽管歌声早已不能听到，
> 它却仍在我心头缭绕。

（飞白　译）

我希望说出的词，已经被我遗忘。

失明的燕子将返回到影子的宫殿，

扑闪剪子的翅膀，与透明的影子嬉戏。

一支夜歌在失忆的状态中响起。

〔俄〕曼杰什坦姆：《我希望说出的词》

这类内在感受型语言也包括和体验感受交融在一起的思想性语言，或者说这类思想性语言同时也是内在感受性的语言。这也是富有诗意的语言。泰戈尔的《世界上最远的距离》就属于此类。

世界上最遥远的距离，

不是生与死，

而是我就站在你面前你却不知道我爱你；

世界上最遥远的距离，

不是我就站在你面前你却不知道我爱你，

而是明明知道彼此相爱却不能在一起。

三 谛听存在型

谛听世界背后的存在，或者说谛听存在背后之存在，这和一般的听和看不同。这里所说的谛听，主要是指谛听超验的、超感性的存在。谛听超验存在的语言与一般的经验性语言有很大的不同。一般的经验性诗意语言通常与可见的外在世界相联系，与我们置身于其中的社会现实生活相联系，这种经验性的语言所用的或者是描写性的，或者是叙述性的，或者就是与我们自身的感受相连的抒情性质或象征性质的语言。谛听超验存在的语言与这种经验性的诗意语言相比，更加具有神秘感，更加玄妙。这种语言试图把握无限的韵味，试图传达我们富有深邃感的精神之根，这种超验性存在诗意语言要言说那几乎不可言说的体验，但那种体验对人来说又是非常重要的，是来自人的深层的精神性遭遇与渴求。不可言说又必须言说，这就造成了这种诗意语言的困境与悖论性质，同时也造就了这类诗意语言的神秘、深奥与朦胧等语言特点。我们来看一首美国诗人狄金森的诗《我从未见过荒原》：

> 我从未见过荒原，
> 我从未见过海洋；
> 却知道石楠的形态，
> 知道波浪的形状。
>
> 我从未和上帝交谈，
> 从未访问过天堂；
> 却知道天堂的位置
> 仿佛有图在手一样。

这里诗人不是在看世界，不是在看有形的、可见的世界，而是在听，谛听存在深处的存在之音。这是超视觉的、超现实经验的，是诗人在倾听，倾听一种精粹的存在，也是与存在之存在的一种默默地对话与交流。英国早期浪漫主义诗人威廉·布莱克的《天真的预兆》也属于谛听存在型的语言，这类诗意语言属于超经验的、超感性形式的。

> 一粒沙里见世界，
> 一朵花里见天国，
> 手掌里盛住无限，
> 一刹那便是永恒。

"由于不可言说的毕竟不是特定的、可以描述的存在物，后者在特定的价值标准之内可能是对人有利的或重要的，那么不可说的怎么可能与人相关呢？我们在此必须回到人的'基本处境'的概念……不可说的是人在其真实，在其深层里所遭遇的那种真实。……人在其深层所遭遇的真实已经不是一种混沌或单调的'存在的秘密'，而是许多的、多样的影响，它们深刻地激发性作用于人。……它在人对多样的、象征的经验中被证明。人总是在其深层被象征中吸引他的东西所吸引，……"①

谛听超验存在的语言常常也具有象征性意味，也具有委婉的暗示性，具有虔诚的祈祷的姿态，并具有很浓厚的"参禅"意味，具有一种基于与神性交流而带来的神秘的朦胧感，具有一种安静、沉默的气氛。这里诗意的体验者几乎就是一个虔诚、安宁的谛听者，而富有诗意感的诗人也是以谛听的方式倾听存在，说出人类隐在的秘密。或许就因为如此，俄罗斯作家屠格涅夫才说：诗是上帝的语言。你也可以说诗语就是佛语。诗意的语言或多或少地向着某种神秘、某种神圣返归。美国哲学家桑塔亚拿也说：诗的顶点就是说出众神的话语！

富有诗意的语言和谛听"神"或"存在背后的存在"有着密切关联，换句话说，最富有诗意的语言都具有很浓的神性光辉，都被神性因素所照亮。这类诗意语言不具有明显的经验性特征，甚至可以说是超乎我们人类的一般经验的，这类一般性经验包括非理性、非逻辑的语言（甚至可以说是明显的非理性、非逻辑）、非指向客观物质性的语言、非社会性的语言，常常表现为违反常识性等。荷尔德林和海德格尔都认为诗人是神性的呼唤者，是渲染与显现神性者，富有诗意的语言就是这种神性显现与呼唤的直接载体。在佛教里，佛是至高神，神性就变成了佛性。说出佛味很浓的语言就是富有诗

---

① ［瑞士］奥特：《不可言说的言说》，林克、赵勇译，生活·读书·新知三联书店2003年版，第43—44页。

意的语言。

禅宗强调要对心"勤拂拭",所谓的"勤拂拭"就是打扫之意。神秀的偈子:"身是菩提树,心如明镜台,时时勤拂拭,莫使有尘埃。"慧能闻后,也写了一个"无相偈"(见 280 页)。

这个看似深奥的偈子的确超出了我们经验性存在通常的经验性倾向与成分;那些蕴含着智慧与精神性韵味的富有禅机的诗作也属于谛听存在型,谛听存在背后的存在,这种存在通向无限与绝对,或者通向某种丰盈的虚无。

四 综合融汇型

融合性诗意语言是上面三种类型诗意语言的交融形式。这也和我们前面讲过的人的三种天赋的和谐有关。内在描述型是一种偏重感觉的类型,这种诗意语言常常也蕴含着一种内在的感受,内在感受型诗意语言也常常融合了超验信仰式的韵味,它们三者在最富有诗意的诗作中,经常是融合在一起的,像上面我们列举的《我从未见过荒原》以及《天真的预兆》等,外在感觉、内在感受与超验信仰的各个方向是融汇在一起的,并最终打动我们渴求完整、和谐的内心。

诗意语言是一种融合性的语言,也是外在与内在、经验与超验的有机融合。内在与超验的结合使之具有一种通向深处、通向远方感的韵味,这是诗意语言的根本,也是我们人类的感觉天赋、理性天赋与信仰天赋达到和谐时最直接、最生动的体现。诗意语言有直接触动我们内在心弦的总的特点,其打动的是我们内心的整体,包括感觉、思想与信仰天赋。诗意的语言有感性的基础,但其总体来看是内敛的、返归的,同时也是超越性的。借助这种内敛与超越通向内在或外在的无限世界,一个能给我们的心灵带来难以言传的悠悠韵味的世界,从这个世界里,我们常常可以看到或领会到和谐、宁静、冲淡与旷远。那些偏重感性的、分裂式的、好的诗歌语言未必就是好的富有诗意的语言。那些立足于感性疯狂的语言可以是真实的诗歌语言，但未必就属于立足于沟通无限与永恒的大美与大和谐的富有诗意的语言。

就像单纯的感觉与情绪不能使人成为诗人一样，一般来说，单纯的感觉语言与信仰式的语言还不能算是好的诗性语言，好的诗性语言通常是那种融合性的，能将诗人的丰富的感觉、理性思考、种种神秘的领悟与冲动完美地交融于一体。可以说，诗性语言是诗人精神的总体面貌的展现，而那些真正优秀的诗人们，他们的内在精神世界通常也是均衡发展的，其中包括感觉的、理性的、信仰的诸方面，这几个方面在诗人的内心交融于一体，不会过于偏重某一个侧面，否则语言的质地就会受到影响。诗性语言事实上也是诗人整体气质与性情的折射与反映。

就诗意语言整体表现来看，通常最有价值的显露恰恰在那种融合性的、没有断裂的诗作里。感觉语言是诗性语言的支撑，是诗意的、外在的真实与可感方面，但这种语言通常只有和那种表达了我们存在的奥秘与深度的语言结合起来，那种外在的可感性才会转化为诗性意象，那种语言才会变得更加具有诗性，也才能使语言具有更加丰富、更加微妙的表达力。那种感性的欲望式的语言必须渗透那种信仰性：那种对无限的渴望与向往会使有点儿滞重的欲望与情绪变得透明与轻灵，诗性语言之中的理性思考成分也能增添语言的穿透力，但这种理性通常不是以精确化的方式显露出来，而是属于基于直觉的理性形式，是一种基于直觉的理性思索，代表着诗人对自然、社会与人生的一种基于直觉的洞察或洞见。

在融合型诗性语言中不仅包括感性的、感觉的、感受的成分，而且具有那种神秘的、超验的、灵性的成分。当今诗人们的语言似乎过于个性化、随意化，这种个性化、随意化的语言很难获得所谓的诗性。诗人们要想在语言上做出真正的贡献，就必须抑制种种过于自我标榜的冲动，认真地遣词、造句、炼意，并与更丰富、更深邃的精神旨趣相结合，承担起纯洁语言的责任，以更为宏大的视野理解诗性语言的融合性的要旨，不断地丰富、完善自己的精神世界，这样才有可能创造出具有融合性、有机性的诗性语言。这种语言也才是这个愈趋理性与现实的社会文化所需要的——用其去均衡实用语言、理性语言过度膨胀发展的势头。

这种融合型诗意语言经常展现出内在的音乐性。当代诗歌的趋势之一就是有意拉近诗歌语言与日常语言的距离，并尽力避免语言形式上的拘谨，这其中也包括有意回避语言的音乐性。其实，诗性语言的音乐性未必指向那种外在的形式，比如合辙押韵之类。它可以是指那种更为内在的音乐感。就现代诗的整体情形来看，诗歌中语言的音乐性更多地体现在诗句之间的整体搭配所造成的乐感上，这和古典诗词的情形有所不同。传统诗词讲究合辙押韵，让人们读起来朗朗上口，据说早期的诗词都是可以吟唱的。现代诗歌对押韵的重视远不如古代诗词，但它的音乐感并没有减少，其音乐性主要体现在诗句之间整体搭配所形成的内在的节奏与旋律上，即通过诗作整体语句与情绪的起伏来创造符合人心的音乐旋律与气氛。

第三节　诗意语言与存在之家

一　语言突破与存在奥秘

"诗意人类"也意味着寻求语言方面的改变与突破，力求让诗性化语言大面积拓展。文化氛围的诗意感有赖于种种诗意语言普遍而广泛的运用。俄裔诗人布罗茨基在诺贝尔文学奖颁奖中的演说题目是《大众应该用文学语言说话》，他说的文学语言主要指向诗歌，其核心就是富有诗意的诗歌语言。要大众用富有诗性的语言说话，这需要突破当下似乎是单向的文化发展趋势。

诗意语言是人类内蕴性文化的重要标志之一。在某种意义上，甚至可以说，人类文化就是人类的一种特有的语言形式。把人类与其他动物物种区别开来的主要标志是语言。诗意的语言也是人类能够不断地完善自身而进化的重要工具。诗意语言与人类内心的深层渴望密切联系在一起，基于诗意语言的诗性观念和比喻、隐喻、象征主义等有着密切的关系，而比喻、隐喻与象征意识又和人类古老的、深层的意识紧密相连。诗意的语言与人类学视野里的语言观念有重合之处。相反，现代的、规范的、刻板的、缺乏个性的工业化语言都缺乏古老、深厚的内容，和人类的精神深层脱节。诗意的、看起来原始"野蛮"的形象语言也是和活生生坚实的泥土相连的语言。

人类幽深的思想、感情与生活等都离不开诗性语言及其表达。诗意语言也是人类文化的一个核心，并与其密不可分；诗意的语言是深邃精神的一种承载，诗意表达也成了人类最深刻的精神本性之一，成为人类美好、澄明存在的重要标志。诗意语言对存在的渗透能在某种程度上改变存在。这需要突破加在语言之上的种种框框。

首先需要在某种程度上突破语言的制度性。语言是社会中每一个人必须遵守的集体制度，其不受个人决定的影响，一代又一代地传递。由于它的年代（远在科学出现的年代之前）、它的普遍性和它的权力，语言自然地被看作有特殊重要性的结构的源泉了。语言的约定俗成一方面增加了社会成员之间交流的可能性，另一方面也约束了语言捕捉、表达微妙精神的潜力。我们的存在充满了精神深度与奥秘，在我们的存在中的一些精神性感受或体验是只能意会不可言传的，更不用说，用这种制度性的语言。诗意语言正是在普通语言无法到达的地方发挥其独特的作用；诗意语言就是一种表达、捕捉微妙精神感受的语言。

与此相关，也需要突破语言的集体性。语言的历史越是悠久，其集体性、制度性的意味越是浓厚，其强制性的色彩也就越突出。

就拿汉语来说。现在有一种倾向：陶醉于汉语的伟大与古老。但中华文化整体的语言有着太多的集体性意味，规范、普遍、模式性、强制等。语言的个性色彩不突出，常常也不够舒展与空灵，共时性的方面意味太浓。这种语言或许有利于传承，但常常不利于人们内心的活的体验，不利于我们内心的拓展，也不利于思维的活跃与创造力的发挥。一个民族的文化及其潜力，我们可以从它的语言文字的历史发展及其现状分析出来。诗意语言要避免这种集体性太强的成语化方向，要避免语言的集体、规范与强制性的方向。

诗意的语言需要随着时代生活的变化不断地更新。这有利于激发人们的创造力。

语言的集体性、制度性体现在丰富的成语之中。从诗性体验的角度来看，成语太多不是好事，不利于与深层精神沟通，不利于那种具体而细微情感或情绪的表达。我们前面说到的内在描述型、内在感受型或谛听存在型等诗意语言，很难和某种成语式表达联系在一起，诗意语言常常在只能意会不可言传的地方发挥作用，成语式表达通常缺乏基于具体的个性色彩，很难对更加细微的方面进行捕捉。这不利于人们内心绵延与细致的体验，不利于想象力的真正发挥，从另一个角度讲，也不利于具有原创性的文学艺术的创造，不利于文化的更新。

当然，诗意语言不可能完全摆脱这种语言制度影响。诗意语言的微妙性、丰富性、生动性、创新性等也都会受到这种看似无形的语言文化制度的制约。但我们的存在是丰富的、多层次的，也是充满奥秘的，我们的存在体验常常是难以言传的，基于此，我们必须突破各种语言框框的钳制，让那种看起来仿佛是前逻辑的、前理性的诗意语言凸显出来，以帮助人们领会存在的精神深度与奥秘，也可以说，为了能更多领会我们存在的微妙性、难以言传性的方面，我们必须突破语言制度的制约，突破语言的强制性的方面，甚至突破语言的传递性与交流性的目的。

二　诗性语言的更新

我们存在的环境——尤其是自然环境——也是一种诗意语言。人类生存在人所建造的文化世界里，透过种种文化眼光，周围环境都可以以一种语言的方式包围着我们。透过我们人类特有的想象力，大自然种种变幻着的景色也可以是一种诗性语言，是比人造世界更加富有感情的语言：一种诉说、一种快乐或一种悲伤。所谓的一切景语皆情语，就是一种比较典型的说法。克莱德曼的钢琴曲中就有一首叫"秋的私语"或"秋的絮语"。周围人充满友爱、善意的态度、目光等常常也散发出某种诗性含义。

德国哲学家海德格尔说的"语言是存在之家"的确把语言的内涵拓展了。他把语言提升到了精神性存在的高度。诗意语言不仅是一种交流信息的工具。人们常常透过诗意语言来理解、体会生存的丰富性及其深度或价值。反过来说也一样，人们生存的丰富性及其深度或价值也常常是通过诗意语言展现出来的。语言是存在性质的一面镜子。

一个人的语言可以折射他们的内心世界与生存状态。生存的贫乏与停滞也和语言的停滞与陈旧有关。语言的空洞与贫乏不仅涉及思想腐朽、干枯，也与我们生存的丰富性、快乐与否密切相关。语言的单调与空洞会让我们的生活、思想与感情也跟着单调、僵硬与空洞。所谓的空洞就是语言背后没有意味，没有韵味，没有内涵，而这些恰恰是语言的灵魂。丧失了韵味的语言就相当于丧失了灵魂的躯干。诗意语言恰恰是富有精神韵味的语言，是可以帮助我们领会存在之精神性深度的语言。

古典语言在整个诗意语言中占据着怎样的位置？怎样对待古典语言才算是恰当的。经典的传统诗歌语言比之现代诗歌语言通常更富有诗意，但因为是经典，在历史的流传过程中，其制度的、模式的、强制性的方面也变得突出，常常也构成了诗性语言创新的阻力。

　　创造新的富有诗性的语言是文学艺术家的天然职责，只有不断地创造新的诗性语言才配得上诗人的称号。诗歌、小说或艺术总体来看需要的是语言上的更新。整个社会都需要不断地淘汰古旧的已经缺乏精神感召力的语言。诗意语言的更新也是文化发展的推动力之一。

　　我们需要还能够感染我们心灵的诗性语言，这种语言帮助我们领会存在的光辉。我们不能生活在实际上已经死去了的语言包围中。有些古典语言看似活着，事实上已经或正在死亡。现代人应尽量避免看似活着实际已死亡的语言。整日被这种语言僵尸包围，会影响我们的存在感觉，也会有意无意地影响我们内在丰富性。人类的内在的心性是一切创造力的最终源泉。存在的活力与生命力的要求之一就是新的富有诗意的语言。充实的心灵也需要创造新的语言。在新的诗性语言中才能感受新的生存。那些看似死亡事实上依旧充满活力的古典诗性语言，人类是需要的。这类语言经过加工，和现代人的心灵可以无间隙地相融在一起，依然可以焕发语言本应就有的生命活力。

　　还有诗性语言的老化问题。语言（包括诗意语言）和其他物件一样，也存在着老化的问题。这里的老化突出地体现在其对人类存在的精神方面的影响力的削弱上，不能和新思想、新感情有效地融合在一起。过去一度富有诗性的诗意语言因为不断地被重复，从而使其对人的内在心灵的影响力不断地削弱，以致失去了曾经有过的语言的活力。这种"被磨损"了的诗意语言常常也会成为我们体验存在之家的一个障碍。因为诗性语言经常性地被重复，其内涵及对人心的冲击力就会在一定程度上受到削弱，每被重复一次，心灵的感觉就会减少那么一份。

　　渴望被存在的深奥所吸引的纯真之心灵需要新的诗意语言的创造。

三　价值型诗人

诗意的语言的创造和诗人相关，和那些有精神追求的诗人相关。但这个时代的大多数诗人似乎忘却了诗人本应有的最原初的天职，当今大多数诗人很难令人满意。或许是时代本身造成了这一平庸的状况。固然，诗人也是人，也是环境缔造下的某种适应物，所以对一般的诗人或许不应该那么苛刻，他们为了生存的目的活着，必须遵守活着的法则，活着意味着某种适应，意味着和环境的协调一致。但对真正的诗人态度应该不同，真正伟大的诗人，其伟大之处恰恰在于他不是某种精神上的"适应动物"，他以某种奇异的、神秘的方式内化时代或超越时代的物质化、机械化风气，把对人心灵有益的方面表达出来。

在这个技术化的"去魅化"时代气氛下"诗人何为"？从观念上讲现在也是多元化时代，各种主张、各种观念像田野的花朵一样竞相开放，诗人的种类很多。重感官描写的，暴露情欲的，下半身的，以及揭露人性与社会阴暗面为目的等，这些诗人通常打着"真实"的旗号，语言随意，缺乏内蕴力，总体来看这些所谓的诗作缺少持久的精神性价值，从中很难感受到真正的精神性的韵味。究竟什么样的诗人才是有价值的？换句话说，究竟什么样的诗人才算是为了人类的精神性价值做出了贡献？

从语言的角度来看，那些真正的富有诗意的语言类型才属于具有文化价值的，那些真正的属于一流的富于诗意的语言类型才属于具有精神价值的，也就是说，这种语言中透露出具有永恒色彩的精神光芒。那些能创造出一流的、富有精神感召力的诗意语言的诗人才属于具有精神价值的诗人。只有这些人才能真正地担当起诗人的称号。

那些立足于真实的诗歌语言，也有很多优秀之作，因而不能说其没有精神价值，也不能说其没有精神的光芒。但从诗意的角度来看，如果单单只是表层的真实，如果他们的作品缺少基于此而散发出的"神性"，那么很难说他们的作品及语言达到了很高的品级。真正的诗人是神性的呼唤者，关于这一点不会因为时代的变迁就发生动摇。有人说这是一个天才消失的时代，诗人的观念也应该发生变化，笔者不以为然。

真正的诗人在某种意义上更接近守旧者，而不属于不断地开拓新颖者。在保守的时代，以解放思想为己任的诗人或许是有价值的，但当那个他所置身的时代以某种令人炫目的方式演进之时，尤其是当标新立异成为一种风潮，成为一种摩登的时髦货之时，"适度地守旧"更能凸显诗人的精神气质。从这个意义上讲，笔者怀疑任何的所谓的前卫的、先锋的诗人，尤其是自我标榜型的前卫的、先锋的诗人。除非他们以前卫的、先锋的方式守护着人类某种精神上的纯真与质朴，守护着那份这个时代少有的宁静，以及宁静之中的那份安然与充实。诗人以不变的方式应对时代的快速变迁，或许更为有效，更能显露诗人之为诗人的精神特质。在当今这个时代，真正的诗人会在有意无意间倾向守护原初的东西，而所谓的诗意语言恰恰通往原初之路。

四　诗意语言通往原初之路

当史前的或最传统社会的那种带有神秘色彩的种种祭祀和人类渐行渐远之时，当那面神圣的帷幕被人类的科学理性渐渐拉开之时，当人们依旧被内心的那份信仰天赋激励之时，通向原初之路的那份感觉已经发生了巨大的变化。这种可见的、明显的变化之一就是：形象的、艺术的、富有诗意的语言在现代生活中越来越受到重视。前语言的原初和谐的充实的本真存在状态怎样被人类可重复经验的文明成果之一——语言——所表达、所捕捉，这是现代人的精神追求过程中所面临的问题，这个问题不仅面向那些灵性追求者，比如宗教家、诗人或艺术家等，也面向所有试图超越日常的物性存在的人。

　　所谓的现代或后现代说法并没有改变这一基本的精神事实，尽管在不少后现代解构主义者眼里，传统的精神形式都只是人类自己编造的一种虚幻。在他们眼里，在现代社会的种种形式的宗教中，起决定作用的实际上是语言，或者说是语言的书写。种种带有宗教经验与信仰色彩的事物都被看成一种书写。先知与宗教家们与其说他们直观到了上帝，不如说他们是特别类型的作家与诗人。他们的宗教经验只是一种语言的书写，没有对应的实体与实在性。但这种语言至上论无疑是有问题的，不过其也从某一个侧面突出了语言之路的重要性，换句话说，突出了语言之路与通往原初之路的相似性、共通性。

　　人类通常不会在精神上满足于当下受局限的存在，尤其是不会满足于当下物性的存在。人类的内心需要伸展，需要飞翔，需要和带有绝对色彩的更永恒、更无限的方面的接触与交感，这种和原初交流与沟通的愿望是不可能消失的，这种愿望属于形而上的带有本体意味的梦想。自从人类的意识觉醒以来，这种本体的精神向往就一直或隐或显地存在于人的心坎之上，问题常常只是存在于——以什么方式通向人类的这个原初之梦。从上面语言分析的视角中，我们可以看出，现代的通往原初之路和人类特别的语言之路连接在一起。这两条路不可分割地交织在一起。

　　诗意的语言与人最纯粹的存在相关，这种最纯粹的存在事关我们的精神深层，事关我们精神上的原初。诗意的语言与最纯净的思想同体，也可以说纯净的存在或纯净的思想一定会以某种方式通向诗意，其有声的、无声的（内在）默想也是语言的诗意化的形式。纯净的思想把我们从种种物的惰性中解放出来，把我们带向初始，带向种种孩童般的心境里。这种在精神体验与感触中的真实初始与诗意紧密连接，和富有诗意的语言紧密相连。在通往原初的纯净的思想与体验过程中，人们感觉到了一种真意蕴含其间，但当我们试图通过种种命名来捕捉它时，发现那是如此困难，以至于我们同时发现了自己语言的种种局限。这就是用语言表达诗意所面临的困境。用词语去表达一种不可言说的存在或精神状态，这本身就含有悖论。用语言符号描绘无客观对象的、难以描绘的、带有神秘色彩的存在状态，这是不可思议的，但恰恰是这种看似悖论的处境体现了诗意语言的神秘性及难以言说的特点。

参考文献

1. ［德］马丁·海德格尔：《海德格尔选集》，孙周兴编选，上海三联书店 1996 年版。

2. 冯平主编：《现代西方价值哲学经典》，北京师范大学出版社 2009 年版。

3. ［美］雷·S. 安德森：《论成为人》，叶汀译，上海三联书店 2012 年版。

4. ［英］麦克斯·缪勒：《宗教的起源与发展》，金泽译，上海人民出版社 1989 年版。

5. ［英］特瑞·伊格尔顿：《文化的观念》，方杰译，南京大学出版社 2006 年版。

6. ［美］凯利·克拉克：《托马斯·阿奎那读本》，吴天岳、徐向东编，北京大学出版社 2011 年版。

7. ［美］爱默生：《爱默生随笔》，蒲隆译，上海译文出版社 2010 年版。

8. ［瑞士］C.G. 荣格：《寻求灵魂的现代人》，苏克译，贵州人民出版社 1987 年版。

9. ［德］瓦尔特·本杰明：《发达资本主义时代的抒情诗人》，江苏人民出版社 2005 年版。

10. ［法］雅克·马里坦：《艺术与诗中的创造性直觉》，刘有元、罗选民等译，生活·读书·新知三联书店 1991 年版。

11. ［瑞］埃米尔·施塔格尔：《诗学的基本概念》，中国社会科学出版社 1992 年版。

12. ［美］乔治·桑塔亚那：《诗与哲学》，北京大学出版社 1991 年版。

13. ［美］S. 阿瑞提：《创造的秘密》，辽宁人民出版社 1987 年版。

14. ［法］波德莱尔：《波德莱尔美学论文选》，郭宏安译，人民文学出版社 1987 年版。

15. 《"新批评"文集》，中国社会科学出版社 1988 年版。

16. ［英］凯伦·阿姆斯特朗：《神话简史》，重庆出版社 2005 年版。

17. 伍蠡甫主编：《西方文论选》，上海译文出版社 1979 年版。

18. ［美］苏珊·朗格：《情感与形式》，刘大基等译，中国社会科学出版社 1986 年版。

19. ［英］艾略特：《艾略特诗学文集》，国际文化出版公司 1989 年版。

20. ［德］威廉·狄尔泰：《体验与诗》，生活·读书·新知三联书店 2003 年版。

21. ［美］汉斯·昆、瓦尔特·延斯：《诗与宗教》，生活·读书·新知三联书店 2005 年版。

22. ［法］丹纳：《艺术哲学》，傅雷译，人民文学出版社 1982 年版。

23. 《朱光潜全集》（第 3 卷），安徽教育出版 1987 年版。

24. 《朱光潜美学文集》（第 2 卷），上海文艺出版社 1982 年版。

25. 《中国诗歌——九十年代备忘录》，王家新、孙文波编，人民文学出版社 2000 年版。

26. ［美］宇文所安：《盛唐诗》，生活·读书·新知三联书店 2004 年版。

27. ［英］马修·阿诺德：《文化与无政府状态》，生活·读书·新知三联书店 2008 年版。

28. ［美］丹尼尔·贝尔：《资本主义的文化矛盾》，生活·读书·新知三联书店 1989 年版。

29. ［日］今道友信编：《美学的将来》，广西教育出版社 1997 年版。

30. ［奥］维特根斯坦：《思想札记》，吉林大学出版社 2004 年版。

31. ［德］约翰·哥特弗里特·赫尔德：《赫尔德美学论文选》，同济大学出版社 2007 年版。

32. ［美］保罗·韦斯、冯·O. 沃格特：《宗教与艺术》，四川人民出版社 1999 年版。

33. ［美］约翰·杜威：《艺术即经验》，商务印书馆 2005 年版。

34. ［德］阿多诺：《美学理论》，四川人民出版社 1998 年版。

35. ［俄］索洛维约夫：《神人类讲座》，华夏出版社 1999 年版。

36. ［俄］雅科伏列夫：《艺术与世界宗教》，文化艺术出版社 1989 年版。

37. ［美］吉尔伯特、［德］库恩：《美学史》（上、下），上海译文出版社 1989 年版。

38. ［英］鲍桑葵：《美学史》，海南出版社 2005 年版。

39. 《蒂利希选集》（上、下），上海三联书店 1999 年版。

40. ［波］瓦迪斯瓦夫·塔塔尔凯维奇：《西方六大美学观念史》，上海译文出版社 2006 年版。

41. ［俄］尼古拉·别尔嘉耶夫：《精神与实在》，中国城市出版社 2002 年版。

42. ［俄］尼古拉·别尔嘉耶夫：《人的奴役与自由》，贵州人民出版社 1994 年版。

43. ［俄］尼古拉·别尔嘉耶夫：《自我认识》，广西师范大学出版社 2001 年版。

44. ［德］席勒：《审美教育书简》，北京大学出版社 1985 年版。

45. ［美］赫伯特·马尔库塞：《审美之维》，广西师范大学出版社 2001 年版。

46. ［英］罗素：《罗素文集》，改革出版社 1996 年版。

47. ［法］帕斯卡尔：《思想录》，商务印书馆 1987 年版。

48. ［瑞士］奥特：《不可言说的言说》，生活·读书·新知三联书店

2003 年版。

49. ［罗］米夏·伊利亚德：《神圣与世俗》，王建光译，华夏出版社
2003 年版。

50. ［英］托马斯·卡莱尔：《论英雄与英雄崇拜和历史上的英雄业
绩》，周祖达译，商务印书馆 2005 年版。

51. 丁来先：《自然美的审美人类学研究》，广西师范大学出版社
2005 年版。

52. 丁来先：《文化经验的审美改造》，中国社会科学出版社 2010 年版。

53. 丁来先：《审美静观论》，中国社会科学出版社 2008 年版。

54. 丁来先：《诗人的价值之根》，中国社会科学出版社 2011 年版。

55. 徐凤林：《俄罗斯的宗教哲学》，北京大学出版社 2006 年版。

56. 北京大学哲学系编：《中国哲学史》，商务印书馆 2004 年版。

57. 北京大学哲学系美学教研室编：《中国美学史资料选编》，中华书
局 1981 年版。

58. 张玲、康风琴编：《论语》，新疆人民出版社 2005 年版。

59. 张玲、康风琴编：《老子》，新疆人民出版社 2005 年版。

60. 张玲、康风琴编：《庄子》，新疆人民出版社 2005 年版。

61. 张玲、康风琴编：《金刚经　坛经》，新疆人民出版社 2005 年版。